教育部大学计算机课程改革项目规划教材

C语言程序设计

（第2版）

张书云 主编

清华大学出版社

北京

内 容 简 介

本书是为将 C 语言作为入门语言的程序设计课程编写的、以培养学生程序设计基本能力为目标的教材,在内容组织上以 C 语言为程序设计基础,但不限于语言本身,注重程序设计思想的训练及思路拓展;在例题与习题的选择上与实际问题相结合,突出专业特色,精选了丰富的财经、管理等专业例题与习题,这些例题与习题给学生提供了实践的基础,通过这些题目引导学生拓展思路,提高学生解决专业问题的能力。

全书共分 9 章,主要内容包括 C 语言的基本概念、输入和输出、三种基本结构程序设计、函数、数组、指针、结构体与共用体、文件等内容。另外,每章配有大量的例题与习题,便于读者巩固所学知识,掌握程序设计的基本方法与编程技巧。为了配合本书的学习,作者还编写了与本书配套的辅助教材《C 语言程序设计实验与习题解答(第 2 版)》,以供读者参考。

本书体系合理,条理清晰,逻辑性强,循序渐进,概念叙述准确、严谨,语言简练,文字流畅,通俗易懂,注重培养读者分析问题和程序设计的能力,注重培养良好的程序设计风格和习惯。

本书可以作为高等院校计算机程序设计课程教学用书,还可以供广大 C 语言程序设计初学者自学参考。

本书封面贴有清华大学出版社防伪标签,无标签者不得销售。

版权所有,侵权必究。举报:010-62782989,beiqinquan@tup.tsinghua.edu.cn。

图书在版编目(CIP)数据

C 语言程序设计/张书云主编. —2 版. —北京:清华大学出版社,2021.1
教育部大学计算机课程改革项目规划教材
ISBN 978-7-302-57057-8

Ⅰ. ①C… Ⅱ. ①张… Ⅲ. ①C 语言－程序设计－高等学校－教材 Ⅳ. ①TP312.8

中国版本图书馆 CIP 数据核字(2020)第 238150 号

责任编辑:谢　琛
封面设计:常雪影
责任校对:焦丽丽
责任印制:沈　露

出版发行:清华大学出版社
　　　　网　　址:http://www.tup.com.cn, http://www.wqbook.com
　　　　地　　址:北京清华大学学研大厦 A 座　　　　　　　邮　　编:100084
　　　　社 总 机:010-62770175　　　　　　　　　　　　　邮　　购:010-83470235
　　　　投稿与读者服务:010-62776969, c-service@tup.tsinghua.edu.cn
　　　　质量反馈:010-62772015, zhiliang@tup.tsinghua.edu.cn
　　　　课件下载:http://www.tup.com.cn,010-83470236
印 装 者:三河市宏图印务有限公司
经　　销:全国新华书店
开　　本:185mm×260mm　　　印　　张:19　　　字　　数:466 千字
版　　次:2016 年 9 月第 1 版　2021 年 1 月第 2 版　　印　　次:2021 年 1 月第 1 次印刷
定　　价:59.00元

产品编号:090317-01

序

以计算机为核心的信息技术的应用能力已成为衡量一个人文化素质高低的重要标志之一。

大学非计算机专业开设计算机课程的主要目的是掌握计算机应用的能力以及在应用计算机过程中自然形成的包括计算思维意识在内的科学思维意识,以满足社会就业需要、专业需要与创新创业人才培养的需要。

根据《教育部关于全面提高高等教育质量的若干意见》(教高〔2012〕4号)精神,着力提升大学生信息素养和应用能力,推动计算机在面向应用的过程中培养文科学生的计算思维能力的文科大学计算机课程改革,落实由教育部高等教育司组织制订、教育部高等学校文科计算机基础教学指导委员会编写的高等学校文科类专业《大学计算机教学要求(第6版——2011年版)》(以下简称《教学要求》),在建立大学计算机知识体系结构的基础上,清华大学出版社依据教高司函〔2012〕188号文件中的部级项目1-3(基于计算思维培养的文科类大学计算机课程研究)、2-14(基于计算思维的人文类大学计算机系列课程及教材建设)、2-17(计算机艺术设计课程与教材创新研究)、2-18(音乐类院校计算机应用专业课程与专业基础课程系列化教材建设)的要求,组织编写、出版了本系列教材。

信息技术与文科类专业的相互结合、交叉、渗透,是现代科学技术发展趋势的重要方面,是新学科的一个不可忽视的生长点。加强文科类(包括文史法教类、经济管理类与艺术类)专业的计算机教育、开设具有专业特色的计算机课程是培养能够满足信息化社会对文科人才要求的重要举措,是培养跨学科、复合型、应用型的文科通才的重要环节。

《教学要求》把大文科的计算机教学,按专业门类分为文史法教类(人文类)、经济管理类与艺术类三个系列。大文科计算机教学知识体系由计算机软硬件基础、办公信息处理、多媒体技术、计算机网络、数据库技术、程序设计、美术与设计类计算机应用以及音乐类计算机应用8个知识领域组成。知识领域分为若干知识单元,知识单元再分为若干知识点。

大文科各专业对计算机知识点的需求是相对稳定、相对有限的。由属于一个或多个知识领域的知识点构成的课程则是不稳定、相对活跃、难以穷尽的。课程若按教学层次可分为计算机大公共课程(也就是大学计算机公共基础课程)、计算机小公共课程和计算机背景专业课程三个层次。

第一层次的教学内容是文科各专业学生应知应会的。这些内容可为文科学生在与专业紧密结合的信息技术应用方面进一步深入学习打下基础。这一层次的教学内容是对文科大学生信息素质培养的基本保证,起着基础性与先导性的作用。

第二层次是在第一层次之上,为满足同一系列某些专业共同需要(包括与专业相结合而不是某个专业所特有的)而开设的计算机课程。其教学内容,或者在深度上超过第一层次的教学内容中的某一相应模块,或者拓展到第一层次中没有涉及的领域,这是满足大文科不同专业对计算机应用需要的课程。这部分教学内容在更大程度上决定了学生在其专业中应用计算机解决问题的能力与水平。

第三层次,也就是使用计算机工具,以计算机软硬件为背景而开设的为某一专业所特有的课程。其教学内容就是专业课。如果没有计算机作为工具支撑,这门课就开不起来。这部分教学内容显示了学校开设特色专业课的能力与水平。

这些课程,除了大学计算机应用基础,还涉及数字媒体、数据库、程序设计以及与文史哲法教类、经济管理类与艺术类相关的许多课程。通过这些课程的开设,让学生掌握更多的计算机应用能力,在计算机面向应用过程中培养学生的计算思维及更加宽泛的科学思维能力。

清华大学出版社出版的这套教育部部级项目规划教材,就是根据教高司函〔2012〕188号文件及《教学要求》的基本精神编写而成的。它可以满足当前大文科各类专业计算机各层次教学的基本需要。

对教材中的不足或错误,敬请同行和读者批评指正。

卢湘鸿

2014 年 10 月于北京中关村科技园

卢湘鸿　北京语言大学信息科学学院计算机科学与技术系教授,原教育部高等学校文科计算机基础教学指导分委员会副主任、秘书长,现任教育部高等学校文科计算机基础教学指导分委员会顾问、全国高等院校计算机基础教育研究会文科专业委员会常务副主任兼秘书长,三十多年来一直从事非计算机专业的计算机教育研究。

前　言

　　程序设计基础是高等院校重要的计算机基础课程。它以编程语言为依托,介绍程序设计的思想、方法和技术内涵,加强读者应用程序设计语言解决实际问题的能力。

　　然而对不同专业的读者来说,使用计算机待解决的问题各不相同。与计算机相关专业的读者需要解决的是流程控制和系统功能实现及效率问题;其他理工科专业读者,除了流程控制以外面临更多的是专业计算问题;此外还有大量的其他专业读者,如金融学、管理学、经济学等,他们面临运筹规划和数量分析等问题。因此,程序设计基础课程不应当仅限于高级程序设计语言的知识本身,而应当把程序设计的思想和方法作为进一步的目标,让读者在更多实践中逐步掌握问题求解和语言的应用能力。所以说,这是一门以培养读者程序设计基本方法和技能为目标,以实践能力为重点的特色鲜明的课程。

　　C语言诞生于四十多年前,这期间,新的程序设计语言不少于数百种,然而C语言一直保持着最广泛使用的计算机语言前三名的位置。其原因与C语言的语言特性密不可分。C语言功能丰富,表达能力强,使用灵活方便,程序执行效率高,它不但具有高级语言的功能,而且还可以实现汇编语言的许多功能,可移植性好,而且可以直接实现对系统硬件及外部设备接口的控制,具有强劲的系统处理能力。

　　此外,C语言作为目前最广泛学习的一门程序设计语言也得益于语言本身简洁,涉及的计算机概念不多,这使得入门、应用都很容易。

　　本书是在对第1版修改完善的基础上完成的。其中,根据知识点增加或修改了部分例题和习题,修正了第1版错误的地方。本书在详细介绍、解析C语言语法知识的同时,由浅入深,循序渐进,通过大量的例题,充分展示了计算机解决问题的思想和方法,突出了程序设计基本方法的阐述。本书在例题的选择上与实际问题相结合,具有丰富的财经、管理专业例题与习题,突出专业特色,引导学生拓展思路,提高解决专业问题的能力。

　　本书是作者在多年从事程序设计语言及计算机相关课程的教学实践并多次编写教案、教材的基础上精心整理、组织而成的。全书力求概念叙述准确、严谨,语言简练,条理清晰,注重培养读者分析问题和程序设计的能力,注重培养良好的程序设计风格和习惯。本书可以作为高等院校C语言程序设计的教材,还可以供广大C语言程序设计初学者自学参考。

　　为了配合程序设计课程的教学和读者的学习,我们还编写了《C语言程序设计实验与习题解答(第2版)》作为本书的配套参考书。

　　本书由张书云主编。朱雷、张悦今、汤健参加编写,张书云负责全部书稿的修改、补充与总撰。

　　C语言是一门不断发展的语言;C11标准是业界使用最广泛的标准,但是语言标准的推广和应用还有很长的路要走。由于标准不同,本书疏漏之处在所难免,恳请广大专家和读者批评指正。

作　者

2020 年 8 月

目　录

第 1 章

C语言概述

随着科学技术的迅猛发展,计算机技术日新月异,计算机程序设计语言也层出不穷。什么是程序设计语言?应该学习哪一种程序设计语言?如何进行程序设计?这些都是程序设计初学者首先遇到的问题。本章介绍程序设计语言的发展、C语言的发展历史、C语言的特点、C程序开发的步骤及C程序的组成。

1.1 程序设计语言

什么是程序设计语言?为什么要使用程序设计语言?提到"语言"这个词,人们自然想到英语、汉语等这样的自然语言,因为它们是人与人之间交流信息的工具。当今计算机遍布于我们生活的每一个角落,除了人与人之间的相互交流之外,我们还必须和计算机交流。用什么样的方式和计算机直接交流呢?人们自然想到的是语言。人与人交流用的是双方都能听懂的自然语言,同样,人与计算机交流也要用人和计算机都能接受和理解的语言,这就是计算机语言,也被称为程序设计语言。通过程序设计语言,人们可以按照自己的需求和想法编制计算机程序,并以此程序同计算机进行交流。

从计算机诞生到今天,程序设计语言也在伴随着计算机技术的进步不断升级换代,其发展经历了从机器语言、汇编语言到高级语言的历程。特别是在高级语言发展阶段,人们从自己的工作出发,开发出数百种不同的计算机程序语言。

1. 机器语言

机器语言是计算机唯一能够直接识别的语言,是一种CPU的指令系统,因此也称为该CPU的机器语言。这种指令系统由该CPU可以识别的一组由0和1序列构成的指令码构成。例如,指令码10000000和10010000分别表示某CPU指令系统中的"加"和"减"指令。在这里的指令码10000000或10010000是二进制的数据。在计算机中使用二进制而不是十进制是冯·诺依曼最早提出的思想。在这种思想中仅仅使用0、1两个数字开关量,使得计算机的硬件构成从模拟电路转换到数字电路成为可能,并因此极大地降低了硬件体积的制造成本。随着科技的进步,计算机的计算功能越来越强大,而尺寸和体积逐渐减小。

机器语言是第一代计算机程序设计语言。用机器语言编写的程序能被计算机直接识别和执行,但机器语言对于计算机程序开发者来说不便于记忆、阅读和书写,也不易查错。

2. 汇编语言

为了克服机器语言的缺点,20世纪50年代中期人们开始用一些"助记符号"来代替0、1

码编程。如前面表示"加"和"减"的二进制指令可分别用 ADD 和 SUB 代替。这种用助记符号描述的指令系统称为符号语言或汇编语言。如下用机器语言写的代码片段(包含三条指令),如果没有翻译人们很难看懂其含义。

```
0000,0000,000000010000
0000,0001,000000000001
0001,0001,000000000001
```

上述三条机器语言指令对应的汇编语言指令分别为:

```
LOAD A, 16
LOAD B, 1
STORE B, 1
```

用汇编语言编写的程序较机器语言编写的程序可读性大大提高,程序维护变得方便了。但是汇编语言指令机器不能直接识别和执行,必须由"汇编程序"将这些符号翻译成机器语言才能运行。这种"汇编程序"就是汇编语言的翻译程序,也叫作汇编语言的编译器。汇编语言和机器语言都是依 CPU 的不同而异,因此它们都被称为面向机器的语言(一般被称为低级语言)。用面向机器的语言,可以编写出运行效率极高的程序。但是程序员用它们编程时,不仅要考虑解题思路,还要熟悉机器的内部结构,给大规模推广和使用这种语言造成了困难。汇编语言被称为第二代程序设计语言,随后人们在此基础上又开发出了其他更方便的语言,也就是高级语言。

3. 面向过程的语言

汇编语言和机器语言是面向机器的,因机器而异。1954 年出现的 FORTRAN 语言以及随后相继出现的其他语言(这些语言被称为高级语言),使人们开始摆脱进行程序设计时必须熟悉计算机硬件的桎梏,把精力集中于解题思路和方法上,使程序设计语言开始与解题方法相结合。其中一种方法是把解题过程看作数据被加工的过程,基于这种方法的程序设计语言被称为面向过程的程序设计语言。

面向过程的程序设计语言有 FORTRAN、BASIC、Pascal、C 等。面向过程的程序设计语言被称为第三代程序设计语言。

4. 面向对象的程序设计语言

面向对象的程序设计把现实世界看成是由许多对象(object)所组成的,对象之间通过互相发送和接收消息进行联系;消息激发对象本身的运动,形成对象状态的变化。从程序结构的角度看,每个对象都是一个数据和方法的封装体——抽象数据类型。

从分类学的观点看,客观世界中的对象都是可以分类的。也就是说,所有的对象都属于特定的"类"(class),或者说每个对象都是类的一个实例。因而,面向对象的程序设计的一个关键是定义"类",并由此"类"生成"对象"。

面向对象的程序设计语言通常被认为是第四代程序设计语言,常见的面向对象程序语言有 Java、C♯ 等。

除了面向对象的语言以外,计算机语言种类还在不断地发展。新诞生的计算机语言都属于高级语言的范畴。高级语言更接近自然语言的表述,然而计算机却无法识别这些内容。

它都需要经过编译程序编译，或者解释程序解释并转换成为最终的机器语言，计算机才能够识别和处理。面向对象的程序比面向过程的程序更清晰、易懂，更适宜编写大规模的程序，正在成为当代软件开发工作的主流。但是，面向过程的程序设计语言更适合初学者和科学工作者理解与掌握。

1.2　C 语言的发展历史

C 语言诞生于 20 世纪 70 年代初期，它是在 B 语言的基础上发展起来的。而 B 语言是由美国贝尔实验室的 K.Thompson 在 1970 年对当时的 BCPL 语言进行了修改后命名的。1972 年，美国贝尔实验室的 D.M.Ritchie 和 B.W.Kerninghan 在设计 UNIX 操作系统时，发现需要一种比 B 语言更加灵活的语言；因此他们对 B 语言做了进一步的完善和发展，提出了一种新型的程序设计语言——C 语言，并使用该语言改写了 UNIX 操作系统。

由于 C 语言功能强大而灵活，因此很快在世界各地流行起来。然而早期 C 语言并没有软件版权，也没有统一的官方标准。随着 C 语言在不同组织之间的使用，出现了一些不一致的地方。例如，在数据类型的定义上、在结构体的描述上，不同的公司根据自己的情况进行了不同类型的解释，这导致同样用 C 语言编写的程序出现了很多结果不一致的地方。为了改变这种情况，1983 年，美国国家标准化协会（ANSI）根据 C 语言问世以来各种版本对 C 语言的发展和扩充，制定了新的标准，称为 ANSI C。标准化的过程是漫长的，最早的标准化版本实质上是 1989 年底才完成的，称为 C89 标准。

20 世纪 90 年代，以 C++ 语言为代表的面向对象的语言开始崭露头角，但是 C 语言仍然在发展。在 1999 年通过的 C 语言标准称为 C99 标准。C99 标准保持了几乎所有的 C89 的语言特征，同时吸收了部分 C++ 语言的内容，例如 inline 关键字。明确了 C89 标准中一些不明确的内容。此外，该标准还增加了一些新的数据类型和特性，例如 long long int 数据类型，变长数组和对指针的限制等，这些变化使得 C 语言再次成为计算机语言开发的前沿。

2018 年 6 月颁布的 C 语言标准是目前最新的 C 语言标准，简称 C18。该版本没有引入新的语言特性，仅是对 2011 年颁布的 C11 标准做了很少的技术修订。相对来说，C11 标准则扩展了 C 语言的很多功能，使得它可以跟上现代计算机发展的变化。例如，引入了对多线程的支持，完善了对 Unicode 字符集的支持，提高同 C++ 语言的兼容性等。

由于 C11 和 C18 标准出现较晚，目前的 C 语言编译软件，如 GCC、DEV-C++、Intel C++ Compile、Visual Studio 等，并未完全支持 C11 标准。大多是从 C99 标准出发，做了一些扩充，并不完全兼容。本书为了保持同传统教材的一致性，在使用新标准的时候会特别说明。

1.3　使用 C 语言进行程序开发

程序可以看成是对一系列操作过程的描述。日常生活中也可以找到许多"程序"实例。例如，打开电视机的操作过程可以描述为：

（1）插上电源；

（2）打开电视机开关；

（3）使用遥控器打开电视。

以上就是完成打开电视机任务的"程序"，如果按这个"程序"实施这些步骤，就可以完成打开电视机这项任务。

计算机完成任务，也需要按照一定的"程序"步骤。程序由若干基本操作以及这些基本操作的执行方式组成。每个基本操作完成一件很简单的计算工作，例如，整数的加减乘除运算等。冯·诺依曼体系的计算机都提供了一套类似的CPU指令，其中的每一种指令对应着计算机能执行的一个基本操作。一连串的指令集合可以指挥计算机工作，但是人们不容易理解。为了更好地与计算机交流，需要一种意义清晰、用起来比较方便、计算机也能处理的描述方式。C语言就是这种描述体系中最简洁和最完善的一种。借助C语言人们编制这些指令的工作被称为C语言程序设计或者编程，这种工作的产品就是程序。

1.3.1　简单的C语言程序

C语言程序简洁，下面给出一个简单的C语言程序的例子。

【例1-1】　在屏幕上显示"Hello World!"。

```
1 #include <stdio.h>
2 int main(void)
3 {
4     printf("Hello World!\n");
5     return 0;
6 }
```

运行结果为：

```
Hello World!
```

这个程序非常简单。即使不了解C语言，通过阅读代码也可以大致猜测这个程序的运行结果，这就是说，高级语言更接近于人类的自然语言。然而要让计算机理解这段代码的作用并且运行，还需要遵循一定的过程。这个过程通常包括4个步骤：编辑、编译、连接和运行。

1.3.2　程序的编辑、编译、连接与运行

1.编辑

程序的编辑过程就是代码的书写过程，用于实现计算机执行编程者期望的任务。为了将上述代码例1-1输入计算机，理论上可以使用各种各样的文本编辑器来书写代码。例如记事本、写字板，甚至Vim、Word、WPS等文本编辑软件都可以。只不过由于代码书写完成之后，还有很多的其他工作，编程者并不直接用记事本或写字板写代码。现代程序语言的开发厂商提供了集成化的开发环境，其中自带了文本编辑器；这些编辑器专门用来书写程序代码，可以提高书写代码的效率。写好代码程序以后，可以将源代码文件进行保存，文件的扩展名为c，这个后缀是C语言的通用后缀名称。

2.编译

为了更好地在计算机同人之间进行交互，人们使用了程序语言来代替计算机的指令。

程序设计人员可以很容易地理解上述 C 语言源代码,但是计算机却不能。计算机只能识别被称为机器语言的二进制指令。为了使计算机进行工作,需要将设计好的程序转换成为计算机可以认识的机器语言,计算机才可以按照设计人员的指令来工作。这种转换工作并不需要手工来完成,它是由一个被称作编译器的程序完成的。编译器将源代码文件作为输入,经过编译以后生成一个磁盘文件,该文件中就包含了与源代码语句对应的机器语言的二进制指令。编译器创建的机器语言指令被称为目标代码,而包含它们的磁盘文件被称为目标文件,通常使用 obj 作为文件的扩展名。

3. 连接

目标文件包含了程序设计人员设计的程序指令,但是仍然不能够直接运行,还需要完成程序连接部分的工作。进行程序连接的主要原因是:为了简化程序设计人员在程序设计时候的工作,编译器中提供了很多使计算机能够正常工作所必须使用的一些通用代码,这样使我们在设计每一个程序的时候,可以把更多的精力放在所需要解决的问题上。连接部分主要的工作是把这些编译器中提供的程序(通常以库文件的方式)同设计好的程序的目标文件连接起来,最终生成一个可以被计算机执行(程序可以在计算机上运行)的完整的二进制文件。这个文件也称作可执行程序,文件的扩展名为 exe。注意:上述文件的扩展名只在 Windows 操作系统中使用。在其他的操作系统中,比如 Linux 操作系统,程序是否可执行不是由文件的扩展名决定的,而是由文件的类型所决定的。

从上面的步骤可以看到:编译、连接步骤都是通过编译器来完成的。设计人员仅需要按照 C 语言的语法规则书写源代码,其他工作由编译器来完成。大多数开发环境提供了一个选项,可以设置是分成两个步骤完成编译和连接任务还是一步完成。不管编译和连接工作是如何完成的,这两个过程都是独立的操作。图 1-1 说明了从源代码到目标代码,再到可执行程序的过程。

4. 运行

程序经过编译和连接并创建出可执行文件后,便可以在系统提示符下输入其名称(或像运行 Windows 操作系统下的其他程序那样,使用鼠标双击文件图标)运行它,并观察其运行方式和运行结果是否与设计目标符合。如果运行程序时得到的结果与期望的结果不一致,则需要回到程序开发步骤的第 2 步,即确定要使用什么样的方法来编写程序,来找出导致出现不一致的原因,如果没有发现第 2 步中的错误,则需要在源代码中查找错误,并最终在源代码中进行更正。修改源代码后,需要重新编译、连接程序,并得到新的可执行文件;然后再次运行这个程序。这样的循环步骤要一直进行下去,直到程序的执行情况同期望的完全相符为止,完成一个程序的开发过程。图 1-2 说明了上述开发步骤。

除了最简单的程序外,几乎所有的程序都可能需要经过上述过程中的每一个步骤的多次反复,才能完成最后的程序开发工作。即使是最有经验的程序员,也无法每一次都编写出完整的、没有错误的程序。因此,没有必要对在学习 C 语言进行程序开发的过程中出现的错误感到沮丧。

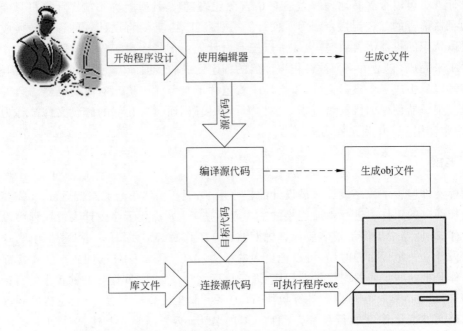

图 1-1   程序从源代码到目标代码,再到可执行程序的过程

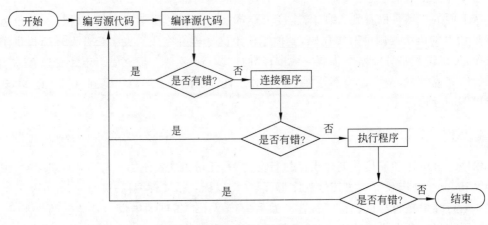

图 1-2   程序开发步骤

1.3.3   使用 VC++ 6.0 软件实现程序的编辑、编译、连接与运行

可以使用多种编译系统对 C 语言实现的程序进行编辑、编译、连接。二十多年前,最常用使用的编译器是 Turbo C 2.0(简称 TC2)编译器。但是它不能用鼠标进行操作,后来十多年很多人使用 Turbo C++ 3.0(简称 TC3)编译器,或者是 VC++ 6.0 编译器来完成程序的编辑、编译、连接等过程。计算机科学发展很快,近些年来类似的编译器还有很多。如上文说到的支持 C99 标准的编译器 DEV-C++、C++ Builder 等都是不错的编译器。无论采用近年来发布的哪一种编译器,只要对编译器进行相应的设置,经过编译、连接后的程序结果都是一样的,因此不必为不同的编译器会不会产生的不同的结果而担心。

本书主要介绍在 Visual C++ 6.0 中如何编辑、编译、连接和运行 C 程序。Visual C++ 6.0 是微软公司开发的(这款软件也是十多年前的产品,VS2016 是它的最新版本),面向 Windows 编程的 C++ 语言工具。它不仅支持 C++ 语言的编程,也兼容 C 语言的编程。VC++ 6.0 被广泛地用于各种编程,而且使用面很广,因此这里简要介绍如何在 VC++ 下运行 C 语言程序。

1. 启动 VC++ 6.0 软件

完整的 VC++ 6.0 软件有几百兆字节的内容,它的安装过程需要花费一段时间。安装好的 VC++ 6.0 在【开始】菜单中添加了快捷菜单。启动该软件可以依次选择【开始】→【程序】→Microsoft Visual Studio 6.0→Microsoft Visual C++ 6.0。Visual C++ 6.0 启动后,屏幕显示如图 1-3 所示(注意:由于该软件发布已有十多年的时间,因此市面上有大量不同版本的 VC++ 6.0 软件,界面文字信息略有不同)。

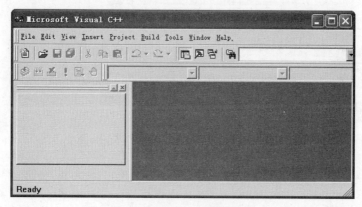

图 1-3 VC++ 6.0 的主窗口

在主窗口的上面部分分别是标题栏、菜单栏和工具栏;主窗口的左侧目前显示空白,在开始进行程序设计的时候这里会以树形菜单的方式显示当前工程中的所有文件信息;主窗口的右侧目前也是空白区域,在进行程序设计的时候,这里会显示程序设计人员书写的各种程序代码。

2. 使用编辑器编辑源代码

软件启动完成后,编辑 C 语言程序需要经历如下三个步骤。

(1) 在 VC 环境中选择 File 菜单,然后单击 New 菜单项,如图 1-4 所示。

(2) 在弹出的新建对话框中设置好相应的内容,如图 1-5 所示。

在该对话框中有很多的选项,其中绝大多数与 C++ 程序设计有关。这里选择 C++ Source File 条目。需要注意的是,在图 1-5 中 File 一栏的源程序文件的扩展名一定要输入 C 语言程序的扩展名 c,而不是系统默认的选项,否则整个程序将会按照 C++ 的语法规则来进行处理。

设置好后,单击 OK 按钮,就回到了 VC++ 6.0 的编辑界面。系统将会在用户指定的 C 盘的 LX 目录下创建源程序文件 example.c 文件。

(3) 在图 1-6 的工作区中输入源程序。

在 VC++ 6.0 的编辑界面同其他任何一款通用的 Windows 软件一样,用户可以借助鼠标将光标移动到界面中的任何地方进行编辑操作。

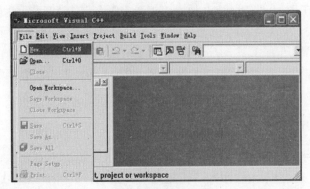

图 1-4　新建文件

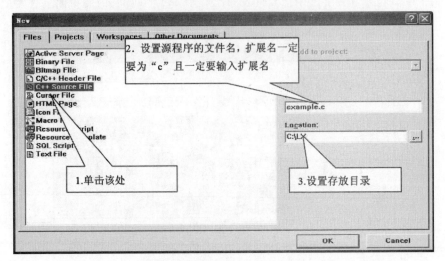

图 1-5　新建文件对话框

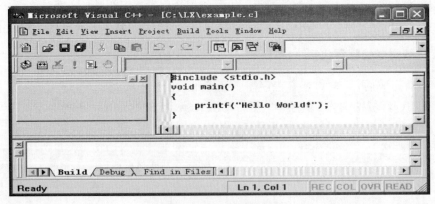

图 1-6　输入、编辑源程序

3. 编译源程序

单击主菜单中的 Build,在其下拉菜单中选择 Compile example.c,或者单击工具栏中的按钮,如图 1-7 所示。在单击 Build 按钮后,屏幕上会出现一个如图 1-8 所示的对话框。内容是"This build command requires an active project worksapce. Would you like to create a default project worksapce?",要创建一个默认的项目工作区,单击【是】按钮,表示同意,将开始编译。

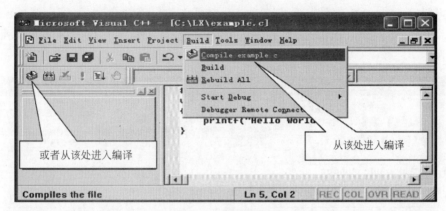

图 1-7　编译源程序

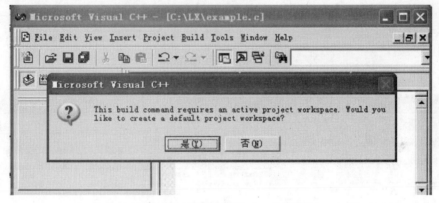

图 1-8　要求创建一个工作区

如编译成功,编译器生成 example.obj 文件,如图 1-9 所示。注意编译窗口中的信息,如果有编译错误,要对源程序进行修改,然后再重新上述编译过程,直到没有错误为止。

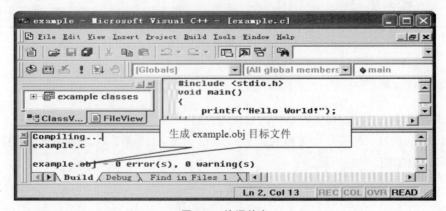

图 1-9　编译信息

4. 连接程序

连接的目的是将程序和系统提供的资源(如函数库、头文件等)建立连接,并按照规则,真正生成可以执行的程序文件。如图 1-10 所示,单击主菜单的 Build 选项,在其下拉菜单中选择 Build example.exe,或单击工具栏中的 按钮。执行连接命令后,将在调试窗口中显示连接的信息,如图 1-11 所示,如果连接有错误,将修改源程序,然后再编译、连接,直至没有错误为止。

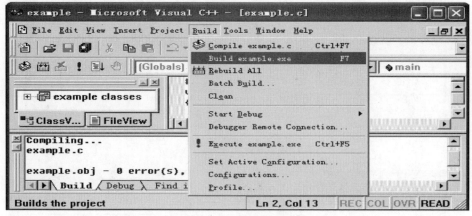

图 1-10   程序的连接

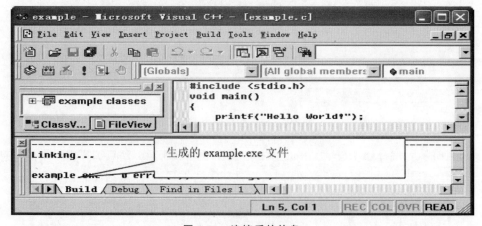

图 1-11   连接后的信息

5. 运行程序

完成了编译、连接后,就生成了可执行程序文件,这时该程序可执行了。单击主菜单中的 Build 选项,在其下拉菜单中选择 Execute example.exe,或者单击工具栏中的 按钮。程序的运行结果如图 1-12 所示。

图 1-12　程序的运行结果

1.4　C 语言程序的组成与执行

1.4.1　C 语言程序的组成

所有的 C 语言程序都是由多个部分通过特定的方式组合而成的。为说明 C 语言程序的组成,先来看一个较为复杂的 C 语言程序。

【例 1-2】　从键盘输入两个数字,计算它们中较大的值;并以此作为半径,求圆的面积。

```
/* 程序功能:根据输入求圆的面积
2015 年 12 月 1 日,程序员:张三 */
1  #include<stdio.h>            /* "文件包含"命令,它是一条预编译命令 */
2  #define phi 3.14             /* 宏定义 */
3  int max(int x,int y)         /* max 函数,x、y 为形式参数 */
4  {
5      int z;                   /* 定义变量 z */
6      if(x>y)                  /* 判断语句,求解 x、y 中的较大数 */
7          z=x;
8      else
9          z=y;                 /* 找出 x、y 中的较大者后存放在 z 中 */
10     return z ;               /* 将 z 的值返回,通过 max 带回调用处 */
11 }
12 double area(int radius)      /* area 函数,用来计算圆的面积 */
13 {
14     double z;
15     z=phi * radius * radius; /* 计算圆面积 */
16     return z ;               /* 将 z 的值返回,通过 area 带回调用处 */
17 }
18 int main(void)              /* 主函数 */
19 {
20     int a,b,c;               /* 定义三个整数变量 a、b、c */
21     double d;                /* 定义一个实数变量 d */
22     scanf("%d,%d",&a,&b);    /* 等待用户输入变量 a 和 b 的值 */
23     c=max(a,b);              /* 调用 max 函数,将得到的值赋给 c */
24     d=area(c);               /* 计算圆的面积 */
25     printf("area=%.2lf",d);  /* 输出圆的面积的值 */
26     return 0;                /* 返回 0 值表示程序正确执行完毕 */
```

27 }

上述程序在运行后,会等待用户从键盘输入两个值。当用户按照要求输入两个数值以后,程序会输出以这两个数值中较大值为半径的圆的面积。注意:本书的代码全都加上行号是为了说明方便。C语言程序代码之前不需要添加行号。

从上面的C程序实例可以看出,C程序包括如下结构特征。

1. 一个C程序是由一个或多个函数所组成的

一个C程序是由一个或多个函数所组成的。例1-2由三个函数共同组成,从上到下依次是max函数(第3~11行)、area函数(第12~17行)和main函数(第18~27行)。在写法上函数以一行字符串开始,然后又由大括号封闭组成的一组语句共同组成。这些函数相互配合完成整个计算面积的任务。

2. 预编译命令

预编译命令是整个编译过程进行之前进行的工作。在例1-2中♯include是预编译命令,它用来控制C语言编译器(例如TC3)在进行编译、连接操作过程中的行为。其含义是:在编译时将一个包含文件的内容添加到当前程序中。包含文件由♯include预编译命令后面的内容指定,它是一个独立的磁盘文件,其中包含可被程序或编译器使用的信息,最常用的扩展名为.h,通常也称为"头文件"。在本例中使用编译指令♯include <stdio.h>,命令C语言编译器在编译时将指定的包含文件stdio.h添加到程序中。此外本例中第2行语句♯define phi 3.14也是预编译命令,它的作用是把3.14用phi表示。

3. 变量定义

在程序执行期间,程序可以使用变量来存储各种信息。在C语言中规定,使用变量之前必须定义它。变量定义将变量的名称以及变量要存储的信息类型告知编译器。在本例中使用了多个类型为int的变量,如a、b、c、z,还有类型为double的变量d。变量在C语言的程序中,根据需要定义。整个程序中不出现变量也是允许的。

4. 程序语句

C语言程序的实际工作是由其语句完成的。例如C语句将信息显示到屏幕上、读取键盘输入、执行数学运算、调用函数、读取磁盘文件以及程序需要执行的其他操作。在源代码中,每条C语句通常占一行,并且总是以分号结尾。例如:scanf("%d,%d",&a,&b);printf("max=%d",c);等都是语句。如果语句太长在一行中无法书写完成的时候,可以将一行语句分成多行语句来书写。换行的时候不能在本行的末位增加";"号,否则这一行将会作为单独的程序语句来处理。

5. 程序注释

程序中以"/ * "开始,并以" * /"结束的部分被称为注释。注释同C语言中的语句不同,编译器在编译过程中会忽略所有的注释,因此注释对程序的运行没有任何影响。可以在注释中添加任何内容,而不会改变程序的运行方式。在本例中"/ * 主函数 * /"等都是注释,其目的是使源程序更容易阅读、理解。程序的注释并不只能写在语句的后面,它可以写在程序任何一个位置,而且在书写的时候可以包含多行。例如:

```
/ *
    程序功能:根据输入求圆的面积
    2015 年 12 月 1 日,程序员:张三
* /
```

该例显示了分行注释的写法,所有的注释内容都写在"/ *"与" * /"之间,其中可以换行。在 C99 标准中新增了使用单行注释的功能,因此在 C 语言中可以使用单行注释的方法来进行注释。单行注释只能在一行中进行注释,使用"//"作为引导符。例如:

```
#include <stdio.h>        //注释信息仅能书写在一行中,不能分行
```

写出符合 C 语言结构特性的程序是第一步,如果希望 C 语言程序能够运行还必须遵守其他的一些规则。其中最重要的规则之一就是程序必须有一个名为 main 函数,main 函数习惯上也称为主函数。

1.4.2　C 语言程序的执行

C 语言程序的执行从主函数开始。当程序运行之初,系统首先查找到 main 函数,并从 main 函数开始的大括号进入函数体,并根据程序的语句依次执行,直到遇到 main 函数最后的大括号结束。主函数是整个程序的控制部分,当主函数执行到最后的大括号后就不再执行其他语句,即使还有很多的函数没有执行,C 语言也不再继续执行。

主函数以外的其他函数可以是系统提供的库函数,也可以是用户根据自己的需要而编制的函数,函数名字由程序设计者自定。在例 1-2 中,max、area 函数是用户自己设计的函数,而 printf 和 scanf 则是系统提供的库函数。C 语言中,无论是库函数还是自己设计的函数,都是在主函数开始执行以后才有可能运行。不论这些函数在什么位置,程序都是主函数先运行。在例 1-2 中主函数放在了所有的三个函数的最后的一个,但是在执行的时候程序仍然是从 main 开始运行的。

1.5　C 语言的特点

自从 C 语言问世以来,至今已经有四十多年的时间,从最初为设计 UNIX 操作系统而开发的语言,到现在已经发展成为广泛应用的系统描述语言和通用的程序设计语言。虽然在当前的计算机编程领域中,有大量的高级语言可供选择,但很多计算机专业人员认为 C 语言是很好的程序设计语言,这主要是因为 C 语言具有以下特点。

1. C 语言比较简洁

C 语言比较简单,C99 标准一共只有 37 个关键字,9 种控制语句。C 语言直接面向解决程序具体问题,相比面向对象的语言更容易理解。另外程序书写自由,往往可以使用比其他语言更少的代码来实现相同的功能。

2. C 语言设计的程序执行效率较高

使用 C 语言开发的程序在生成目标代码后,一般只比汇编程序生成的目标代码效率低 10%～20%,这就是说,使用 C 语言书写的程序运行起来非常快。

3. C 语言是结构化语言

C 语言是结构化语言,因此使用 C 语言可以在一个结构内部完成许多特定的功能,这些特定功能组合成为函数,可以提供给其他的程序使用。因此可以创建很多简短的、可重用的代码。结构化语言的显著特点是代码及数据的分隔化,即程序的各个部分除了必要的信息交流外彼此独立。这种结构化方式可使程序层次清晰,便于使用、维护以及调试。C 语言是以函数形式提供给用户的,这些函数可方便地调用,并具有多种循环、条件语句控制程序流向,从而使程序完全结构化。

4. C 语言功能强大且灵活

C 语言把高级语言的基本结构和语句与低级语言的实用性结合起来。C 语言可以同汇编语言一样对位、字节和地址进行操作,因此既具有高级语言的功能,又具有低级语言的许多功能,可以用来编写各种类型的软件。特别是 C 语言提供指针功能,使用指针可以直接进行靠近硬件的操作。

近年来,涌现出很多新的计算机语言,其中 Java、C++ 是使用最广泛的面向对象语言。那么是否应当抛开 C 语言,直接学习面向对象的语言呢? 实际上,面向对象语言是针对过程语言在解决大规模问题时存在的不足而提出的新的程序设计语言。无论是发明 C++ 语言的贝尔实验室,还是发明 Java 语言的 SUN 公司,都是在解决具体问题时因 C 语言存在不足而引入了新的语言内容。因此相对 C 语言来说,面向对象的语言增加了更多的语言内容,从而提升了语言的复杂性,对于程序设计初学者来说有一定的学习难度。而学完 C 语言再学习其他语言,会看到 C 语言中几乎所有知识都可以在其他语言中找到对应的地方。

1.6　C 程序的编程风格

C 语言程序的书写格式和编程风格并不是 C 语言规范中所规定的,但当程序需要完成更多、更复杂的任务的时候,人们发现良好的编程风格和书写格式,对于整个程序的可读性带来很大的好处;因此现代程序设计过程中特别强调语言的编程风格和书写格式。一个良好的编程风格通常体现为以下几点。

1. 采用缩进的格式

源程序在书写的时候建议采用逐层缩进的格式,让人一眼就可以看清楚代码之间的层次关系。例 1-1 和例 1-2 都是代码缩进的例子,但是写成如下形式的代码:

```
#include <stdio.h>
int main(void)
{printf("Hello World!\n");
```

```
return 0;}
```

虽然可以运行,但是代码全部顶行书写,阅读不方便。

2. 一行仅写一句代码

C 程序书写格式自由,一行内可以写几条语句,一条语句可以写在多行上。但是为清晰起见,建议一般在一行内只写一条语句。

3. 适当的注释

可以用"/ * …… * /"或"//"对 C 程序中的任何部分作注释。一个好的、有使用价值的源程序都应当加上必要的注释,以增加程序的可读性。

4. 统一的命名规范

在 C 语言程序中,有各种不同的数据类型,对应各种各样的变量类型。例如,所有的具有含义的整型变量前加 n 表示其类型。例如:nYear,nMonth,nWeek。程序的阅读者可以很容易地获知这些变量是整型,而不必一个个地去查找其类型定义。可以使用的命名规则有很多种,但是整个程序中的命名规则需要统一,这样才不容易在阅读程序的时候引起混乱,产生误解。

1.7　综合应用例题

【例 1-3】　以下叙述正确的是(　　　)。

(A) 在 C 程序中无论是整数还是实数,只要在允许的范围内都能正确无误地表示

(B) C 程序由函数组成

(C) C 程序由函数和过程组成

(D) C 程序由主函数组成

正确答案为 B。在 C 语言中,没有"过程"的说法,只有"函数"这个概念。组成一个 C 语言程序可以是一个或者若干个函数,其中必须有一个主函数——main 函数,但是可能还有很多其他函数。所以,选项 C、D 都是错误的。

计算机中的整数,如果在表示范围内,确实可以准确地表示出来;但是对于实数,由于计算机的存储能力的限制,不可能表示无限精度的数。所以,就算想要表示的实数在表示范围内,也不可能被精确地表示出来。这部分的知识在第 2 章中将会介绍。因此选项 A 是错误的。

【例 1-4】　C 语言的程序一行写不下时,可以(　　　)。

(A) 用逗号换行　　　　　　　　　(B) 在任意一空格处换行

(C) 用回车符换行　　　　　　　　(D) 用分号换行

正确答案为 B。C 语言对格式的要求不严格,基本上可以按随意的方式书写。一行上可以写一条语句,也可以写多条语句。如果一条语句很长,在一行上写不完,也可以写在多行上。除了编译预处理语句,在多行的分隔处不需要做特殊的处理,只要将分隔处选择在空格处即可。对于编译预处理语句,如果分成多行书写,则必须在前一行的末尾添加符号"\"。

【例 1-5】 以下说法正确的是(   )。

(A) C 语言程序中是从第一个定义的函数开始执行的

(B) 在 C 语言中,要调用的函数必须在 main 函数中定义

(C) C 语言程序中是从 main 函数开始执行的

(D) C 语言程序中的 main 函数必须放在程序的开始部分

正确答案为 C。C 语言程序总是从程序的 main 函数处开始执行。main 函数可以放在 C 程序的任何位置,包括最前面和最后面。C 程序中的函数可以任意地相互调用,它们之间的调用关系是平等的。

习题 1

1. 选择题

(1) 下述源程序的书写格式不符合编程规范的是(   )。

    (A) 一条语句写在一行上

    (B) 一行上可以写多条语句

    (C) 语句要保持良好的缩进习惯,不能顶头写

    (D) 统一的命名规范

(2) 在 C 语言程序中,(   )。

    (A) main 函数必须放在程序的开始位置

    (B) main 函数可以放在程序的任何位置

    (C) main 函数必须放置在程序的最后

    (D) main 函数只能出现在库函数之后

(3) 以下能正确构成 C 语言程序的是(   )。

    (A) 一个或几个函数,其中 main 函数是可选的

    (B) 一个或几个函数,其中只能包含一个 main 函数

    (C) 一个或几个子程序,其中包括一个主程序

    (D) 由几个过程组成

2. 填空题

(1) 一个用 C 语言编写的源程序,要在计算机上运行,应该经历_____、_____、_____、_____。

(2) C 语言程序是由一个_____函数和若干其他函数组成的。

(3) 任何 C 语言程序都从_____开始执行。

3. 编程题

(1) 在编译器中输入并调试下列程序,使其正确运行。

```
#include <stdio.h>
int main(void)
```

```
{
    printf("*******************\n");
    printf("**I am a student**\n");
    printf("*******************\n");
    return 0;
}
```

（2）下面的程序有错，请在编译器中输入并调试下面的程序，使其正确运行。

```
#include <stdio.h>
int display(void)
{
    printf(" * This program could not run directly * \n");
    printf("Please debug it!\n");
    return 0;
}
int make(void)
{
    display()
    return 0;
}
```

第 2 章

数据类型、常量与变量

程序处理的对象是数据,编写程序也就是描述对数据的处理过程。在编写程序的过程中必然要涉及数据本身的描述问题。本章主要介绍 C 语言中与数据描述有关的问题,包括数据与数据类型、常量和变量。

2.1　数据类型

数据是程序加工、处理的对象,也是加工的结果,所以数据是程序设计中所要涉及和描述的主要内容。程序所能处理的基本数据对象被划分成一些组,或说是一些集合。属于同一集合的各数据对象都具有同样的性质,例如对它们能够做同样的操作,它们都采用同样的编码方式等,把程序语言中具有这样性质的数据集合称为数据类型。在 C 语言中,任何数据对用户呈现的形式有两种:变量和常量。而无论常量还是变量,都应该属于各种不同的数据类型。每个数据类型都有固定的表示方式,这个表示方式实际上就确定了可能表示的数据范围和它在内存中的存放形式。

C 语言规定的数据类型如图 2-1 所示。

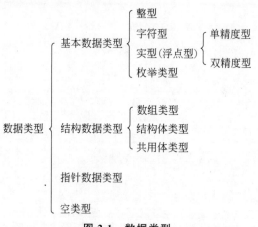

图 2-1　数据类型

其中,基本数据类型是 C 语言中提供的最基本的数据分类,其值不可以再分解为其他类型。构造数据类型是根据已定义的一个或多个其他数据类型由用户自己定义的数据类型。指针是一种特殊的数据类型,其值用来表示某个变量在内存储器中的地址。本章介绍基本数据类型,其他数据类型将在后续章节中逐步介绍。

基本数据类型包括 int(整型)、char(字符型)、float(单精度)、double(双精度)、void(空类型)、_Bool(布尔型)、_Complex(复数型)、_Imaginary(虚数数据类型)。在这些类型中使用最广泛的类型是前面的 5 种类型,后 3 种类型是在 C99 标准中新增加的类型,特别是后两种类型扩展了 C 语言对科学计算能力的支持。

C 语言中还可以使用以下修饰词:signed(有符号类型)、unsigned(无符号类型)、long(长整型)、short(短整型)、long long(长长整型,仅 C99 支持)来描述基本数据类型中的 char 和 int 数据类型。例如 unsigned char(无符号的字符型)、signed long int(有符号的长整型)、unsigned short int(无符号的短整型)。

2.2 标识符

所谓标识符,是指用来表示变量名、常量名、函数名、数组名、类型名、文件名等的字符序列。在 C 语言中,合法的标识符只能由字母、数字和下画线三种字符组成,且第一个字符必须为字母或下画线。如 sum、average、_total 等为合法的标识符,而 M.D 与 3DE 都是不合法的标识符。

注意:在 C 语言中大写字母和小写字母被认为是两个不同的字符。

C 语言中标识符的长度(字符个数)没有统一的标准,随系统的不同而不同。在编写程序时应对此加以注意。如果在一个标识符长度为 8 的系统中用 student_number 与 student_name 来标识两个变量,由于其前 8 个字符相同,系统将认为这两个变量是同一个变量。Turbo C 允许取 32 个字符。

标识符包括关键字、预定义标识符和用户标识符三类,下面分别介绍。

1. 关键字

在 C 语言中有些标识符留作特殊用途,它们在程序中有着固定的含义,不能另作他用,这些标识符称为关键字(或称关键词)。所有的关键字都是由小写字母组成的。如 else 是关键字,但 Else 或 ELSE 就不是关键字。关键字见本书附录 B。

注意:关键字不能出于其他目的用在 C 程序中,即不能作为变量或函数名。

说明:刚开始学习时,不必强记这些关键字,待学完本书后,再回头来看上述按类别分类的关键字就很容易记住了。

2. 预定义标识符

在 C 语言中,库函数名和预编译命令名称为预定义标识符。对于这类标识符,虽然 C 语言允许程序设计作其他使用(但这时已不具备系统原先规定的含义)。但为了避免混淆和增强程序的可读性,建议最好不要将这类标识符另作他用。

预定义标识符包括预编译程序命令(define、undef、include、ifdef 等)和 C 编译系统提供的库函数名(如 printf 等)。

3. 用户标识符

由用户根据需要定义的标识符称为用户标识符。一般用来给变量、函数或文件等命名。程序中使用的用户标识符除了要符合标识符的命名规则外,最好是做到顾名思义,这样可增加程序的可读性。

2.3 常量

每一种基本数据类型都有常量。在程序运行过程中其值不能被改变。常量区分为不同的类型,例如：16、0、−20 为整型常量,1.2、−3.4 为实型常量,'a'、'd'为字符型常量。

2.3.1 整型常量

整型常量即整常数。C 语言中整常数可用以下三种形式表示。

(1) 十进制整数：如 123、−456、0。

(2) 八进制整数：以 8 为基的数值系统称为八进制。八进制整数以数字 0 开头,后跟 0～7 的数字序列。如 0123 表示八进制数的 123,转换为十进制为：$1 \times 8^2 + 2 \times 8^1 + 3 \times 8^0$, 等于十进制数 83。

(3) 十六进制数：以 16 为基的数值系统称为十六进制。十六进制整数以数字 0x(大小写均可)开头,后跟 0～9,a～f(大小写均可)的数字序列。如 0x123 表示十六进制数的 123, 转换为十进制为：$1 \times 16^2 + 2 \times 16^1 + 3 \times 16^0$, 等于十进制数 291。

对于长整型常数可在一个整常量后加上字母 L 或 l(小写的 L,不是数字 1)来说明该数据类型是一个长整型。例如：0xFL 表示一个十六进制的长整型常量,其十进制值为 15; 0123451 表示一个八进制的长整型常量,其十进制值为 5349。

2.3.2 实型常量

实型常量即实数,其值有如下两种表达形式。

(1) 十进制小数形式：它由数字和小数点组成。例如 123.、123.0、0.123、.123、3.14、9.8 都是十进制小数形式。注意：必须有小数点。

(2) 指数形式：<尾数>E(e)<整型指数>。例如 3.0E+5 等。注意字母 e(或 E)之前必须有数字,且 e 后面的指数必须为整数,例如 e3、2.1e3.5、.e3、e 等都是不合法的指数形式。

实型常量包含 float 类型和 double 类型两种,在使用过程中通过常量的后缀 F 或者 f 来表示实型常量是 float 类型。如果没有使用后缀表示实型常量默认是属于 double 类型的常量。例如,1.235f 表示一个 float 类型的实型常量,而 3.14159 则表示一个 double 类型的实型常量。

2.3.3 字符型常量

字符型常量是用一对单引号括起来的单个字符。如'a'、'A'、'1'、'+'等。字符常量两侧的一对单引号是必不可少的,例如,'B'是字符常量,而 B 则是一个标识符,再如,'3'表示一个字符,而 3 表示一个整数。

注意：字母是区分大小写的,所以'a'和'A'是不同的字符常量。

把字符放在一对单引号里表示字符常量的方法,适合于多数可打印字符,但某些控制字符(如回车符、换行符)却无法通过键盘输入将其放在一对单引号里。因此,C 语言中还引入了另外一种特殊形式的字符常量——转义字符,它是以反斜杠"\"开头的字符序列,使用时同样要括在一对单引号里,它有特定的含义,用于描述特定的控制字符。常用的转义字符见表 2-1。

表 2-1 转义字符及其含义

字符形式	含　　义	字符形式	含　　义
\n	换行,将当前位置移到下一行开头	\\	反斜杠字符'\'
\t	水平制表(跳到下一个 Tab 位置)	\'	单引号(单撇号)字符
\v	竖向跳格	\"	双引号(双撇号)字符
\b	退格,将当前位置移到前一列	\ddd	1 到 3 位八进制数所代表的字符
\r	回车,将当前位置移到本行开头	\xhh	1 到 2 位十六进制数所代表的字符
\f	换页,将当前位置移到下页开头		

转义字符常量的表示,在其两侧加单引号。例如'\n'、'\b'。

表中右侧倒数第 3 行是用 ASCII 码(八进制数)表示一个字符,例如'\101'代表 ASCII 码(十进制数)为 65 的字符'A'。倒数第 2 行是用字符的十六进制的 ASCII 码值表示相应字符常量,例如'\x41'代表 ASCII 码(十进制数)为 65 的字符'A'。

在内存中,每个字符数据通常占用一字节,具体存放的是该字符对应的 ASCII 码值。如'A'所对应的是十进制 65。因此 C 语言规定,一个字符常量也可以看成是"整型常量",其值就是 ASCII 码值。因此可以把字符常量作为整型常量来使用。

例如:'A'+10+'\101'=65+10+65=140。

注意:如果反斜杠或单引号本身作为字符常量,必须使用转义字符:'\\'、'\''。

2.3.4　字符串常量

字符串常量是用一对双引号括起来的零个或多个字符序列。如,"How do you do.","Good morning.","123"等,都是字符串常量。

C 语言规定:在存储字符串常量时,由系统在字符串的末尾自动加一个'\0'(即 ASCII 码为 0 的字符,即"空字符")作为字符串的结束标志。

请区别字符常量与字符串常量。'a'是字符常量,"a"是字符串常量。在内存中,字符常量占一个字节,例如,'a'在内存中可以表示为:

a

而对字符串常量,则在字符串的后面加一个"字符串结束标志",以便系统据此判断字符串是否结束。例如,"a"在内存中占两个字节,即:

a	\0

注意:在源程序中书写字符串常量时,不必加结束字符'\0',该结束字符'\0'是由系统自动加上的。

2.3.5 常量的使用与符号常量

常量的使用方法有两种：一种方法是直接使用；另外一种方法是先定义符号常量然后再使用。

1.直接使用

直接使用就是在程序源代码中直接输入常量的值，例如：

```
int age=25;
float weight=65.5f;
```

其中 25 和 65.5 都是常量，25 的数据类型是整型常量，65.5f 的数据类型是 float 类型的常量。

2.符号常量

常量还可以先定义再使用，这种常量也称为符号常量。定义符号常量就是给常量起一个名字，然后用这个名字代表常量，要注意的是名字要符合标识符的命名规则。

C语言中定义符号常量的方法有两种：使用编译指令 #define 或者使用关键字 const 定义。例如：计算圆的周长和面积的程序源代码中需要多次使用到 π 这个数值，因此在源代码中可以采用先定义后使用的方法来将 π 定义为一个常量。

```
#define phi 3.14159          /* 第一种定义方法 */
const double phi=3.14159;    /* 第二种定义方法 */
```

上述两种方法都可以定义一个名字为 phi 的常量，其值为 3.14159。以后在程序源代码中出现 3.14159 的地方都可以使用 phi 来进行替换。使用这种方法的好处是可以很容易地读懂程序的含义；此外如果在计算过程中需要改变 π 的精度，可以直接在常量定义的地方修改而不用修改整个程序。符号常量的具体应用参见例 2-1。

注意：现代程序设计中推荐使用 const 来定义常量的方式。习惯上，符号常量名用大写。

2.4 变量

在程序运行过程中，其值可以改变的量称为变量。这里所说的变量与数学中的变量是完全不同的概念。在 C 语言以及其他各种程序设计语言中，变量是表述数据存储的基本概念。我们知道，在计算机硬件的层次上，程序运行时数据的存储是靠内存储器、存储单元、存储地址等一系列相关机制实现的，这些机制在程序语言中的反映就是变量的概念。

程序中的一个变量可以看成是一个存储数据的容器，它的功能就是可以存储数据。对变量的基本操作有如下两个：

- 向变量中存入数据值，这个操作被称作给变量"赋值"。
- 取得变量当前值，以便在程序运行过程中使用，这个操作称为"取值"。变量具有保持值的性质，也就是说如果在某个时刻给变量赋了一个值，此后使用这个变量时，每次得到的将总是这个值。

因为要对变量进行"赋值"和"取值"操作,所以程序中的每个变量都要有一个变量名,程序是通过变量名来使用变量的。C 语言要求：程序中使用的每个变量都必须首先定义,也就是说,首先需要说明一个变量的存在,然后才能够使用它。要定义一个变量需要提供两方面的信息：变量的名字和它的类型,其目的是由变量的类型决定变量的存储结构,以便使 C 语言的编译程序为所定义的变量分配存储空间。

2.4.1　变量定义

在 C 语言中,变量定义的一般形式为：

<类型名> 变量名表；

这里,<类型名>必须是 C 语言的有效数据类型。变量名表可以是一个或多个标识符名,中间用逗号分隔开。以下是变量定义的例子：

```
int i,j,num;          /* 说明 i,j,num 为整型变量 */
float a,b,sum;        /* 说明 a,b,sum 为实型变量 */
char  c,ch;           /* 说明 c,ch 为字符型变量 */
```

说明：

(1) 变量名可以是 C 语言中的合法标识符,但用户在定义时应遵循"见名知意"的原则,以便程序维护。

(2) 每一个变量都必须进行类型说明,这样可以保证程序中变量的正确使用。未经类型说明的变量在编译时被指出是错误的。

(3) 当一个变量被指定为某一确定类型时,将为它分配若干相应字节的内存空间。如 char 型为 1 字节,long int 型为 4 字节,float 型为 4 字节。

2.4.2　整型变量

1. 分类

整型变量用来存放一个整型常量。根据占用内存字节数的不同,整型变量又分为如下 4 种：

(1) 基本整型(类型关键字为 int)；

(2) 短整型(类型关键字为 short[int])；

(3) 长整型(类型关键字为 long[int])；

(4) 无符号型：无符号型又分为无符号整型(unsigned [int])、无符号短整型(unsigned short)和无符号长整型(unsigned long)三种,只能用来存储无符号整数。方括表示其中的内容是可选的,既可以有,也可以没有。

2. 内存字节数与值域

C 标准没有具体规定以上各类数据所占内存字节数,各种机器处理上有所不同,一般以一个机器字(word)存放一个 int 型数据,而 long 型数据的字节数应不小于 int 型,short 型不长于 int 型。不同编译环境下对各类型数据的设定见表 2-2 和表 2-3。

表 2-2   Turbo C 环境下对整型数据的设定

类　　型	类型标识符	字节数	数 值 范 围
基本整型	int	2	$-32\ 768\sim32\ 767$
短整型	short[int]	2	$-32\ 768\sim32\ 767$ 或 $-2^{15}\sim(2^{15}-1)$
长整型	long[int]	4	$-2\ 147\ 483\ 648\sim2\ 147\ 483\ 647$ 或 $-2^{31}\sim(2^{31}-1)$
无符号整型	unsigned[int]	2	$0\sim65\ 535$
无符号短整型	unsigned short	2	$0\sim65\ 535$ 或 $0\sim(2^{16}-1)$
无符号长整型	unsigned long	4	$0\sim4\ 294\ 967\ 295$ 或 $0\sim(2^{32}-1)$
长长整型	long long [int]	8	$-2^{63}\sim(2^{63}-1)$
无符号长长整型	unsigned long long [int]	8	$0\sim(2^{64}-1)$

表 2-3   Visual C 环境下对整型数据的设定

类　　型	类型标识符	字节数	数 值 范 围
基本整型	int	4	$-2^{31}\sim(2^{31}-1)$
短整型	short[int]	2	$-32\ 768\sim32\ 767$ 或 $-2^{15}\sim(2^{15}-1)$
长整型	long[int]	4	$-2\ 147\ 483\ 648\sim2\ 147\ 483\ 647$ 或 $-2^{31}\sim(2^{31}-1)$
无符号整型	unsigned[int]	4	$0\sim4\ 294\ 967\ 295$ 或 $0\sim(2^{32}-1)$
无符号短整型	unsigned short	2	$0\sim65\ 535$ 或 $0\sim(2^{16}-1)$
无符号长整型	unsigned long	4	$0\sim4\ 294\ 967\ 295$ 或 $0\sim(2^{32}-1)$
长长整型	long long [int]	8	$-2^{63}\sim(2^{63}-1)$
无符号长长整型	unsigned long long [int]	8	$0\sim(2^{64}-1)$

3. 整型变量的定义

前面已提到,C语言规定在程序中所有用到的变量都必须在程序中定义,即"强制类型定义"。例如:

```
int a,b;                    /*指定变量 a、b 为整型 */
unsigned short c,d;         /*指定变量 c,d 为无符号短整型 */
long e,f;                   /*指定变量 e,f 为长整型 */
```

注意:int 数据类型默认为 signed(有符号类型)。

2.4.3 实型变量

1. 分类

实型变量用来存放一个实型常量。C语言的实型变量分为以下两种:

（1）单精度型。类型关键字为 float，一般占 4 字节（32 位），提供 7 位有效数字。

（2）双精度型。类型关键字为 double，一般占 8 字节，提供 15、16 位有效数字。

2. 内存字节数与值域

在 C 语言中，对实型数据的设定如表 2-4 所示。

表 2-4　C 语言对实型数据的设定

类　　型	类型标识符	内存中所占字节数	表示数值有效数字	数值范围
单精度实型	float	4	7 位	$3.4 \times 10^{-38} \sim 3.4 \times 10^{38}$，$-3.4 \times 10^{-38} \sim -3.4 \times 10^{38}$
双精度实型	double	8	15、16 位	$1.7 \times 10^{-308} \sim 1.7 \times 10^{308}$，$-1.7 \times 10^{-308} \sim -1.7 \times 10^{308}$

3. 实型变量的定义

每一个实型变量都应在使用之前加以定义。如：

```
float x,y;          /*指定 x、y 为单精度实数 */
double z;           /*指定 z 为双精度实数 */
```

需要说明的是，一个实数常量可以赋给一个 float 型或 double 型变量。根据变量的类型来截取实型常量中相应的有效数字。如：

```
float x;
x=735.1234567
```

由于 float 型变量只能接受 7 位有效数字，因此实际存储的 x 的值为 x＝735.1235。如果将 x 改为 double 型，则能接受 16 位有效数字并存储在变量 x 中。

2.4.4　字符型变量

字符型变量在定义时用类型名 char，例如：

```
char a,b;               /*指定变量 a、b 为字符型 */
```

字符变量用于存放字符常量，即一个字符变量只能存放一个字符常量，例如：

```
a='A';
b='#';
```

一个字符型变量在内存中占用一字节的空间。字符变量的取值范围取决于计算机系统所使用的字符集。目前微机上广泛使用的字符集是 ASCII 码（美国标准信息交换码）字符集。该字符集规定了每个字符所对应的编码，即在字符序列中的"序号"。也就是说，每个字符都有一个等价的整型值与其对应。从这个意义上说，char 型可以看成一种特殊的整型数。附录 A 给出了常用字符的 ASCII 码对照表。

一个 int 型数据在内存中是以二进制形式存放的，而一个字符在内存中也是以其对应的 ASCII 码的二进制形式存放的。例如，对于上面的赋值语句"a='A';"，就是将字符常量

'A'的 ASCII 码值 65 的二进制值存放在字符变量 a 所对应的一字节存储空间中。因此,在 C 语言中,只要在 ASCII 码取值范围内,char 型数据和 int 型数据之间的相互转换不会丢失信息,例如:a='A'与 a=65 等价。

需要注意的是:一个 char 型数据既可以是无符号数(类型关键字为 unsigned char,取值范围为 0~255),也可以是有符号数(类型关键字为 signed char,取值范围为 -128~127),一般依赖于具体的编译系统,在 TC 3.0 环境中默认的 char 型是无符号字符型。

2.4.5 变量的初始化与赋值

经过变量的定义过程,计算机为该变量分配了一定大小的存储空间,具体空间大小由其数据类型决定。然而该变量的具体值并没有明确指定,它受计算机分配的存储空间中现存值的影响,其具体值可能是零,也可能是其他的一个不可预知的随机数据,通常也称为"垃圾"值。因此在使用变量之前,需要将其指定为一个确定的值,以便在程序设计的时候可以正确地使用和控制这个变量。变量赋初值的过程分为两种。

1. 变量的初始化

变量的初始化是在变量定义的同时将一个确定的值存储到变量所对应的存储空间中。变量的初始化是在编译时将值送入到相应的存储空间,可缩短运行时间。例如:

```
int count=0;                /*定义整型变量 count,并将其值初始化为 0*/
double percent=0.01;        /*定义双精度变量 percent,并将其值初始化为 0.01*/
float taxRate=28.5;         /*定义单精度变量 taxRate,并将其值初始化为 28.5*/
```

注意:请不要将变量初始化为允许范围之外的值,下面是两个这样的例子。

```
short int weight=100000;
unsigned int value=-2500;
```

大部分的 C 编译器,仅仅对上述错误提出警告,不会提示为错误,因此程序将被编译和连接。但当程序运行时,结果将可能与期望的不同。

2. 变量的赋值

变量的赋值是指先定义变量,然后给变量赋值。变量的赋值是在程序执行过程中将值送入到相应的存储空间中,占用的是运行时间。例如:

```
int count;                  /*变量的名字为 count,变量的数据类型为 int*/
count=0;                    /*给变量 count 赋值 0*/
```

注意:该语句使用了等号=,这是 C 语言中的赋值运算符,详见第 3 章。

2.5 综合应用例题

【例 2-1】 变量和常量示例:已知圆的半径为 5,计算圆的面积和周长。

```
1 #include<stdio.h>
```

```
 2 #define phi 3.14159                        /* 第一种定义常量的方法 */
 3 const double radius=5;                      /* 第二种定义常量的方法 */
 4 int main()
 5 {
 6     double area,perimeter;                  /* 变量 area,perimeter 为 double 型 */
 7     area=0.0;                               /* 给变量 area 赋值 0 */
 8     perimeter=0.0;                          /* 给变量 perimeter 赋值 0 */
 9     area=phi * radius * radius;             /* 计算圆面积 */
10     perimeter=phi * radius * 2;             /* 计算圆周长 */
11     printf("area=%f\n",area);               /* 输出面积的值 */
12     printf("perimeter=%f\n",perimeter);     /* 输出周长的值 */
13     return 0;
14 }
```

程序运行结果:

```
area=78.539750
perimeter=31.415900
```

在程序中使用变量 area、perimeter 分别表示圆的面积和周长;使用符号常量 phi、radius 分别表示 π 和半径。在程序中无论是计算面积还是周长都使用了符号常量来代替具体的数字。这样做的好处是显而易见的,例如我们增加了 π 的精度或者是修改了圆的半径,仅仅在程序的符号常量的定义部分进行修改,而不必对程序中涉及使用半径和 π 值的计算部分进行修改。

【例 2-2】 整型数据应用程序示例。

以整型变量为例,当存储的数值超过范围时会出现溢出问题,在 Visual C++ 环境下,运行程序。

```
 1 #include<stdio.h>
 2 int main()
 3 {
 4     short a,b,c,d,e;                        /* 指定变量 a、b、c、d、e 为整型 */
 5     a=10;                                   /* 将变量 a 的初始值设置为 10 */
 6     b=5;                                    /* 将变量 b 的初始值设置为 5 */
 7     c=a+b;                                  /* 将变量 c 的值设置为 a 与 b 的和 */
 8     d=12345+1;                              /* 将变量 d 的值设置为 12345 与 1 的和 */
 9     e=32767+1;                              /* 将变量 e 的值设置为 32767 与 1 的和 */
10     printf("c=%d\n",c);                     /* 输出变量 c 的值 */
11     printf("d=%d\n",d);                     /* 输出变量 d 的值 */
12     printf("e=%d\n",e);                     /* 输出变量 e 的值 */
13     return 0;
14 }
```

程序运行结果:

```
c=15
d=12346
```

e=-32768

程序中开辟了名为 a、b、c、d、e 的 5 个存储单元,它们在内存中占两字节。a 和 b 所代表的存储单元中存放 10 和 5。c 所代表的存储单元中存放 a 和 b 中值的和 15。d 中存放 12 345 与 1 的和,其值为 12346。e 中存放 32 767 与 1 的和,由于受到 Turbo C 环境下 int 型变量取值范围的限制,d 中存放的值为—32 768,而不是 32 768。如果在 Visual C 环境下,可将变量 e 的值改为 2 147 483 647+1,再观察运行的结果。

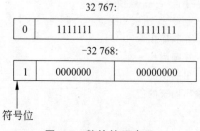

图 2-2　数的补码表示

从图 2-2 可以看到 32 767 在内存中以二进制的表示形式,最左边一位是符号位(0 表示正,1 表示负)。32 767 再加 1 后 15 位全为 0,最左边一位为 1,它是—32 768 的补码形式(数据在内存中都是以补码形式存放的)。

【例 2-3】 实型数据应用程序示例。

```
1 #include<stdio.h>
2 int main()
3 {
4     float a=1000000000000.0f;      /* 变量 a 为单精度型,初始化为 1000000000000.0 */
5     float b=30.0f;                 /* 变量 b 为单精度型,初始化为 30.0 */
6     float m=a/b;                   /* 变量 m 为单精度型 */
7     double c=1.0e12;               /* 变量 c 为双精度型,初始化为 1.0e12 */
8     double d=3.0e1;                /* 变量 d 为双精度型,初始化为 3.0e1 */
9     double n=c/d;
10    printf("%f\n",m);              /* 输出变量 m 的值 */
11    printf("%f\n",n);              /* 输出变量 n 的值 */
12    return 0;
13 }
```

程序运行结果:

```
33333334016.000000
33333333333.333332
```

该程序定义了两个单精度变量 a 和 b,并进行了初始化。同时定义了两个双精度变量 c 和 d,并且使用科学记数法的方式对其进行了初始化。程序中使用了单精度变量 m 和双精度数据变量 n 来分别保存 a/b 和 c/d 的结果。由于单精度和双精度所能表示的数据精度有限,因此在计算机返回的计算结果同真实的结果会存在不同。本例中真实的计算结果应当是 33333333333.3…的一个无限循环,但是第一个计算结果为 33333334016.000000,出现了明显的错误;而第二个计算结果为 33333333333.333332,最后一个同样出现了错误。主要是因为实型数据在表示数据精度上的有限性的问题。例如一个单精度数据最多能够表示 7 位有效数字,也就是说在返回结果中从左向右记数,仅仅有 7 位是有效的,结果是正确的,而多余的数字都是不可靠的数字。在使用双精度数据时虽然可以表示更多的有效数字(例如 16 位),但返回值中同样存在不可靠的数字。这一点一定要引起注意。

注意：上述计算结果在不同的机器和编译器环境下会稍微有所不同，但是有效数字的值都完全一样。

【例 2-4】　字符数据应用程序示例。

```
1 #include<stdio.h>
2 int main()
3 {
4     char a,b;                      /*指定变量 a、b 为字符型*/
5     a='O'; b='K';                  /*将变量 a、b 的值分别设置'O'和'K'*/
6     printf("%c%c\n",a,b);
7     return 0;
8 }
```

程序运行结果：

OK

不能将一个字符串常量赋给一个字符变量，如：a＝"O"；b＝"OK"；是错误的，因为字符变量 a 和 b 只能容纳一个字符，而"O"和"OK"是字符串分别占 2 字节和 3 字节。

注意：字符变量赋值可以采用如下三种方法：

(1) 直接赋予字符常量，如 char c＝'A'；

(2) 赋予"转义字符"，如：

char c='\\', d='\101';
printf("%c %c",c,d);

输出结果：\　A。

(3) 赋予一个字符的 ASCII 码，如字符'a'的 ASCII 码为 97，则：

char c=97;
printf("%c",c);

将输出一个字符 a。

习题 2

1. 选择题

(1) 以下变量名全部合法的是(　　)。

　　(A) ABC、L10、a_b、_al　　　　　　　　(B) ? 123、print、*p、a＋b

　　(C) _12、Zhang、*p、11f　　　　　　　　(D) Li_Li、P、for、101

(2) 在 C 语言中规定只能由字母、数字和下画线组成标识符，且(　　)。

　　(A) 第一个字符必须为下画线　　　　　　(B) 第一个字符必须为字母

　　(C) 第一个字符必须为字母或数字　　　　(D) 第一个字符不能为数字

(3) 在 C 语言中 int、short 和 char 在内存中所占位数(　　)。

　　(A) 均为 16 位(2 字节)

(B) 由编译环境确定,也受机器字长的限制

(C) 由用户在程序中定义

(D) 是任意的

(4) 以下均是 C 的合法常量的选项是(   )。

    (A) 099、−026、0x123、e5   (B) 0034、0x102、13e−3、−0.78

    (C) −0x22d、06f、8e2.3、e   (D) .e7、0xffff、12%、2.5e1.2

(5) 以下转义字符全部合法的选项是(   )。

    (A) '\n'、'\\'、'\x35'、'\"   (B) '\t'、'\1010'、'\v'、'\123'

    (C) '\x110'、'\b'、'\g'、'\xxx'   (D) '\rr'、'\r'、'\55'、'\xff'

(6) 在 Visual C 环境下,错误的 int 类型的常量是(   )。

    (A) 2^{31} (B) 0   (C) 037   (D) 0xAF

(7) 下列常数中不能作为 C 的常量的是(   )。

    (A) 0xA5   (B) 2.5e−2   (C) 3e2   (D) 0582

(8) 下列可以正确表示字符型常量的是(   )。

    (A) "a"   (B) '\t'   (C) "\n"   (D) 297

(9) 将字符 g 赋给字符变量 c,表达式(   )是正确的。

    (A) c="g"   (B) c=101   (C) c='\147'   (D) c='0147'

(10) 已知: char a= '\70';则变量 a 中(   )。

    (A) 包含 1 个字符   (B) 包含 2 个字符   (C) 包含 3 个字符   (D) 说明非法

(11) 以下(   )是错误的转义字符。

    (A) '\\'   (B) '\"   (C) '\81'   (D) '\0'

(12) 在 C 语言中,数字 029 是一个(   )。

    (A) 八进制数   (B) 十六进制数   (C) 十进制数   (D) 非法数

(13) 下列可以正确定义数据类型的关键字是(   )。

    (A) long   (B) singed   (C) shorter   (D) integer

2. 填空题

(1) 'a'在内存中占＿＿＿＿字节,"a"占＿＿＿＿字节。

(2) 设 int 类型的数据长度为 2 字节,则 unsigned int 类型数据的取值范围是＿＿＿＿。

(3) 在 C 语言中,十进制的 47 可等价地写为八进制数＿＿＿＿。

(4) 下面程序的运行结果是＿＿＿＿。

```
#include <stdio.h>
void main()
{
    char ch;
    ch='B';
    printf("%c,%d\n",ch,ch);
}
```

3. 编程题

要将"China"译成密码,密码规律是:用原来的字母后面第 4 个字母代替原来的字母。例如,字母"A"后面第 4 个字母是"E",则用 E 代替"A"。因此,"China"应译为"Glmre"。编一程序,用赋初值的方法使 c1、c2、c3、c4、c5 五个变量的值分别为'C'、'h'、'i'、'n'、'a' ,经过运算,使 c1、c2、c3、c4、c5 分别变为'G'、'l'、'm'、'r'、'e',并输出为'G'、'l'、'm'、'r'、'e',请输出。

第 3 章

数据的运算与输入输出

数据和操作是构成程序的两个要素。第 2 章介绍了如何描述数据,本章主要介绍 C 语言程序中对数据的基本操作,即对数据的运算及输入输出。

3.1 运算符和表达式概述

运算(即操作)是对数据的加工,被运算的对象——数据称为运算量或操作数。一个表达式包含一个或多个操作,操作的对象称为操作数,而操作本身是通过运算符(也称操作符)体现的。例如 a、a−b、k=1 等都是表达式。一个表达式完成一个或多个运算,最终得到一个结果。其表现形式多种多样,最简单的表达式是只含一个常量或一个变量,即只含一个操作数而不含运算符。

C 语言提供有多种运算符,可以构成多种表达式,主要有算术表达式、赋值表达式、关系表达式、逻辑表达式、条件表达式和逗号表达式。C 语言运算符按其功能分为算术运算符、赋值运算符、关系运算符、逻辑运算符、逗号运算符、位运算符等。运算符按其参加运算的操作数的个数分为一目运算符、二目运算符和三目运算符。

本章主要学习下面 7 种运算符及其构成的表达式。

- 算术运算符:加(+)、减(−)、乘(*)、除(/)、求余(或称模运算,%)、自增(++)、自减(−−)共 7 种。
- 赋值运算符:分为简单赋值(=)和复合赋值运算两大类。复合赋值运算又分为复合算术赋值(+=,−=, * =,/=,%=)和复合位运算赋值(&=,|=,^=,>>=,<<=)两类共 10 种。
- 关系运算符:大于(>)、小于(<)、等于(==)、大于或等于(>=)、小于或等于(<=)和不等于(!=)6 种。
- 逻辑运算符:与(&&)、或(‖)、非(!)。
- 条件运算符:这是一个三目运算符,用于条件求值(?:)。
- 逗号运算符:用于把若干表达式组合成一个表达式(,)。
- 位操作运算符:参与运算的量,按二进制位进行运算。包括位与(&)、位或(|)、位非(~)、位异或(^)、左移(<<)、右移(>>)6 种。

3.2 算术运算符和算术表达式

算术运算符和算术表达式跟以前接触过的算术运算类似,本节主要介绍算术运算符和算术表达式。

3.2.1　算术运算符

1.基本算术运算符

C语言算术运算符分为一目运算符和二目运算符。一目运算符是对单个变量进行操作的运算符,常见的一目运算符有正号运算符(＋)、负号运算符(－)、自增运算符(＋＋)和自减运算符(－－)。二目运算符就是在运算中有两个变量或常量的运算符,常见的二目运算符有加法(＋)、减法(－)、乘法(＊)、除法(/)和求余(％),这5种二目算符也是C语言基本算术算符。

说明:

(1) 对于加法(＋)、减法(－)和乘法(＊)运算的操作,可以是整型或实型的常量、变量,其运算规则与一般的数学运算规则相同。

(2) 对于除法(/)运算,其操作数可以是整型或实型的常量、变量。当 x/y 中如果两个操作数中有一个是实型,运算结果为实型;若两个操作数都是整型,运算结果为整型(含去小数部分)。如:5/2.0＝2.5000000,5/2＝2。

(3) 对于求余％运算,用于计算两个数相除后得到的余数,当被除数可以被除数整除时,余数为零。适用于求余运算的两个操作数必须为整型,不能对实型的常量和变量进行求余运算。如:5％2＝1,6％2＝0,7％4＝3。

【例 3-1】　将华氏温度换算成摄氏温度。

思路分析:华氏温度(F)与摄氏温度(C)的换算公式为 $C=5/9\times(F-32)$。如果按照整型数计算,公式中5/9计算结果为零,所以该公式中常量和变量应当定义为实型变量,将5/9写成5.0/9.0进行计算以保证数值换算的准确性。

```
1 #include<stdio.h>
2 int main()
3 {
4     float F=48.0, C;
5     C=5.0/9.0 * (F-32.0);
6     printf("与之相匹配的摄氏温度为: %.2f\n",C);
7     return 0;
8 }
```

程序运行结果:

与之相匹配的摄氏温度为:8.89

注意:本例中,由于需要确保运算结果的准确性,所以将变量 F 和 C 定义为浮点数float。通过 printf 函数中的格式控制字符将输出结果保留小数点后两位(四舍五入)(关于printf 函数和格式控制字符在本章后面章节会进行介绍)。

2.自增、自减运算符

自增"＋＋"、自减"－－"运算符的作用是使变量的值增1或减1,自增或自减运算符都

可以放在变量的前面或后面,其一般用法如下:

```
++k 或 --k          /* 在使用 k 之前,先将 k 的值加(减)1 */
k++ 或 k--          /* 在使用 k 之后,再将 k 的值加(减)1 */
```

其中 k 是一个整型变量。把运算符放在操作数之前,称为前置运算符,前置运算符是对变量的值先增加1或减去1,然后参与其他运算,即先改变变量的值后使用;把运算符放在操作数之后,称为后置运算符,后置运算符则是让变量先参与其他运算,然后对变量值增加1或减去1,即先使用后改变。

说明:

(1) 自增运算符(++)、自减运算符(--)只能用于变量,不能用于常量或表达式,如 3++ 或 (a+b)++ 都是不合法的。因为 3 是常量,常量的值不能改变。(a+b)++ 也是不合法的。即使假设 a+b 的自增实现,那么得到的值将没有地方存放。

(2) ++和--运算符的结合方向是"自右向左"。如-k++,k 的左面是负号运算符,右面是自增运算符,由于负号运算符和自增运算符同优先级,而结合方向为"自右至左"(右结合性),即它相当于-(k++)。如果 k 的原值等于3,执行 printf("%d", -k++)时,先取出 k 的值使用,输出-k 的值-3,然后使 k 自增为 4。注意 k++ 是先用 k 的原值进行运算后,再对 k 加1,不要认为先加完1后再加负号,输出-4,这是不对的。

【例 3-2】 自增、自减运算符前置、后置形式的差异程序示例。

```
1 #include <stdio.h>
2 int main()
3 {
4     int k,x,y;
5     k=10;
6     x=k++;y=++k;
7     printf("k=%d,x=%d,y=%d\n",k,x,y);
8     k=10;
9     x=--k;y=k--;
10    printf("k=%d,x=%d,y=%d\n",k,x,y);
11    return 0;
12 }
```

程序运行结果:

```
k=12,x=10,y=12
k=8,x=9,y=9
```

注意: k++ 是"先使用,后增值"。所谓"先使用"是指在表达式中按 k 的原值进行运算得到表达式的结果,然后才使 k 加1。语句"x=k++;"等价于"x=k;k=k+1;"两个语句。而++k 是"先增值,后使用"。所谓"先增值"是指先使 k 加1,在表达式中按 k 改变后的值进行运算得到表达式的结果。语句"y=++k;"等价于"k=k+1;y=k;"两个语句。同理可分析语句"x=--k"和语句"x=k--;"。

3. 算术运算符的优先级及结合方向

(1) 二目运算符:乘(*)、除(/)、求余(%)的优先级相同,高于加(+)、减(-),结合方向为"自左至右",即先左后右。

(2) 一目运算符：负(一)、自增(＋＋)、自减(－－)的优先级相同,高于二目运算符加(＋)、减(－)、乘(＊)、除(/)、求余(％),结合方向为"自右至左",即先右后左。

3.2.2 算术表达式

用算术运算符和括号将运算对象(常量、变量和函数等)连接起来的、符合 C 语言语法规则的式子,称为算术表达式,例如,3＋a＊b/2－1＋c。

如何求解这个算术表达式的值？ 在 C 语言中规定,对表达式求值时,按运算符的优先级别,先进行一目运算符计算,再进行二目运算符计算；从运算符优先级上看,从高到低进行运算,先乘除、后加减。因此,在上面的表达式中,应先计算 a＊b/2,然后再进行加法运算和减法运算。由于表达式 a＊b/2 的运算符号优先级别相同,因此按运算符的结合方向进行运算。算术运算符的结合方向全部都是"自左至右"的,即先左后右,这样 a＊b/2 就应先算 a＊b 再和 2 相除。

根据算术运算符的优先顺序和结合方向,上式运算过程为：先计算 a＊b 的值,再计算 a＊b/2 的值,然后从左到右依次计算。

【例 3-3】 程序示例。

```
1 #include <stdio.h>
2 int main()
3 {
4     int a=3,b=8,c=2,d;
5     d=3+a*b/2-1+c;
6     printf("d=%d\n",d);
7     return 0;
8 }
```

程序运行结果：

d=16

3.3 赋值运算符和赋值表达式

本节主要介绍赋值运算符和赋值表达式。C 语言采用赋值运算的方式改变变量的值,或者说为变量赋值。

3.3.1 赋值运算符

1. 赋值运算符

赋值号(＝)就是赋值运算符。赋值运算符的基本形式是将右边表达式的值直接赋给左边的变量,赋值号左边是单个的变量,右边是表达式,如：a=3,c=a+b 和 r=x％y。复合赋值运算符的形式有＋＝,－＝,＊＝,/＝和％＝五类。这些符合赋值形式代表先将两个变量进行相应的计算,然后再将计算结果赋给赋值运算符左边的变量,如 a＋＝3,表示 a＝a＋

3,b＊＝4,表示 b＝b＊4。

2. 赋值运算符的优先级及结合方向

赋值运算符(包括下面将要讲的复合赋值运算符)的优先级低于算术运算符的优先级,结合方向是"从右至左"进行运算。

3.3.2 赋值表达式

由赋值运算符将一个变量和一个表达式连接起来的式子称为赋值表达式。它的一般形式为:

<变量><赋值运算符><表达式>

例如:

a=5

是一个赋值表达式。对赋值表达式的求解过程是:先计算赋值运算符右侧的"表达式"的值,再将该值赋给左侧的变量,赋值表达式的值就是被赋值的变量的值。

在赋值表达式的一般形式中,表达式仍可以是一个赋值表达式,也就是说,赋值表达式是可以嵌套的。例如:

x=(y=8)

括号内的表达式也是一个赋值表达式。其运算过程为:先把常量8赋给变量y,赋值表达式 y=8 的值为 8,再将这个表达式的值赋给变量 x,因此运算结果 x 和 y 的值都是 8,整个赋值表达式的值也是 8。

C 语言规定,赋值运算的结合方向是"自右至左",即整个计算过程从右至左进行。因此表达式 x=(y=8)中的括号可以省略,写成 x=y=8。在计算的过程中"从右至左"先将 8 赋值给 y,然后 y 的值再赋给 x。

下面再看几个赋值表达式的例子:

```
a=b=c=5;          /＊整个表达式的值为 5,a,b,c 的值也为 5＊/
a=5+(c=6);        /＊整个表达式的值为 11,a 的值也为 11,c 的值为 6＊/
x=(y=4)/(z=3);    /＊整个表达式的值为整数 1,x 的值为 1,y 值为 4,z 的值为 3＊/
a=5+c=6;          /＊这个表达式不合法,因为赋值表达式左值应该为单个变量＊/
```

在 C 语言中有一个术语"左值",它标识程序中占用存储单元的实体,其原意是可以出现在赋值号的左侧,如变量名就是一个"左值",它的值是可以改变的。例如,上面例子中的最后一个赋值表达式,表达式"5+c"不是"左值",所以不能出现在赋值号的左侧。另外,a=3+5,a 是变量名,它的值是可以改变的,它是"左值",赋值运算符右侧的表达式"3+5"不能作为"左值",写成下面这样是错误的:3+5=a。并不是所有的数据对象都能作为"左值"的,变量名、数组元素名、指针指向的单元可以作为"左值",能出现在赋值运算符的左侧。

3.3.3 复合的赋值运算符

赋值运算符有基本赋值运算符和复合赋值运算符两种形式。在 C 语言中,可以在赋值

运算符之前加上其他运算符,构成复合的赋值运算符,包括复合算术赋值运算符($+=$,$-=$,$*=$,$/=$,$\%=$)和复合位运算赋值运算符($\&=$,$|=$,$\wedge=$,$>>=$,$<<=$)。本节主要介绍复合算术赋值运算符。

例如:

```
x+=3;          等价于   x=x+3;
y*=y+z;        等价于   y=y*(y+z);
x%=3;          等价于   x=x%3;
```

如果赋值运算符的右边是包含若干项的表达式,则相当于它有括号。如:

```
y*=y+z
```

正确的含义是 $y=y*(y+z)$(不要错写成 $y=y*y+z$)。

C 语言规定,复合的赋值运算符的结合方向也是"自右至左",即从右至左进行运算。例如:

```
a+=a-=a*a;
```

这是一个赋值表达式。如果 a 的初值为 12,此赋值表达式的求解步骤如下:

(1) 先从右面进行"$a-=a*a$"的运算,它相当于 $a=a-a*a=12-144=-132$;

(2) 然后进行"$a+=-132$"的运算,相当于 $a=a+(-132)=-132-132=-264$。

3.4　关系运算符和关系表达式

本节主要介绍关系运算符和关系表达式。

3.4.1　关系运算符

1. 关系运算符的种类

关系运算符用来对两个操作数进行大小或相等比较的运算,其运算结果是"真"或"假"。由于 C 语言中没有逻辑类型数据,所以通常以非零表示"真",零表示"假"。C 语言提供了 6 种关系运算符。

- $<$(小于);
- $<=$(小于或等于);
- $>$(大于);
- $>=$(大于或等于);
- $==$(等于);
- $!=$(不等于)。

2. 关系运算符的优先级及结合方向

(1) 前 4 种关系运算符($<$、$<=$、$>$、$>=$)的优先级别相同,后两种($==$ 和 $!=$)的优先级别相同。前 4 种高于后两种。

(2) 关系运算符的优先级低于算术运算符。

(3) 关系运算符的优先级高于赋值运算符。

(4) 结合方向为自左至右,即同级关系运算自左至右算。

以上的关系如图 3-1 所示。

算术运算符	(高)
关系运算符	
赋值运算符	(低)

图 3-1　运算符的优先级 1

3.4.2　关系表达式

用关系运算符将两个表达式(可以是算术表达式、关系表达式、逻辑表达式、赋值表达式)连接起来的式子,称为关系表达式。

例如:

a>b,a+b>b+c, (a=3)>(b=5), 'a'<'b', (a>b)>(b>c)

关系表达式的值是逻辑值"真"或"假"。C 语言中没有专门的逻辑数据类型,在求解关系表达式的值时,以 1 代表"真",以 0 代表"假"。当关系表达式成立时,表达式的值为 1,否则,表达式的值为 0,如关系表达式"5==3"的值为 0,"5>=0"的值为 1。

例如,若有变量定义:int a=3,b=2,c=1,d,f;,则下列关系表达式:

a>b　　　　其值为"真",表达式的值为 1。

(a>b)==c　　其值为"真"(因为 a>b 的值为 1,等于 c 的值),表达式的值为 1。

b+c<a　　　其值为"假"(因为 b+c 为 3,不小于 a),表达式的值为 0。

d=a>b　　　d 的值为 1,因为关系运算优先级高于赋值运算。从右往左是先进行关系运算 a>b,为真,表达式值为 1,再进行赋值运算,将 1 赋给 d。

f=a>b>c　　f 的值为 0,因为关系运算优先级高于赋值运算,先进行关系运算 a>b>c。因为">"运算符是自左至右的结合方向,先执行"a>b"得值为 1,再执行关系运算"1>c",表达式 a>b>c 的值为 0。最后,通过赋值运算将 0 赋给 f。

3.5　逻辑运算符和逻辑表达式

本节主要介绍逻辑运算符和逻辑表达式。

3.5.1　逻辑运算符

1. 逻辑运算符

C 语言提供三种逻辑运算符:

* &&(逻辑与);
* ‖(逻辑或);
* !(逻辑非)。

其中,&& 和‖是二目运算符,它要求有两个操作数,而"!"是一目运算符,只要求有一个操作数。例如:

a&&b 的运算结果为:当 a 和 b 均为"真"时,其结果为"真",否则为"假"。

a‖b 的运算结果为:当 a 和 b 之一为"真"时,其结果为"真",只有二者均为"假"时,其结果才为"假"。

!a 的运算结果为：当 a 为假时,其结果为"真",否则为"假"。

逻辑运算的值可由表 3-1 表示的逻辑运算的"真值表"来判断。它表示 a 和 b 的值为不同组合时,各种逻辑运算的计算结果。

表 3-1　逻辑运算的真值表

a	b	!a	!b	a&&b	a‖b
真	真	假	假	真	真
真	假	假	真	假	真
假	真	真	假	假	真
假	假	真	真	假	假

2．逻辑运算符的优先级及结合方向

在一个逻辑表达式中如果包含多个逻辑运算符,如：

!a&&b‖x>y&&c

按以下的优先级排序：

(1) !(非)→&&(与)→‖(或),即"!"为三者中最高的。

(2) 逻辑运算符中的 && 和‖的优先级低于关系运算符,由于"!"是一目运算符,所以其优先级高于基本算术运算符,见图 3-2。

(3) &&、‖的结合方向为自左至右,即同级逻辑运算自左至右算,!(非)的结合方向为自右至左。例如,a=1, b=!!a,则从右往左执行两次"非"运算后,b 的值为 1。

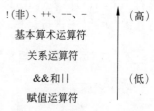

图 3-2　运算符的优先级 2

3.5.2　逻辑表达式

逻辑表达式是通过逻辑运算符将关系表达式或逻辑量连接起来所构成的表达式。逻辑表达式的值应该是"真"或"假"。C 语言中没有逻辑型数据"真"和"假",以数值 1 代表逻辑"真",以 0 代表逻辑"假",来表示逻辑运算的结果。但在判断一个变量值或常量的逻辑值时,以 0 代表逻辑"假",以非 0 代表"真",即将一个非 0 的数值视为"真"。例如：若有 a=4,则 a 在逻辑上为真,逻辑值为 1;非 a,即!a 在逻辑上为假,逻辑值为 0。若 a=4,b=5,由于 a 和 b 数值均非 0,则两个变量的逻辑值均为 1,表达式 a&&b 的逻辑值为"真",值为 1。逻辑运算符两侧的运算对象可以是任何类型的数据,即是字符型、实型或指针型等,系统最终以非 0 和 0 来判定它们属于"真"或"假"。

例如：

'c'&&'d'

其值为 1。由于字符 c 和字符 d 对应的 ASCII 值分别为 99 和 100,进行逻辑"与"运算后,表达式的逻辑值为"真"(查询字符的 ASCII 码值可以看书后附录 A)。

注意：在逻辑表达式的求解中,并不是所有的逻辑运算符都被执行,只是在必须执行下

一个逻辑运算符才能求出表达式的解时,才执行该逻辑运算符。这种现象我们称为逻辑运算中的"短路"现象。

1. "与"运算中的"短路"现象

对于逻辑表达式:

(表达式 1) && (表达式 2)

根据自左至右的运算规则,首先计算表达式 1 的值,若该值为"真",必须接着计算表达式 2 的值,才能最后确定整个表达式的值;若表达式 1 的值为"假",则已经能够确定整个表达式的值必定为"假",不再计算表达式 2 的值,这就是"与"运算中的"短路"现象,即无须全部完成"与"运算中所有表达式的计算就可以获得逻辑表达式的值。

例如,a 的值为 3,b 的值为 4,在进行以下逻辑运算后 a 的值为 4,b 的值不变仍为 4。

(a++==4) && (b++==5)

计算过程是:首先,判断 a 的值是否等于 4,由于自增运算符后置,所以表达式 a++==4 等价于判断 a 是否为 4。因为 a 的初始值为 3,判断 a==4 结果为"假",即表达式"a++==4"的值为 0。根据"与"运算的规则,整个逻辑表达式的值必定为 0,所以系统不再对逻辑运算符 && 右边的表达式,即 b++==5,进行计算。因此,变量 a 加 1 后值为 4,右边的表达式因"短路"未进行运算,所以 b 没有自增,值仍为 4。

2. "或"运算中的"短路"现象

对于逻辑表达式:

(表达式 1) || (表达式 2)

根据自左至右的运算规则,首先计算表达式 1 的值,若该值为"假",必须计算出表达式 2 的值,才能最后确定整个表达式的值;若表达式 1 的值为"真",根据"或"运算规则,可以确定整个逻辑表达式的值也为 1,不再计算表达式 2 的值,这就是"或"运算中的"短路"现象。

例如,a 的值为 4,b 的值为 4,在进行以下逻辑运算后 a 的值为 5,b 的值不变仍为 4。

(a++==4) || (b++==5)

计算过程是:首先判断 a 的值是否等于 4,将判断结果作为表达式"a++==4"的值,然后 a 再自加 1。由于 a 值为 4,判断结果为"真",即表达式"a++==4"的值为 1。根据"或"运算规则,整个逻辑表达式的值必定为 1,系统不再计算表达式(b++==5)。因此,变量 a 自加 1 后值为 5,b 因"短路"未进行自加运算,所以值仍为 4。

3.6　条件运算符和条件表达式

条件运算的主要作用是依据指定的条件,在两个表达式中选择一个表达式进行计算。条件表达式由条件运算符连接构成。条件运算符是 C 语言提供的一个唯一的三目运算符,由两个运算符号"?"和":"组成。条件表达式的一般形式为:

表达式 1?表达式 2：表达式 3

条件运算符的求解顺序：当表达式 1 的值为非零时，求解表达式 2 的值，此时表达式 2 的值就是整个条件表达式的值；当表达式 1 的值为零时，求解表达式 3 的值，此时整个表达式的值是表达式 3 的值。

例如：

```
c=(c>='A'&&c<='Z')?(c+32):c;
```

如果 c 是大写字母，则将 c 的 ASCII 值增加 32，转换成相应的小写字母赋给 c；否则，将保持 c 的值不变。

说明：

(1) 条件表达式可以嵌套，即一个条件表达式又可以与另一个条件表达式组成一个新的表达式。如：条件表达式 a>b?a:c>d?c:d。在对这种嵌套表示的条件表达式进行计算时，如果没有括号将嵌套的部分括起来，条件运算符的结合方向是自右至左，相当于计算 a>b?a:(c>d?c:d)。运算顺序为：若 a>b 则整个表达式的值为 a，否则，再计算表达式 c>d?c:d 的值，整个表达式的值为表达式 c>d?c:d 的值。

(2) 条件运算符的优先级仅高于赋值运算符和逗号运算符，比其他的运算符都低。例如：

```
y=x>=0? x:-x;
```

先进行条件运算，求出 x 的绝对值，再进行赋值运算，将 x 的绝对值赋给 y。

【例 3-4】　求变量 a、b 的绝对值的较大者。

```
1 #include<stdio.h>
2 int main()
3 {
4     int na,nb,a,b,max;
5     a=-8;
6     b=6;
7     max=(na=a>=0?a:-a)>(nb=b>=0?b:-b)?na:nb;
8     printf("%d\n",max);
9     return 0;
10 }
```

程序运行结果：

8

【例 3-5】　有一个五位整数 a，若 a 的百位数大于 5，使变量 k 的值为 1，否则使变量 k 的值为 0。

思路分析：要得到整数 a 的百位数字，可以先求得 a/100 的商，再对所得的商进行求余操作，即 a/100%10，最后通过条件表达式判断百位数是否大于 5。

```
1 #include<stdio.h>
2 int main()
```

```
3 {
4    int a,k;
5    a=12300;
6    k=a/100%10>5?1:0;
7    printf("k=%d\n",k);
8    return 0;
9 }
```

程序运行结果：

```
k=0
```

3.7　逗号运算符和逗号表达式

C 语言中逗号也是一种运算符,用逗号将若干表达式连接起来就构成逗号表达式。逗号表达式的一般形式为：

表达式 1,表达式 2,表达式 3,…,表达式 *n*

逗号表达式的求解过程是：先计算表达式 1 的值,再计算表达式 2 的值……一直计算到表达式 n 的值。整个逗号表达式的值是最后一个表达式 *n* 的值。

例如：

```
i=4,j=6,k=8;      /*整个逗号表达式的值是 8*/
x=8*2,x*4;        /*先计算 x=8*2,x 被赋值为 16,整个表达式的值是 x*4 为 64*/
```

说明：

(1) 逗号表达式可以嵌套,即一个逗号表达式又可以与另一个表达式组成一个新的表达式。如：(x=8*2, x*4), x*2,先计算表达式 1,即被嵌套的逗号表达式 x=8*2, x*4,通过计算被嵌套逗号表达式中的第一个表达式 x=8*2,x 被赋值为 16,被嵌套的逗号表达式值为 x*4 为 64,然后计算表达式 2,x*2 为 32。根据逗号表达式的计算规则,整个逗号表达式的值是 32,x 的值是 16。

(2) 程序中并不是所有的逗号都要看成逗号运算符。如：printf("%d,%d,%d",x,y,z);中的逗号是作为分隔符用的,而不是逗号运算符。

(3) 逗号运算符的另一个用法是为了在一行代码语句中书写更多的内容。例如：

```
int i=4,j=6,k=8;
x=y=0,z=1;
```

(4) 逗号运算符的优先级在所有运算符中级别最低。

(5) 在计算过程中,注意需要求解的是整个逗号表达式的值,还是某一个变量的值。例如：

```
int i, a;
i=(a=2*3, a*4), a+6;
```

逗号表达式从左到右进行计算,表达式 i＝(a＝2*3, a*4)中嵌套了逗号表达式 a＝

$2*3$,$a*4$,计算得到变量 a 的值为 6,被嵌套的逗号表达式的值为 $a*4=24$,通过 i=(a=$2*3$,$a*4$)的赋值,变量 i 的值为 24,而整个逗号表达式的值为表达式 $a+6$ 的值,即 $6+6=12$。

3.8　位运算符和位运算表达式

　　字节是计算机内存的最小可存取单位。尽管如此,有时需要处理的数据对象可能更小,例如,需要处理二进制位。在一个二进制位中,可以存储二进制值 0 或 1,在一个字节中,有 8 个二进制位。提供对位的操作是 C 语言突出的特点之一。由位运算符构成的表达式就是位运算表达式。表 3-2 所列出的是 C 语言所支持的位运算符。

表 3-2　位运算符

运算符	含　义	运算符	含　义
&	按位与	~	取反
|	按位或	<<	左移
^	按位异或	>>	右移

3.8.1　按位取反运算符(~)

　　按位"取反"的一般形式为:

　　~a

其中,a 为整型或字符型数据,可以转换成二进制数。

　　运算规则:~是一目运算符,用来对一个二进制数按位取反。即将 0 变 1,1 变 0。

　　例如:将八进制数 25 取反:~025

　　运算过程:

$$\frac{(\sim)00010101}{11101010}$$

即 ~025=11101010。

3.8.2　按位"与"、按位"或"、按位"异或"运算

　　本节主要介绍按位"与"、按位"或"、按位"异或"运算符的构成及其运算规则。

1. 按位"与"运算符(&)

　　按位与的一般形式为:

　　a&b

其中 a、b 均为整型或字符型数据。

　　运算规则:参加运算的两个数据,每一位二进制数(包括符号位)进行"与"运算。如果两个对应位的二进位都为 1,则该位的结果值为 1,否则为 0。即:0&0=0,0&1=0,1&0=

$0,1 \& 1 = 1$。

例如,将十进制数 3 与十进制数 5 进行按位与运算:$3 \& 5$。

运算过程:

$$
\begin{array}{r}
00000011 \\
(\&)\ 00000101 \\
\hline
00000001
\end{array}
$$

即 $3 \& 5 = 1$。

2. 按位"或"运算符(|)

按位"或"的一般形式为:

a|b

其中,a、b 均为整型或字符型数据,可以转换成二进制数。

运算规则:参加运算的两个数据,每一位二进制数(包括符号位)进行"或"运算。如果对应的二进制位只要有一个为 1,该位的结果值就为 1。即:$0|0 = 0, 0|1 = 1, 1|0 = 1,$ $1|1 = 1$。

例如:将八进制数 60 与八进制 17 进行按位或运算:060|017。

运算过程:

$$
\begin{array}{r}
00110000 \\
(|)\ 00001111 \\
\hline
00111111
\end{array}
$$

即 060|017 = 00111111。

3. 按位"异或"运算符(^)

按位"异或"的一般形式为:

a^b

其中 a、b 均为整型或字符型数据,可以转换成二进制数。

运算规则:每一位二进制数(包括符号位)均参与运算。若对应的二进制位同为 1 或同为 0,则结果为 0。对应的二进制位值不同时,结果为 1。即:$0\char`^0 = 0, 0\char`^1 = 1, 1\char`^0 = 1,$ $1\char`^1 = 0$。

例如:将八进制数 71 与八进制 52 进行按位异或运算:071^052。

运算过程:

$$
\begin{array}{r}
00111001 \\
(\char`^)00101010 \\
\hline
00010011
\end{array}
$$

即 071^052 = 023。

3.8.3　移位运算

下面主要介绍移位运算符的构成及其运算规则。

1. 左移运算符(<<)

左移运算的一般形式为：

a<<b

其中，a、b 均为整型或字符型数据，a 是被左移的对象，b 为左移的位数。

运算规则：用来将数的各二进制位全部左移若干位。

例如：将 a 左移 2 位

a=a<<2

将 a 的二进制位全部左移 2 位，右补 0。若 a＝15，即二进制数 00001111，左移两位得 00111100，即结果为十进制数 60。左移一个二进制位，相当于乘以 2 操作。左移 n 个二进制位，相当于乘以 2^n 操作。

左移运算有溢出问题。整数的最高位是符号位，当左移一位，若符号不变，则相当于乘以 2 操作，但当符号位变化时，就会溢出。例如：

```
char a=127, x;
x=a<<2;
```

运算后 x 的值为 1111 1100，表示的十进制数是－4，此时即发生了溢出。溢出后，变量所表示的数必须根据它在内存中的存储形式进行判断。

2. 右移运算符(>>)

右移运算的一般形式为：

a>>b

其中，a、b 均为整型或字符型数据，a 是被右移的对象，b 为右移的位数。

运算规则：用来将数的各二进制位全部右移若干位。

例如：将 a 右移 2 位

a=a>>2

将 a 的二进制位全部右移 2 位，移出的低 n 位舍弃。若 a 是有符号的整型数，高位补符号位，即若符号位为 0，则补 0，若符号位为 1，则补 1。若 a 是无符号的整型数，则高位补 0。

例如：

```
char a=-4, b=4, x, y;
x=a >>2;
y=b >>2;
a: 1111 1100 -->x: 1111 1111
b: 0000 0100 -->y: 0000 0001
```

x 的值是－1，y 的值是 1。右移 1 位相当于该数除以 2。

3.8.4　位运算符的优先级及结合方向

位运算符的优先级及结合方向为：

（1）位运算符（～,＜＜,＞＞,＆,＾,∣）的优先级由高到低依次为：～→＜＜ , ＞＞→＆→＾→∣，～运算符的结合方向自右至左，其他的结合方向自左至右。

（2）按位取反运算符（～）是一目运算符，优先级与!（非）、＋＋、－－、－（负）相同。左移运算符（＜＜）、右移运算符（＞＞）的优先级相同，优先级低于算术运算符，高于关系运算符。按位"与"、按位"或"、按"位异"运算符的优先级低于关系运算符，高于逻辑运算符。

注意：

（1）当不同长度的数值进行位运算时，右端对齐，左端补 0。

（2）如果参加位运算的是负数，则以补码形式按位进行位运算。

3.9   数据类型的转换

C语言允许整型、实型和字符型数据进行混合运算。不同类型的数据进行混合运算时要考虑以下问题：

- 运算符的优先级。
- 运算符的结合方向。
- 数据类型转换。

在计算一个合法的 C 语言表达式时，先要将表达式中不同类型的数据转换为同一类型，然后再进行运算。C语言数据类型转换可归纳为两种方式：自动转换和强制类型转换。

3.9.1   自动转换规则

当要对不同类型的数据进行操作或混合运算时，应首先将其转换成相同的数据类型，然后进行操作或求值。通常情况下，转换过程是由编译程序自动进行的，类型之间的转换遵守如下自动转换的规则。

（1）不同数据类型的数据在赋值时的类型转换规则是"就左不就右"，即将赋值运算符右边表达式的数据转换成左边变量的数据类型，然后进行赋值。例如：

```
int a:
float b;
b=2/3;        /＊2/3为0,将0转化为0.0赋给b＊/
a=5.0/2.0;    /＊5.0/2.0的值为2.5,将2.5转化为2赋给a＊/
```

实型数据赋给整型变量时，舍弃小数部分，将整数部分赋给整型变量，不进行四舍五入。例如：int i＝2.78，则 i 得到的值为 2。整型数据赋给实型变量时，数值不变，有效数字位数增加。例如：float f＝26，则 f 的值为 26.000000。

（2）同一表达式中各数据的类型不同，编译程序会自动将不同数据类型转变成同一类型后再进行运算。转换规则如图 3-3 所示。

图 3-3 中横向向左的箭头表示必定的转换，如 char 数据必定先转换为整数，short 型必定先转换为 int 型，float 型数据在运算时一律先转换成 double 型，以提高运算精度（即使

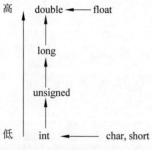

图 3-3   运算符的转换次序

是两个 float 型数据相加,也都先转换成 double 型,然后再进行相加)。

纵向的箭头表示当运算对象为不同类型时转换的方向。例如 int 型与 double 型数据进行运算时,先将 int 型的数据直接转换成 double 型,然后在两个同类型(double 型)数据间进行运算,结果为 double 型。注意,竖向向上的箭头只表示数据类型级别的高低,由低向高转换,但不代表要进行逐步转换,不要理解为 int 型先转换成 unsigned 型,再转成 long 型,再转成 double 型。例如:已定义 i 为整型变量,f 为 float 型变量,d 为 double 型变量,e 为 long 型变量,则下面表达式:

```
10+'a'+i*f-d/e
```

计算机自动处理后的运算次序为:

(1) 进行 10+'a'的运算,先将 char 型'a'转换成 int 型 97,运算结果为 int 型 107;

(2) 进行 i * f 的运算,先将 int 型 i 与 float 型 f 都转成 double 型,运算结果为 double 型;

(3) 整型 107 与 doube 型 i * f 的积相加,先将 int 型数 107 转换成双精度数(小数点后加若干个 0,即 107.000…00),结果为 double 型;

(4) 将 long 型变量 e 化成 double 型,d/e 结果为 double 型;

(5) 将 10+'a'+i * f 的结果与+d/e 的商相减,结果为 double 型。

上述的类型转换是由编译系统自动进行的。比较容易记忆的方式是:自动转换总是由少字节类型转换成多字节类型。

如果希望将多字节类型转换为少字节类型就不能进行自动转换,而必须通过强制转换来完成,需要注意的是,这样转换可能会造成数据丢失。

3.9.2 强制转换

在表达式的运算中,若要违反自动类型转换规则,则可以采用强制类型转换。强制类型转换算符的一般形式为:

(类型) (表达式)

通过一元运算符()将"表达式"的值强制转换成为"类型"所说明的数据类型。例如 (int)6.000 就是把浮点常量强制转换成整型常量,结果为 6。而(int)6.832 同样把浮点常量强制转换成整型常量,结果也是 6。但是需要注意的是,前面的例子中强制转换方式并没有对数据的值产生影响;而在后一个例子中小数点后面的数据".832"由于从浮点数转换到整型的时候丢失了。

注意:需要进行类型转换的表达式应该用括号括起来,否则将有不同的含义。例如:

```
(int)(x+y)        /*将 x +y 的值转换成为整数*/
(int)x+y          /*只将 x 转换成整数,然后与 y 相加*/
```

有时运算表达式必须借助强制类型转换运算否则不能实现目的,如%要求两侧均为整型量,若 x 为 float 型,则"x%3"不合法,必须用"(int)x%3"。强制类型转换运算的优先级高于%运算符的优先级,因此先进行(int)x 的运算,得到一个整型的中间变量,然后再对 3 求余。

3.10   数据的输入输出

把数据从计算机内部送到计算机的外设上的操作称为"输出"。例如,将计算机运算的结果显示在屏幕上或送到打印机上或者是送到磁盘上保存下来。相反,从计算机外部设备将数据送入计算机内部的操作称为"输入"。

输入输出是对数据的一种重要操作。没有输出的程序是没有用的,没有输入的程序是缺乏灵活性的,因为程序在多次运行时,用到的数据可能是不同的。在程序运行时,由用户临时输入所需的数据,可以提高程序的通用性和灵活性。

C语言本身不像其他高级语言一样有输入和输出语句,其输入和输出是由标准的输入输出函数完成的。在使用系统库函数时,要用预编译命令♯include将有关的"头文件"包含到用户源程序中。在头文件中包含了调用函数时所需的有关信息。在使用标准输入输出库函数时,要用到 stdio.h 文件中提供的信息。因此要使用标准输入输出函数时,一般应在程序开头有以下预编译命令:♯include "stdio.h",以便把 I/O 函数要使用的信息包含到用户的源程序中。本节介绍标准 I/O 函数库中常用的 getchar 函数、putchar 函数、printf 函数、scanf 函数。

3.10.1   字符数据的输入输出

下面介绍单个字符数据的输入输出函数。

1. 字符输出函数 putchar

putchar 函数的作用是向标准输出设备(通常是显示器或打印机)输出一个字符。其一般形式为:

putchar(c);

输出字符变量 c 的值,c 可以是字符型变量或整型变量。在使用该函数时,应在程序前使用预编译命令:

```
#include <stdio.h>
```

【例 3-6】 输出单个字符。

思路分析:举例说明 putchar 的两种用法。一种是通过使用字符变量引用,逐个输出字符;另一种是直接输出字符常量。在输出字符常量的时候,可以使用字符、转义字符和ASCII 码值三种方法表示字符常量。

```
1 #include <stdio.h>
2 int main()
3 {
4     char a,b,c;
5     a='B'; b='O'; c='Y';
6     putchar(a); putchar(b); putchar(c );
7     putchar('\n');
```

```
8       /*下面使用字符、转义字符和 ASCII 码值三种方法表示字符常量*/
9       putchar('A'); putchar('\101'); putchar(65);
10      putchar('\n');
11      return 0;
12 }
```

程序运行结果：

```
BOY
AAA
```

2. 字符数据输入函数 getchar

此函数的作用是从标准输入设备(通常是键盘)输入一个字符,其一般形式为:

getchar()

该函数没有参数,函数的作用就是从输入设备得到的字符。getchar 函数只能接收一个字符,如果想输入多个字符就要多次调用 getchar 函数。在使用该函数时,也应在程序前使用预编译命令:

```
#include <stdio.h>
```

【例 3-7】　字符输入输出函数应用示例。

```
1 #include <stdio.h>
2 int main()
3 {
4      char c;
5      c=getchar();
6      putchar(c);
7      return 0;
8 }
```

程序运行结果：

a<CR>(输入 a,按 Enter 键)
a (输出字符变量 c 的值'a')

注意：getchar 函数一次只能输入一个字符。

说明：上面带下画线的部分是要输入的数据,<CR>表示回车符,其他部分为程序的输出内容,本书其他章节程序运行结果格式与本例相同。

3.10.2　格式输出函数 printf

printf 函数是 C 语言中常用的输出函数。下面介绍格式输出函数 printf 的几种使用方法及格式符的构成。

1. printf 函数最简单的用法

最简单的 printf 函数调用的一般形式为:

printf(字符串常量);

例如：

printf("Hello world,I want to learn C program language.");

输出的结果是原样字符串：

Hello world, I want to learn C program language.

在字符串中也可以包含有转义字符,如'\n'、'\t'、'\r'等,这样可以对输出的字符串格式进行调整。

【例 3-8】 printf 函数字符串中包含转义字符。

```
1 #include <stdio.h>
2 int main()
3 {
4     printf("The score of my classes are:\n");
5     printf("No.\tName\tScore\n");
6     printf("1\tLiPing\t495\n");
7     printf("2\tLiuHua\t465\n");
8     return 0;
9 }
```

程序运行结果：

```
The score of my classes are:
No.    Name     Score
1      LiPing   495
2      LiuHua   465
```

在上面的输出结果中,printf 函数中包含'\t'(Tab 制表符)和'\n'(换行)两种转义字符。所以,每一个字符串输出后都有换行。在第二、三、四个 printf 函数的输出结果中,有 Tab 制表符。

2. printf 函数的格式化输出数据

(1) 格式化输出函数 printf。

格式化输出函数 printf 调用的一般形式为：

printf(格式控制,输出表列)

看如下语句：

printf("a=%d,b=%d",a,b);

其中,在圆括号中用双引号括起来的字符串"a＝％d,b＝％d"称为"格式控制字符串";a、b 是输出表列的两个输出项。函数的功能是按照"格式控制字符串"中指定的格式,将输出项表列中诸项一一输出到标准输出文件中(通常指显示器)。

"格式控制字符串"包括以下两种信息：

- 为各输出项提供格式声明,由"%"和格式字符组成,如%d、%f 等。格式转换声明的作用是将要输出的数据转换为指定的格式。它总是由"%"符号开始,紧跟其后的是格式字符。当输出项为 int 类型时,系统规定用 d 作为格式字符,其形式为%d,如上面的例子;当输出项为 float 或 double 类型时,用 f 或 e 作为格式字符,其形式为%f 或%e,具体参照表 3-3。
- 需要原样输出的字符。如以上输出语句中的"a=""、b="都是要原样输出的字符。假若 a,b 的值分别是 4 和 4,则以上输出语句的输出结果为:a=4,b=4。

"输出表列"是需要输出的一些数据。输出表列中的各输出项要用逗号隔开,输出项可以是常量、变量或表达式。

格式声明的个数要与输出项的个数相同,使用的格式字符也要与输出项一一对应且类型匹配。如:

```
float a=4.1415;
printf("i=%d,a=%f,a * 10=%e\n",2518,a,a * 10);
```

运行后的输出结果为:

```
i=2518,a=4.141500,a * 10=4.141500e+01
```

在以上的 printf 格式控制字符串中,"i=""、a=""、a * 10="都是原样输出,而在%d、%f、%e 的位置上则输出了常量、变量及表达式的值。

(2) printf 函数中常用的格式说明。

每个格式说明都必须用%开头,以一个格式字符作为结束,在此之间可以根据需要插入"宽度说明"、左对齐符号"−"、前导零符号"0"等。

格式描述字符。允许使用的格式字符和它们的功能如表 3-3 所示。

表 3-3　printf 函数中的格式字符及其说明

格式字符	说　　明
c	输出一个字符
d 或 i	输出带符号的十进制整型数
o	以八进制无符号形式输出整型数(不带前导 0)
x 或 X	以十六进制无符号形式输出整型数(无前导 0x 或 0X)。若是 x 则输出 abcdef;若是 X 则输出 ABCDEF
u	按无符号的十进制形式输出整型数
f	以带小数点的形式输出单精度和双精度数
e 或 E	以[−]m.dddddde±xx 或[−]m.ddddddE±xx 的指数形式输出。d 的个数由精度指定,隐含的精度为 6;若指定精度为 0,则小数部分不输出
g 或 G	由系统决定采用%f 格式还是采用%e 格式,以使输出的宽度最小
s	输出字符串,直到遇到空字符'\0',或者输出由精度指定的字符

在格式说明中,在%和上述格式字符之间可以插入表 3-4 所示的几种附加符号(又称修饰符)。

表 3-4　printf 函数中的附加格式字符及其说明

字　　符	说　　明
字母 l	用于长整型数，可加在格式符 d、o、x、u 前面
m(代表一个正整数)	整数最小宽度(在宽度内右对齐，超出宽度则按实际宽度输出)
.n(代表一个正整数)	对实数，表示输出 n 位小数；对字符串，表示截取的字符个数
－	输出的数字或字符在域内向左靠
＋	输出的数字总是带有＋号或－号
＃	用在 o 或 x 之前，输出八进制数或十六进制数时添加前导 0 或 0x
0	用于处理数字数据前，将前导空格以数字 0 代替

　　表 3-5 中列举了一些例子，从这些例子中我们可以体会出格式说明符及附加格式说明符的一些用法。

表 3-5　printf 函数中的格式字符及附加格式字符的使用

输 出 语 句	输 出 结 果
printf("%5d\n",48);	48
printf("%-5d $ $\n",48);	48　 $ $
printf("%f\n",124.45);	124.450000
printf("%ld\n",124456);	124456
printf("%.2f\n",124.456);	124.46
printf("%8.2f\n",124.456);	124.46
printf("%.5s\n","abcdefg")	abcde
printf("%+d,%+d\n",10,10);	＋10,＋10
printf("%012.5f\n",4.1415926);	000004.14159
printf("%o,%＃o,%x,%＃x\n",10,10,10,10);	12,012,a,0xa

3. 调用 printf 函数时的注意事项

　　在调用 printf 函数进行输出时需要注意：

　　(1) 在格式控制串中，格式说明与输出项从左到右在类型上必须一一对应匹配。在输出 long 型数据时，一定要使用 %ld 格式，如果漏到了字母 l，则会输出一个错误的值。

　　(2) 在格式控制串中，格式说明与输出项的个数应当相同，若格式说明个数少于输出项的个数，多余的输出项不予输出；如果格式说明的个数多于输出项的个数，则多余的格式将输出不定值(或 0 值)。

　　(3) 在格式控制串中，除了合法的格式说明外，可以包含任意的合法字符，这些字符在输出时将原样输出。

　　(4) 如果需要输出百分号%，应该在格式控制串中用两个连续的百分号%%来表示。

3.10.3　格式输入函数 scanf

下面介绍格式输入函数 scanf 的使用方法及格式符的构成。

1. 格式输入函数 scanf

scanf 函数调用的一般形式为：

scanf(格式控制,输入表列)

"格式控制字符串"用来指定输入时数据转换的格式,格式转换说明由％符号开始,其后是格式字符,当输入项为 int 类型时,规定用 d 作为格式字符,输入项为 float 类型时,用 f 或 e 作为格式字符等。

"输入表列"中的各输入项用逗号隔开,各输入项只能是合法的地址表达式。

例如：通过 scanf 函数,将 a 和 b 分别赋值为 3 和 4。

```
int a, b;
scanf("%d,%d", &a, &b);
```

scanf 函数的功能是从标准输入设备(通常是键盘)上,按照指定的格式为指定的输入项输入数据。其中 scanf 是函数名,双引号括起来的字符串"％d,％d"为"格式控制字符串",&a、&b 是"输入表列"中的两个输入项,符号 & 是求地址运算符,在指针章介绍此运算符。本质上来说,scanf 函数是一个模式匹配函数,因此,输入的格式应当与 scanf 函数中列出的格式控制一一对应,即输入"3,4"。其中逗号不能省略,需要与格式控制字符串"％d,％d"中的逗号相对应。

2. scanf 函数中常用的格式说明

每个格式说明都必须用％开头,以一个格式字符作为结束,如表 3-6 所示。

另外,scanf 函数也有相应的附加格式说明字符,如表 3-7 所示。

表 3-6　scanf 函数中的格式字符及其说明

格 式 字 符	说　　　明
c	用于输入单个字符
d 或 i	用于输入有符号的十进制整数
o	用于输入无符号的八进制整数
x 或 X	用于输入无符号的十六进制整数(大小写作用相同)
u	用于输入无符号的十进制整数
f(lf)	用于输入实数,可以用小数形式或指数形式输入单精度(双精度)数
e(le)、E 或 g,G	与 f 作用相同,它们可以相互互换(大小写作用相同)
s	用来输入字符串,输入时以非空格符开始,以第一个空格符结束

表 3-7   scanf 函数中的附加格式字符及其说明

字符	说　明
字母 l	用于输入长整型数据(可用%ld,%lo,%lx)以及 double 型数据(%lf 或%le)
字母 h	用于输入短整型数据(可用%hd,%ho,%hx),分别代表十进制、八进制和十六进制数
域宽	指定输入数据所占宽度(列数),域宽应为正整数
*	表示本输入项在读入后不赋给相应的变量

3. 使用 scanf 函数从键盘输入数据

当调用 scanf 函数从键盘上输入数据时,最后一定要按下 Enter 键,scanf 才能从键盘上接收数据。

(1) 输入数值数据。从键盘上输入多个数值数据时,输入的数值数据之间用间隔符(空格符、制表符或回车符)隔开,间隔符的数量不限。假设 a、b、c 为整型变量,有以下输入语句:

```
scanf("%d%d%d",&a,&b,&c);
```

若给整型变量 a、b、c 分别赋值 10、20、40,则数据输入形式应为:

10<间隔符>20<间隔符>40<回车>

(2) 跳过输入数据。在格式字符前加一个 * 号,作用是跳过相应的数据项。例如:

```
int a1,a2,a4;
scanf("%d%*d%d%d",&a1,&a2,&a4);
```

若输入以下数据:

10 20 40 50<CR>

系统会将 10 赋给整型变量 a1,跳过 20,再将 40 赋给整型变量 a2,50 赋给整型变量 a4。

(3) 在格式控制串中插入其他字符。可以在 scanf 函数的格式控制串中插入其他字符,则在输入时要求按一一对应的位置原样输入这些字符。否则,则会出现输入错误。例如:

```
scanf("%d,%d",&i,&j);
```

则在输入时两个数值之间必须以逗号间隔,即按以下输入:

10, 0<CR>

又例如:

```
int a1,a2,a4;
scanf("input a1,a2,a4:%d%d%d",&a1,&a2,&a4);
```

则输入时必须按以下格式:

input a1,a2,a4: 10 20 40<CR>

（4）指定接收数据的宽度。当指定输入数据的宽度时，系统自动按它截取所需的数据。如下例：

```
scanf("%2d%2d",&a,&b);
```

如果输入

12445678<CR>

则将 12 赋给 a，将 44 赋给 b。

4．使用 scanf 函数应当注意的事项

（1）在格式控制中，格式说明的类型与输入项的类型应该是一一对应的。例如，scanf（"%d，%d"，&a，&b）；语句调用时，输入项应当与函数中的格式字符串相对应，输入项为"3，4"，而不是用空格字符隔开这两个整数"3 4"。

（2）在 scanf 函数中的格式字符前可以用一个整数指定输入数据所占宽度，但不可以对实型数指定小数位的宽度。如下面的 scanf 函数的使用就是错误的：scanf（"%7.2f"，&a）；。

（3）在格式控制串中，格式说明的个数应该与输入项的个数相同。若格式说明的个数少于输入项的个数，scanf 函数结束输入，多余的数据项并没从终端接收新的数；若格式说明的个数多于输入项的个数，scanf 函数同样也结束输入。

（4）当输入的数据少于输入项时，程序等待输入，直到输入数据的个数等于输入项的个数为止。当输入的数据多于输入项时，多余的数据并不消失，而是留作下一个输入操作时的输入数据。

3.11　综合应用例题

【例 3-9】　从键盘输入两个数分别赋给变量 x 和 y，计算它们的平均值。

思路分析：通过 scanf 函数给两个变量 x 和 y 赋值，经过算术计算后将所得的值赋给平均值变量 ave。由于 x、y 和 ave 可能存在小数部分，所以需要将三个变量定义为浮点型 float。

```
1 #include <stdio.h>
2 int main()
3 {
4     float x,y,ave;
5     scanf("%f%f",&x,&y);
6     ave=(x+y)/2;
7     printf("ave=%f\n",ave);
8     return 0;
9 }
```

程序运行结果：

2　5<CR>

ave=3.500000

由于平均值需要实型类型,程序中用到的变量都定义为单精度类型。如果变量都定义为整型,则计算结果为 3。

【例 3-10】　编写程序实现以下功能。假如你需要通过人民币现金支付一件物品,请输入一个数值,程序输出的结果为需要使用的面值为 100 元,50 元,20 元,10 元,5 元和 1 元的纸币数量。

例如,需要现金支付的金额为 687 元,则需要 6 张 100 元,1 张 50 元,1 张 20 元,1 张 10元,1 张 5 元和 2 张 1 元的纸币。

思路分析:计算需要纸币的张数可以理解为对总金额的数目进行除法操作和求余操作。面额 100 的纸币张数为金额数除以 100 的商。面额 50 的纸币张数需要量为总金额除以面额 100 的余数再除以 50 的商。以此类推,依次计算出其他较小面额纸币的张数。

```
1 #include <stdio.h>
2 int main()
3 {
4     int money;
5     int n_100,n_50,n_20,n_10,n_5,n_1;
6     printf("请输入钱数:\n");
7     scanf("%d",&money);
8     n_100=money/100;
9     n_50=money%100/50;
10    n_20=money%100%50/20;
11    n_10=money%100%50%20/10;
12    n_5=money%10/5;
13    n_1=money%5;
14    printf("需要 100 面额的纸币张数为: %d\n",n_100);
15    printf("需要 50 面额的纸币张数为: %d\n",n_50);
16    printf("需要 20 面额的纸币张数为: %d\n",n_20);
17    printf("需要 10 面额的纸币张数为: %d\n",n_10);
18    printf("需要 5 面额的纸币张数为: %d\n",n_5);
19    printf("需要 1 面额的纸币张数为: %d\n",n_1);
20    return 0;
21 }
```

程序运行结果:

687<CR>
需要 100 面额的纸币张数为: 6
需要 50 面额的纸币张数为: 1
需要 20 面额的纸币张数为: 1
需要 10 面额的纸币张数为: 1
需要 5 面额的纸币张数为: 1
需要 1 面额的纸币张数为: 2

【例 3-11】　编写程序实现以下功能。商场某空调品牌对其营业员的工资制度政策如下：

基本工资：　　　　　　　　3000.00 元

每卖一台空调的奖金：　　20.00 元

每月总销售额的佣金：　　2%

若该导购某月只负责销售一款空调，则该导购这个月所得的工资为多少？

思路分析：给定基本工资、每台奖金和销售佣金比例，则总工资的计算公式为：总工资＝基本工资＋奖金＊数量＋商品单价＊数量＊佣金率。

```
1 int main()
2 {
3     int quantity;
4     float salary,price;
5     float bonus, commission;
6     printf("请输入商品单价和销售数量:\n");
7     scanf("%f%d",&price,&quantity);
8     bonus=quantity * 20;
9     commission=price * quantity * 0.02;
10    salary=3000.0+bonus+commission;
11    printf("该导购的工资为:%.2f",salary);
12    return 0;
13 }
```

程序运行结果：

请输入商品单价和销售数量：

2800　20<CR>

该导购的工资为：4520.00

习题 3

1. 选择题

(1) 在 C 语言中运算符的优先级高低的排列顺序是（　　）。

　　(A) 关系运算符＞算术运算符＞赋值运算符

　　(B) 赋值运算符＞关系运算符＞算术运算符

　　(C) 算术运算符＞关系运算符＞赋值运算符

　　(D) 算术运算符＞赋值运算符＞关系运算符

(2) 以下正确的表达式是（　　）。

　　(A) 10++　　　　　　　　　　　(B) (x+y)--

　　(C) ++(a1-b2)　　　　　　　　(D) d++

(3) 已知 char c='A'; int i=1, j; 执行语句"j=!c && i++;",则 i 和 j 的值是（　　）。

　　(A) 1,1　　　　　(B) 1,0　　　　　(C) 2,1　　　　　(D) 2,0

(4) 已知 int x=3,y=-1;则语句"printf("%d\n",(x--&&y++));"的输出结果

是(   )。

  (A) 1   (B) 0   (C) -1   (D) 2

(5) 下面结果值为 4 的表达式为(   )。

  (A) 11/3   (B) 11.0/3

  (C) (float)12/3   (D) (int)(11.0/3+0.5)

(6) 已知 int y; int x=-3;执行语句"y=x%2;",则变量 y 的结果是(   )。

  (A) 1   (B) -1

  (C) 0   (D) 语句本身是错误的

(7) 已知 int a=4,b=5,c;则执行表达式 c=a=a>b 后变量 a 的值为(   )。

  (A) 0   (B) 1   (C) 4   (D) 5

(8) 已知 int x=6;则执行"x+=x-=x*x;"语句后,x 的值为(   )。

  (A) 36   (B) -60   (C) 60   (D) -24

(9) 已知 int a=3, b=2;则执行语句"printf("%d", a&&!b);"的输出结果是(   )。

  (A) 0   (B) 结果不确定   (C) -1   (D) 1

(10) 已知 int x=15,y=5;则执行以下语句后的输出为(   )。

```
printf("%d\n",x%=(y%=2));
```

  (A) 0   (B) 1   (C) 5   (D) 10

(11) 已知:int x;float y;所用的 scanf 调用语句格式为:

```
scanf("x=%d,y=%f",&x,&y);
```

  则为了将数据 10 和 20.3 分别赋给 x 和 y,正确的输入应当是(   )。

  (A) x=10,y=20.3<回车>   (B) 10,20.3<回车>

  (C) 10<回车>20.3<回车>   (D) x=10<回车>y=20.3<回车>

(12) 判断 char 型变量 c1 是否为大写字母字符最简单且正确的表达式为(   )。

  (A) 'A'<=c1<='Z'   (B) (c1>='A')&(c1<='Z')

  (C) ('A'<=c1)AND('Z'>=c1)   (D) (c1>='A')&&(c1<='Z')

(13) 为判断 char 型变量 m 是否是数字字符,可以使用下列表达式(   )。

  (A) 0<=m&&m<=9   (B) '0'<=m&&m<='9'

  (C) "0"<=m&&m<="9"   (D) 前面三个答案均是错误的

(14) 执行语句:printf("The program\'s name is c:\\tools\book.txt");后的输出是(   )。

  (A) The program\'s name is c:toolook.txt

  (B) The program's name is c:\tools book.txt

  (C) The program's name is c:\\toolook.txt

  (D) The program's name is c:\toolook.txt

2. 填空题

(1) 表达式 32+'A'-2/3*5 的值是_____,a=b=c=6+2/5 的值是_____,逗号表达式 b=6,18+(b+=4)*3 的值是_____。

(2) 设 a＝3,b＝－4,c＝5,表达式 a＝＝c‖b＞a 的值_____。

(3) 今有 a＝3,b＝－4,c＝5,表达式 a＋＋－c＋b＋＋的值是_____,＋＋a－c＋(＋＋b) 的值是_____。

(4) 设定变量 a＝3,b＝－4,c＝5,表达式 a＋b,b＊5,a＝b＋4 的值是_____,b％＝c＋a－c/7 的值是_____。

(5) 已知 int x＝1,y＝2,z;则执行 z＝x＜y? x＋＋ ：＋＋y;后,x 的值是_____,y 的值是_____,z 的值是_____。

(6) 已知 int a＝8,n＝5,请写出分别对下面表达式进行运算后,a、n 以及表达式的值。

a=6 * 5, a * 4;_____
n=(a=3, 7 * 3);_____
n=a=3, 7 * 3;_____

(7) 若有"int n; float f＝13.8;",则执行"n＝(int)f％3"后,n 的值是_____ 。

3.阅读下面的程序填空

(1) 下面程序的输出是_____。

```
int main(void)
{
    int x=100;
    printf("%d\n", 10+x++);
    printf("%d\n",10+++x);
    return 0;
}
```

(2) 下面程序的输出是_____。

```
int main(void)
{
    int x=5, y=10, z=10;
    x=y==z;
    printf("x=%d\n", x);
    return 0;
}
```

(3) 下面程序的输出是_____。

```
int main(void)
{
    int x=66, y=120;
    printf("%d\n", x);
    printf("%c\n", y);
    printf("%x\n", y);
    return 0;
}
```

4．编程题

(1) 设有变量定义如下:

```
int i=6, j=12;
double x=3.28, y=90;
```

希望得到如下输出结果:

```
i=6   j=c
x=3.280000E+000      y=90
```

编程实现。

(2) 某种物品每年的折旧费的线性计算方法如下:

$$折旧费＝(购买价格－废品价值)/使用年限$$

编写一个程序,当输入某物品的购买价格、使用年限和废品价值时,程序能计算出其在某一年折旧后的价值(结果保留两位小数)。

(3) 编写程序实现以下功能。计算在贷款第一个月、第二个月及第三个月后需要还款的金额。

贷款金额:20 000.00 元

年贷款利率:6.0%

每个月还款金额:386.66

第一个月剩余的需还款金额:19 713.34 元

第二个月剩余的需还款金额:19 425.25 元

第三个月剩余的需还款金额:19 135.71 元

说明:所有数额有效位数保留小数点后两位。

提示:每个月,剩余的贷款金额为总数减去每个月的还款金额,但是每个月剩余的贷款金额要加上按照月贷款利率计算出来的利息。月贷款利率为年贷款利率除以 12。

第4章

C语言的三种基本结构程序设计

C语言的最大特点之一是结构化,结构化使程序结构简洁、明了。结构化程序设计包含了程序的控制结构和结构化程序设计的思想。程序最基本的结构有顺序、分支和循环。C语言提供了实现这三种结构的语句。本章将逐步学习这些内容。

4.1　C语句

程序就是对计算机要执行的一组操作序列的描述。高级语言源程序的基本组成单位是语句。语句按功能可以分为两类:一类用于描述计算机要执行的操作运算(如赋值语句);另一类是控制上述操作运算的执行顺序(如选择语句)。前一类称为操作运算语句;后一类称为流程控制语句。

1. 表达式语句

C语言是一种表达式语言,所有的操作运算都通过表达式来实现。由表达式组成的语句称为表达式语句,它由一个表达式后加上一个分号组成(注意:没有分号的不是语句)。例如:

```
leap=((year%4==0&&year%100!=0)||year%400==0);   /* year 是闰年,则 leap 为 1 */
i++;       /*变量 i 进行自增运算 */
x+y;       /*加法运算语句,但由于结果无法访问到,所以没有实际意义 */
```

表达式语句可以分为以下三种基本类型:赋值语句、函数调用语句、空语句。

(1) 赋值语句:赋值表达式后加一个分号组成。例如:

```
i=2;
j=i*2;
```

(2) 函数调用语句:由函数调用表达式后跟一个分号组成。例如:

```
printf("I am a student\n");
printf("I want to learn C program language!");
printf("The squart of the 2 is: %f",squart(2));
```

(3) 空语句:只有一个分号而没有表达式的语句。例如:

```
;
```

它不产生任何操作运算,只作为形式上的语句;

2.复合语句

使用大括号"{}"将若干语句括起来,就形成了复合语句,又称"语句块"。复合语句一般形式为:

{语句 1;语句 2;…;语句 n;}

例如下面复合语句用于交换 a 和 b 的值:

{t=a;a=b;b=t;}

复合语句在语法上相当于一条语句,常用在选择与循环结构中。

C 语言还允许把几个表达式组合在一起,形成一个表达式语句。组合的方法是用逗号作为表达式间的分隔符,最后用分号结尾。例如:

```
i=2,j=i*2;
i++,j++;
```

3.流程语句

完成一定流程控制功能的语句称为控制语句。C 语言只有 9 种控制语句,它们是:

- if()…else…
- for()…
- while()…
- do…while()
- ＋continue
- break
- switch
- goto
- return

请看下面几个具体的语句:

```
if(x>y) z=x; else y=z;
while(i<=100) {sum=sum+i; i++;}
```

4.2 顺序结构程序设计

程序中的语句,按照它们出现的先后顺序逐条执行,这样的程序结构就是顺序结构。顺序结构是程序设计的最基本结构。下面以一个按照规定格式输出图形的例子来说明顺序结构。

【例 4-1】 顺序结构程序设计示例:输出如下图形。

```
1*
2**
3***
4****
```

```
5*****
6******
 1 #include <stdio.h>
 2 int main()
 3 {
 4    printf("1*\n");
 5    printf("2**\n");
 6    printf("3***\n");
 7    printf("4****\n");
 8    printf("5*****\n");
 9    printf("6******\n");
10    return 0;
11 }
```

例 4-1 程序中的语句从"printf("1 * \n");"开始依次按照顺序执行,并最终输出所要求的图形格式。

顺序结构是程序设计的最基本结构,在以下的例子中还会应用到顺序结构。

4.3　选择结构程序设计

许多程序在运行的时候需要根据不同的条件执行不同的语句,这种情况就需要用到选择结构,也称为分支结构。本节将学习两类主要的分支结构: if 语句构成的分支结构和 switch 语句构成的分支结构。

4.3.1　if 语句

if 语句用来表示条件判断,整个程序的执行流程根据条件判断的结果进行分支选择。它有两种基本形式。

1. 单分支选择结构语句

单分支选择结构语句是选择结构中最简单的语句,简称为 if 语句,其一般形式为:

if(表达式) 语句

其中,if 后括号中的表达式一般是关系表达式或逻辑表达式,也可以是 C 语言的任意合法表达式(包括常量和变量)。

if 语句的执行流程为:先计算"表达式"的值,如果"表达式"为真(非 0)时,执行其后的语句;若表达式为假(0),则跳过这些语句,转向下面的其他语句执行。语句的执行流程如图 4-1(a)所示。

"语句"可以是一个复合语句,即如果在表达式成立时,想要执行若干条语句,必须采用复合语句。例如:在条件为真时,交换 a 和 b 的值;条件为假时,保持 a 和 b 的值不变。如果按如下方式写语句:

```
if(a<b)
```

t=a; a=b; b=t;

那么 if 语句只能控制语句"t＝a；"，其他两条语句不属 if 语句范围。应当采用如下复合语句的格式：

if(a<b)
{t=a; a=b; b=t; }

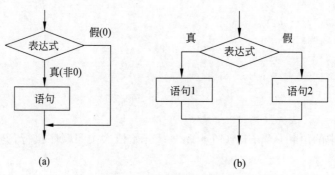

图 4-1   if 语句的执行流程

【例 4-2】   从键盘输入两个整数 a 和 b,如果 a 大于 b 则交换两数,最后输出两数。

```
1 #include <stdio.h>
2 int main()
3 {
4     int a,b,t;
5     printf("\nplease input a,b:\n");
6     scanf("%d%d",&a,&b);
7     if(a>b)              /* 若 a>b 成立,则执行其后的复合语句 */
8     {
9         t=a;
10        a=b;
11        b=t;
12    }
13    printf("\na=%d,b=%d",a,b);
14 }
```

程序运行结果：

please input a,b:

<u>8   5<CR></u>

a=5,b=8

2.双分支选择结构语句

双分支选择结构语句简称为 if…else 语句,其一般形式为：

if(表达式)   语句 1
else   语句 2

　　程序的执行流程如图 4-1(b)所示。先计算"表达式"的值,如果"表达式"为真(非 0)时,执行其后的语句 1;否则执行语句 2。同样,这里的语句可以是复合语句。另外,if⋯else 语句在逻辑上相当于一条语句,在下面嵌套中可以看出。

　　【例 4-3】　从键盘输入两个整数 a 和 b,求两数中较大者并输出。

```
1 #include <stdio.h>
2 int main()
3 {
4     int a,b;
5     printf("\nplease input a,b:\n");
6     scanf("%d%d",&a,&b);
7     if(a>b)                     /* 若 a>b 成立,则较大者为 a */
8         printf("\nmax=%d",a);
9     else
10        printf("\nmax=%d",b);   /* 否则,则较大者为 b */
11 }
```

程序运行结果:

```
please input a,b:
20  5<CR>
max=20
```

3. 嵌套的 if 语句

　　if 语句可以嵌套,也就是在 if 分支和 else 分支中均可以嵌入另外的 if 语句。我们看以下几种嵌套的形式。

if(表达式 1)
　　if(表达式 2) 语句 1
　　else 语句 2
else 语句 3

　　这是在 if 分支中嵌入一个 if 语句。同样也可以在 else 分支中嵌入,例如:

if(表达式 1) 语句 1
else
　　if(表达式 2) 语句 2
　　else 语句 3

　　【例 4-4】　商业银行引入了一个激励政策,给所有储户奖金。该奖励政策如下:每年的 12 月 31 日奖给储户银行存款余额的 2%。如果是女性储户,且余额大于 5000,则奖励存款余额的 5%。

```
1 #include <stdio.h>
2 int main()
3 {
4     float balance, bonus;
```

```
5      char sex;
6      printf("Enter sex and balance\n");
7      scanf("%c,%f",&sex ,&balance);
8      if(sex=='F' || sex=='f')          /* 如果性别为女 */
9      {
10         if(balance>5000)              /* 如果余额大于 5000,则奖励存款余额的 5% */
11             bonus=0.05 * balance;
12         else                          /* 否则奖励存款余额的 2% */
13             bonus=0.02 * balance;
14     }
15     else                              /* 否则奖励存款余额的 2% */
16     {
17         bonus=0.02 * balance;
18     }
19     balance=balance+bonus;
20     printf("The bonus is %.2f\n",bonus);
21     printf("The new balance is %.2f\n",balance);
22     return 0;
23 }
```

程序运行结果:

```
Enter sex and balance
F,6000<CR>
The bonus is 300.00
The new balance is 6300.00
```

当然还可以分别在 if 及 else 分支中都嵌入 if 语句。从上面的格式可以看出,嵌套的 if 语句使得我们能处理的分支情况增多了。另外,书写格式应该采用缩进方式,使读者一目了然。当然不采用这种方式也不会影响程序的执行,只是好的程序应当保证它的可读性。另外,当嵌套的深度增加时,加上 if 语句不都有对应的 else 时,可能会出现混乱,如下例:

```
if(a<b)
if(c<d) x=1;
else
if(a<c)
if(b<d) x=2;
else x=4;
else x=6;
else x=7;
```

由于看不出嵌套的对应,这里给出的程序没有采用缩进格式。如何判断 else 和 if 的对应关系呢? else 与 if 配对的原则是: else 总是与它前面最近的而且还没有配对的 if 进行配对。按照这个原则对上面的语句进行判断,可以得到下列结果:

```
if(a<b)
    if(c<d) x=1;
    else
        if(a<c)
            if(b<d) x=2;
            else x=4;
        else x=6;
else x=7;
```

有了这样的配对，就不难看出程序的流程了。还有如下一种情况需要我们注意：

```
if(表达式 1)
    if(表达式 2) 语句 1
else 语句 2
```

设计者的原意是表达式 1 不成立的时候执行语句 2，但按照前面的配对原则，我们发现是错误的，因为 else 只能与第二个 if 语句进行配对。如果一定要使 else 与第一个 if 配对，怎么办呢？必须采用复合语句方式，如下所示：

```
if(表达式 1)
    {if(表达式 2) 语句 1}
else 语句 2
```

虽然说 if 语句在逻辑上相当于一条语句，在一般情况下加不加大括号都可以，但这里加大括号，意味着第二个 if 语句是内嵌在 if 分支之中的。另外，还有一种常见的内嵌在 else 分支中的选择语句：

```
if(表达式 1) 语句 1
else if(表达式 2) 语句 2
else if(表达式 3) 语句 3
    ⋮
else 语句 n
```

这个语句的执行顺序是这样的：从上至下逐一对表达式进行判断，当某一表达式为真时，则直接执行其后相应的语句，其他的语句不再执行；若没有成立的表达式，则执行最后一个 else 中的语句，其执行流程如图 4-2 所示。

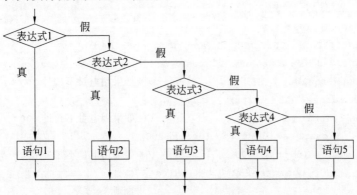

图 4-2　内嵌在 else 分支中的选择语句执行流程

【例 4-5】 根据输入的学生成绩,给出相应的等级,90 分以上为 A 级,60 分以下为 E 级,其余则每 10 分为一个等级。

```
1 #include <stdio.h>
2 int main ()
3 {
4    int score;
5    printf("\nplease input the score of a student:\n");
6    scanf("%d",&score);
7    if(score>=90) printf("A\n");
8    else if(score>=80) printf("B\n");
9    else if(score>=70) printf("C\n");
10   else if(score>=60) printf("D\n");
11   else printf("E\n");
12   return 0;
13 }
```

程序运行结果:

```
please input the score of a student:
65<CR>
D
```

【例 4-6】 某个电力公司对其国内用户的收费如下:

用电数量	收费标准
0~200	x * 0.5 元
201~400	100+(x-200) * 0.65
401~600	230+(x-400) * 0.8
601 及以上	390+(x-600) * 1.0

要求先读取用户号及其消耗的电量,然后显示用户应付的金额。

```
1 #include <stdio.h>
2 int main()
3 {
4    int units, custnum;
5    float charges;
6    printf("Enter CUSTOMER NO. and UNITS consumed\n");
7    scanf("%d %d",&custnum, &units);
8    if(units<=200)                    /* 如果用电量不超过 200 */
9       charges=0.5 * units;
10   else if(units<=400)               /* 如果用电量不超过 400 */
11          charges=100+0.65 * (units-200);
12      else if(units<=600)            /* 如果用电量不超过 600 */
13             charges=230+0.8 * (units-400);
14          else                       /* 否则 */
15             charges=390+(units-600);
```

```
16      printf("\nCustomer No: %d: Charges=%.2f\n", custnum, charges);
17      return 0;
18 }
```

程序运行结果：

```
Enter CUSTOMER NO. and UNITS consumed
101 150<CR>

Customer No: 101: Charges=75.00
```

4.3.2　switch 语句

在实际问题中，我们经常会遇到多种选择的情况。例如，学生成绩分类（90 分以上为'A'类，80～90 分为'B'类，…）；个人所得税的缴纳税率根据不同收入段按不同比例收取等。C 语言提供了另一种用于多分支选择的 switch 语句，执行时它根据表达式的值来选择程序中的一个分支。switch 语句又被称为开关语句。

switch 语句的一般形式为：

```
switch(表达式)
{
    case 常量表达式 1: 语句 1;break;
    case 常量表达式 2: 语句 2;break;
    case 常量表达式 3: 语句 3;break;
        ⋮
    case 常量表达式 n: 语句 n;break;
    default: 语句 n+1;break;
}
```

其执行流程是首先计算表达式的值，然后将表达式的值与各个 case 后的常量表达式的值依次比较，如果与某一个 case 后的值相等，则执行该 case 后所有的语句。若表达式的值与所有 case 后的常量表达式的值都不相同，则执行 default 后面的语句。在执行某一分支中的语句组时，遇 break 语句则跳出 switch 语句。

【例 4-7】　根据学生成绩的等级打印出分数段。

```
1 #include <stdio.h>
2 void main ()
3 {
4      char grade;
5      printf("\nplease input the grade (A,B,C,D,E)");
6      scanf("%c",&grade);
7      switch(grade)
8      {
9          case 'A':printf("90-100\n");break;
10         case 'B':printf("80-89\n");break;
11         case 'C':printf("70-79\n");break;
```

```
12        case 'D':printf("60-69\n");break;
13        case 'E':printf("0-59\n");break;
14        default: printf("error\n");
15    }
16 }
```

使用 switch 语句时,应注意以下几点:

(1) switch 后面括号中的"表达式"可以是整型、字符型或枚举类型的表达式,其值称为开关值。

(2) "常量表达式 i"(i=1,2,…,n)代表"表达式"的一种可能取值。"常量表达式"的类型应与"表达式"的类型相同,且"常量表达式"的值必须互不相同。

(3) "语句 i"(i=1,2,…,n)可以是一条语句,也可以是若干条语句,即使有若干条语句,也不需要使用大括号"{}"括起来。

(4) 各分支语句组中的 break 语句使程序执行流程退出 switch 语句。若没有 break 语句,则程序将继续执行下面一个 case 中的语句组。

如果把例 4-7 的程序代码改写成下面的形式:

```
1 #include <stdio.h>
2 void main ()
3 {
4     char grade;
5     printf("\nplease input the grade (A,B,C,D,E)");
6     scanf("%c",&grade);
7     switch(grade)
8     {
9         case 'A':printf("90-100\n");
10        case 'B':printf("80-89\n");
11        case 'C':printf("70-79\n");
12        case 'D':printf("60-69\n");
13        case 'E':printf("0-59\n");
14        default: printf("error\n");
15    }
16 }
```

在上面的 switch 语句中,所有的 break 语句都没有了,若此时输入的字符为 A,则 A~E 分支和 default 分支全部执行;若输入的字符为 B,则 B~E 分支和 default 分支全部执行,也就是说,分支语句的执行是从相匹配的分支开始,遇到第一个 break 语句结束。

(5) 在 switch 语句中,default 部分不是必需的,如果没有 default 部分,则当"表达式"的值与各 case 后的"常量表达式"的值都不相同时,程序不执行 switch 语句中的任何部分。

(6) 在 switch 语句中,如果对"表达式"的多个取值都执行相同的语句组时,则对应的多个 case 可共用一个语句组。

【例 4-8】 使用 switch 语句改写例 4-5 的程序。

```
1 #include <stdio.h>
2 int main ()
3 {
4     int score;
5     printf("\nplease input the score of a student: ");
6     scanf("%d", &score);
7     switch(score/10)
8     {
9         case 10:
10        case 9 : printf("A\n"); break;
11        case 8: printf("B\n"); break;
12        case 7: printf("C\n"); break;
13        case 6: printf("D\n"); break;
14        default: printf("E\n");
15    }
16    return 0;
17 }
```

在这个例子中,我们可以看出 case 10、case 9 共用一个语句。

(7) 各个 case 与 default 之后均有 break 语句时,其出现的先后次序是任意的。

(8) switch 语句也可以嵌套。与 if 语句中的条件不同,switch 语句只测试相等条件。

4.4 循环结构程序设计

在程序设计中对于那些重复执行的操作应该采用循环结构来完成。循环结构的特点是,在给定条件成立时,重复执行某程序段,直到条件不成立为止。给定的条件称为循环条件,重复执行的程序段称为循环体。利用循环结构处理各类重复操作简单又方便,循环结构又称重复结构。本节将介绍 C 语言中的循环语句。

4.4.1 while 循环语句

while 语句用来实现"当型"循环结构。其一般形式为:

while(表达式)
    语句;

其中,while 后面括号中的"表达式"就是循环控制的条件,根据表达式的值为真(非 0 值)或为假(0 值)确定是否执行其后的语句,它可以是任意的表达式。

while 语句的执行流程为:首先计算表达式的值,如果表达式值不为零,则执行其后的语句,再次判断 while 后面括号中的表达式的值,如果表达式的值仍为真(非 0 值),就再次执行语句,如此反复,直到表达式值为假(0),则结束循环。

重复执行的语句被称为循环体,循环体中的语句可以是一条,也可以是若干条,如果是多条的话,必须采用复合语句的方式。如果程序第一次运行到 while 语句时,其后面的表达式为零,则循环体一次也不执行。这种循环结构可以完成"当某某条件成立时,重复执行某些操作"的任务,因此也称为"当型"循环结构。while 语句的执行流程如图 4-3 所示。

【例 4-9】 求 1+2+3+…+100 的值。

思路分析:在使用计算机求值的过程中,需要先计算
1+2 的值,然后再使用这个结果同 3 相加,接着再用新获取
的数值同 4 相加,如果整个计算次数小于 100 次就需要不断
地重复上述累加计算。因此在程序设计上可以使用 while 循
环结构来实现,累加计算的过程作为循环体,而是否完成 100
次计算作为循环条件。

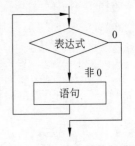

图 4-3 while 语句的执行流程

```
1 #include <stdio.h>
2 int main()
3 {
4     int i=1,sum=0;
5     while(i<=100)
6     {
7         sum=sum+i;
8         i++;
9     }
10    printf("\nthe sum is: %d",sum);
11    return 0;
12 }
```

程序运行结果:

The sum is:5050

在程序中变量 i 用来统计已经计算过的次数,在循环体中 i 从 1 开始不断增值;变量
sum 用来保存累计的和。

注意:

(1) 在例 4-9 中 while 循环是通过对变量 i 的值进行判断来控制循环的,变量 i 通常被
称为循环控制变量。设计循环时要注意循环变量的初始状态,如例 4-9 中 i 初值为 1,若循
环体中的两条语句顺序颠倒,则 i 初值应赋为 0;sum 作为和值则从零开始累加。

(2) 注意循环条件,控制它使得循环不能少执行一次也不能多执行一次。如例 4-9 的
i<=100,也可以是 i<101。

(3) 循环体中必须有能使循环结束的语句(循环有出口),在这里是循环变量不断地增
值使程序某一时刻条件不成立而退出循环,一定要防止死循环。看下面的这个程序:

【例 4-10】 一个死循环的例子。

```
1 #include <stdio.h>
2 int main()
3 {
4     int i=1;
5     while(i>0)
6     {
7         printf("%d\n",i);
```

```
8      }
9      return 0;
10 }
```

上述程序 while 循环结构中,变量 i 的初始值为 1;循环体中不停地输出 i 的值 1,并没有对变量 i 进行修改,因此循环条件 i>0 的值始终为 1。这种状况我们说程序陷入了死循环状态。读者可以上机试一下,我们不希望大家设计这样的程序。本例只要在循环体中增加一条修改变量 i 值的语句"i--;",循环就可以正常结束。

4.4.2　do…while 循环语句

do…while 构成的循环相当于"直到型"循环;即"不断执行循环体语句,直到条件不再满足"。其一般形式为:

do{
　　循环体语句;
}while(表达式);

do…while 语句的执行流程为:先执行一次循环体,然后计算表达式的值,如果表达式值不为零的话,再次执行循环体,如此反复,直到表达式值为假(0),则结束循环。其执行流程如图 4-4 所示。

do…while 语句的特点是不论 while 后面的表达式是否为零先执行一次循环体,然后再判断表达式的值是否成立,如果成立则继续执行循环体,否则退出循环。另外格式上还要注意 while()后面的分号。

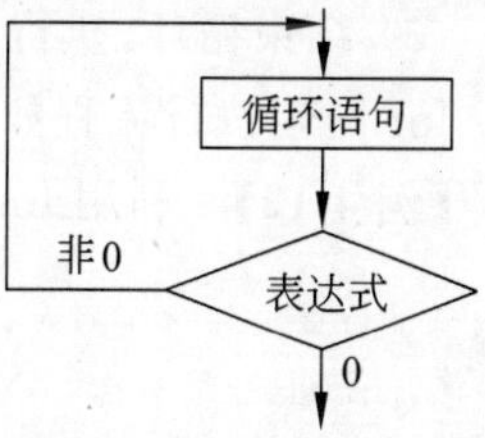

【例 4-11】　求 20 的阶乘。

图 4-4　do…while 语句的执行流程

```
1 #include <stdio.h>
2 int main()
3 {
4      int i=1;
5      float factor=1;
6      do
7      {
8          factor=factor * i;
9          i++;
10     }while(i<=20);
11     printf("\n20!=%f",factor);
12     return 0;
13 }
```

程序运行结果:

20!=2432902023163674620.000000

while 循环与 do…while 在处理循环问题上都是一样的,只是形式上有点差别。while 是先判断条件再执行循环体,如果条件开始就不成立,则循环体一次也不执行;而 do…

while 先是执行一遍循环体再判断条件,所以不管条件成立与否,至少执行了一次循环。如果条件表达式的值开始就成立的话,则两种循环得到的结果是一样的。和 while 循环一样,在 do…while 循环体中,一定要有能够退出循环的语句。

4.4.3　for 循环语句

C 语言中 for 循环语句是使用起来最为灵活的语句,它不仅可以用在循环次数已经确定的情况下,还可以用于循环次数不确定的情况,它完全可以代替 while 循环语句。

for 语句的一般形式为:

for(表达式 1;表达式 2;表达式 3) 循环体语句

表达式可以是任意的表达式,循环体语句若是多条也必须采用复合语句方式。for 语句格式比 while 语句复杂,下面详细解释一下其执行流程:

(1) 求解表达式 1。

(2) 计算表达式 2,若其值为非零,则转向步骤(3);否则,转向步骤(5)。

(3) 执行 for 循环体语句。

(4) 计算表达式 3 的值,然后转向步骤(2)。

(5) 结束循环,执行 for 循环后面的其他语句。

for 语句执行流程如图 4-5 所示。

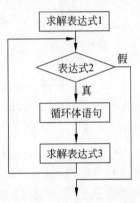

图 4-5　for 语句的执行流程

【例 4-12】　利用 for 语句求 $1+2+3+\cdots+100$ 的值。

```
1 #include <stdio.h>
2 int main()
3 {
4     int i,sum=0;
5     for(i=1; i<=100;i++)
6         sum=sum+i;
7     printf("\nthe sum is: %d",sum);
8     return 0;
9 }
```

程序运行结果:

The sum is: 5050

for 语句可以改写成前面的 while 语句的格式。

```
表达式 1;
while(表达式 2)
{
    循环体语句;
    表达式 3;
}
```

这样写读者可能对 for 循环的流程看得更加清楚了。

说明：

（1）for 语句的三个表达式都可以省略，但其中的分号不能省略。省略相应表达式以后，要在适当的地方添加相应的表达式。这里以例 4-12 中累加求和为例说明 for 语句的省略形式。

① 省略表达式 1。例如：

```
i=1;                              /*在 for 语句前给循环控制变量赋初值*/
for(; i<=100;i++)
    sum=sum+i;
```

② 省略表达式 2，则没有循环条件，意味着不必判断条件，也就是认为表达式 2 始终为真。例如：

```
for(i=1;;i++)
    if(i<=100)sum=sum+i;          /*在循环体的适当位置判断循环控制条件*/
    else break;
```

③ 省略表达式 3。例如：

```
for(i=1;i<=100;)
{
  sum=sum+i;
  i++;                            /*将修改循环变量的语句放在循环体的适当位置*/
}
```

④ 省略三个表达式。例如：

```
i=1;
for(;;)
    if(i<=100)
    { sum=sum+i;
      i++;}
    else break;
```

（2）表达式可以是任意的表达式，既可以是与循环变量无关的一些操作，也可以使用逗号表达式，将循环体中的操作语句放在表达式中。例如：

```
for(i=0,sum=0;i<=100;i++) sum=sum+i;
```

又如：

```
for(i=0,sum=0;i<=100;i++,sum+=i);
```

4.4.4　循环语句的比较

C 语言中构成循环结构的有 while、do…while 和 for 循环语句。下面对它们进行比较。

（1）三种循环都可以用来处理同一问题，一般情况下它们可以互相代替。

（2）如果循环控制表达式开始就为 0，则 while 语句和 for 语句的循环体一次也不执行，而 do…while 语句至少执行一次循环体。

（3）用 while 和 do…while 构成循环，只在 while 后面指定循环条件，在循环体中应当包含使循环趋于结束的语句。for 循环可以在表达式 3 中包含使循环趋于结束的语句，甚至可以将循环体中的操作全部放到表达式 3 中。凡用 while 循环能完成的，用 for 循环都能实现。

（4）用 while 和 do…while 构成循环时，循环变量初始化的操作应在 while 和 do…while 语句之前完成。而 for 语句可以在表达式 1 中实现循环变量的初始化。

（5）while 循环、do…while 循环和 for 循环，可以用 break 语句跳出循环，用 continue 语句结束本次循环（break 和 continue 语句将在后面讲解）。

4.4.5 循环的嵌套

像分支结构一样，循环结构也可以嵌套，即循环体内又包含另一个完整的循环结构。内循环中还可以嵌套循环，形成多层循环。嵌套循环的书写格式也应该采用缩进形式，使程序层次分明，便于阅读。三种循环（while 循环、do…while 循环和 for 循环）可以相互嵌套，我们仅以 for 为例说明，for 循环中可以嵌入三种循环。如下：

```
(1) for(; ;)          (2) for(; ;)          (3) for(; ;)
    {                     {                     {
     for(; ;)              while()               do
     {…}                   {…}                    {…}while();
    }                     }                     }
```

【例 4-13】 输入 3 名学生 4 门课的成绩，分别统计出每个学生 4 门课的平均成绩。

```
1 #include <stdio.h>
2 int main()
3 {
4     int i,j;                          /* 双重循环变量 i,j */
5     float score,sum,ave;
6     for(i=1;i<=3;i++)                 /* 外循环,以 i 变量为循环控制变量 */
7     {
8         sum=0;
9         printf("\nplease input the score of a student: ")
10        for(j=1;j<=4;j++)             /* 内循环,以 j 变量为循环控制变量 */
11        {
12            scanf("%f",&score);
13            sum=sum+score;
14        }
15        ave=sum/4;
16        printf("\nthe average of No.%d student is %.2f",i,ave);
17    }
18    return 0;
19 }
```

程序需要用双重循环处理。外层循环控制学生人数；内层循环处理某个学生的每一门课程，输入每一门成绩，并将成绩进行累加。

4.4.6 循环控制语句 break 和 continue

前面例题中循环的结束是通过控制条件为假而正常退出。然而，在某些场合，只要满足一定的条件就应当提前结束循环的执行或只结束本次循环转入下次循环。这些循环执行流程的改变是通过 break 语句或 continue 语句实现的。

1. break 语句

break 语句的一般形式为：

break;

break 语句的作用：

(1) 结束 break 所在的 switch 语句。

(2) 结束当前循环，跳出 break 所在的循环结构。

【例 4-14】　break 语句的应用。

```
1 #include <stdio.h>
2 int main()
3 {
4     int i,s=0;
5     for(i=1; ;i++)
6     {
7         s=s+i;
8         if(s>10) break;
9         printf("\ns=%d",s);
10    }
11    return 0;
12 }
```

程序运行结果：

```
s=1
s=3
s=6
s=10
```

在这个由 for 语句构建的程序中，循环体的作用是不断地对 s 进行累加计算，并判断 s 的值；当累加和大于 10 的时候，if 条件成立，break 语句被执行，其作用是跳出本层循环，对于本例跳出 for 循环意味着程序执行完成。另外 break 语句在多重循环中的作用是跳出本层循环。看下面一个例子。

【例 4-15】　求出 100~200 的所有质数（素数）。

思路分析：在外循环中令 m 为 101~200 的奇数，然后在内循环中让 m 被 i 除（为减少循环的次数，可以令 i 的值从 2 变到 m 的平方根），如果 m 能被 i 整除，则表示 m 肯定不是素数，不必再继续被后面的整数除，因此，可以提前结束内循环。

```
1 #include <stdio.h>
2 #include <math.h>            /* 使用到了数学函数,例如 sqrt */
3 int main()
4 {
```

```
5      /* 定义变量：m 从 100 到 200 记数；k 保存 m 的平方根；i 是临时的一个循环变量；
          n 对质数的个数记数 */
6      int m,k,i,n=0;
7      for(m=101;m<=200;m+=2)
8      {
9          k=sqrt(m);                /* 仅仅需要计算到 m 的平方根即可 */
10         for(i=2;i<=k;i++)
11             if(m%i==0) break;      /* 不是质数，退出本层循环 */
12         if(i>=k+1)                 /* 没有找到因子，一定是质数 */
13         {
14             printf("%5d",m);       /* 格式化输出这个质数 */
15             n++;
16         }
17         if(n%10==0)                /* 如果在一行中已输出了 10 个质数，换一行输出 */
18         printf("\n");
19     }
20     return 0;
21 }
```

程序运行结果：

```
101  103  107  109  113  127  131  137  139  149
151  157  163  167  173  179  181  191  193  197
199
```

在这个程序中 break 语句处在两重循环体中，第一重循环以 m 为循环变量，第二重循环以 i 为循环变量。如果 m 能够被 i 整除，break 语句将被执行，这个时候程序将会从第二重循环中跳出，执行其后的 if(i>=k+1)···语句，而不是从所有的循环体中跳出。

2. continue 语句

continue 语句在循环语句中的作用是结束本次循环，跳过循环体中下面尚未执行的语句，再次进行循环条件判断决定是否执行下一次循环。在 while 和 do…while 循环中，continue 语句使得流程直接跳到循环条件测试部分，判断是否执行下一次循环；而在 for 循环中，遇到 continue 后，流程直接跳到表达式 3 中求值，然后进行表达式 2 的条件判断决定 for 循环是否执行。它的一般形式为：

continue;

【例 4-16】 输出 100~150 的不能被 3 整除的数。

```
1 #include <stdio.h>
2 int main()
3 { int n;
4     for(n=100;n<=150;n++)
5     {
6         if(n%3==0)                 /* 如果 n 能够整除 3 */
7         continue;                  /* 跳过后面的语句，跳到 for 的表达式 3 继续执行 */
```

```
 8        printf("%8d",n);
 9    }
10    return 0;
11 }
```

程序运行结果：

```
100  101  103  104  106  107  109  110
112  113  115  116  118  119  121  122
124  125  127  128  130  131  133  134
136  137  139  140  142  143  145  146
148  149
```

当 n 能被 3 整除时,执行 continue 语句,结束本次循环(跳过了 printf 函数语句),只有当 n 不能被 3 整除时才执行 printf 函数语句。

3. break 语句和 continue 语句的区别

break 语句和 continue 语句的区别是：continue 语句只结束本次循环,而不终止整个循环的执行;而 break 语句则是结束整个循环过程,不再判断循环条件是否成立了。如果有以下两个循环结构：

```
(1) while(表达式 1)                          (2) while(表达式 1)
    {                                            {
        ⋮                                            ⋮
        if(表达式 2) break;                           if(表达式 2) continue;
        ⋮                                            ⋮
    }                                            }
```

则程序的流程分别如图 4-6(a)和图 4-6(b)所示。

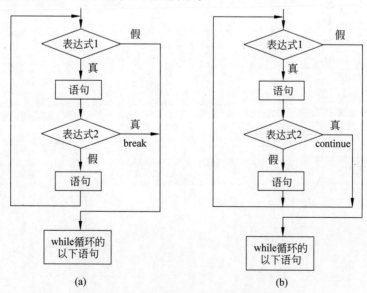

图 4-6 break 语句和 continue 语句的区别

4.5　综合应用例题

【例 4-17】　运输公司对用户计算运费。设每千米每吨货物的基本运费为 p(price 的缩写),货物重为 w(weight 的缩写),距离为 s,折扣为 d(discount 的缩写),则总运费 f(freight 的缩写)的计算公式为:f=p * w * s * (1−d)。路程 s 越远,每千米运费越低。标准如下:

s<250km	没有折扣
250≤s<500	2%折扣
500≤s<1000	5%折扣
1000≤s<2000	8%折扣
2000≤s<3000	10%折扣
3000≤s	15%折扣

```
 1 void main()
 2 {
 3    int c;
 4    float p,w,d,f,s;
 5    scanf("%f,%f,%f",&p,&w,&s);
 6    c=(int)s/250;
 7    switch(c)
 8    {
 9       case 0:d=0;break;
10       case 1:d=2;break;
11       case 2:
12       case 3:d=5;break;
13       case 4:
14       case 5:
15       case 6:
16       case 7:d=8;break;
17       case 8:
18       case 9:
19       case 10:
20       case 11:d=10;break;
21       default:d=15;break;
22    }
23    f=p*w*s*(1- d/100.0);
24    printf("freight=% 15.2f",f);
25 }
```

程序运行结果:

100,20,400<CR>
freight=　784000.00

折扣的变化是有规律的,折扣的"变化点"都是 250 的倍数,分别是 250、500、1000、

2000、4000。利用这一特点,在程序中增加一个变量 c,c 的值为(int)s/250。c 代表 250 的倍数。当 c<1 时,表示 s<250,无折扣;1≤c<2 时,表示 250≤s<500,折扣 d=2%;2≤c<4 时,d=5%;4≤c<8 时,d=8%;8≤c<12 时,d=10%;c≥12 时,d=15%。

【例 4-18】　某制造公司将其主管人员分为 4 个等级,以享受相应的额外补贴。各级别及其相应的额外补贴如表 4-1 所示。

表 4-1　各级别及其相应的额外补贴

级别	额外补贴	
	交通补贴/元	款待补贴/元
1	1000	500
2	750	200
3	500	100
4	250	—

某个主管人员的总工资包括基本工资、住房补贴(为基本工资的 25%)以及其他补贴。所得税按如下税率从工资中扣除:

总工资	所得税率
Gross≤2000 元	无
2000<Gross≤4000 元	3%
4000<Gross≤5000 元	5%
Gross>5000 元	8%

请编写一个程序,输入主管人员的工作号、级别及基本工资,然后计算扣除所得税的净工资。

思路分析:

$$总工资＝基本工资＋住房补贴＋额外补贴$$
$$净工资＝总工资－所得税$$

额外补贴的计算依赖于所享受的级别,而所得税与总工资有关。程序的主要步骤如下:

① 读取数据;
② 确定级别并计算额外补贴;
③ 计算总工资;
④ 计算所得税;
⑤ 计算净工资;
⑥ 显示结果。

```
1 #include <stdio.h>
2 #define CA1 1000
3 #define CA2 750
4 #define CA3 500
5 #define CA4 250
6 #define EA1 500
```

```
 7 #define EA2 200
 8 #define EA3 100
 9 #define EA4 0
10 int main()
11 {
12     int level, jobnumber;
13     float gross, basic, house_rent, perks=0, net, incometax;
14     printf("Enter level, job number, and basic pay\n");
15     scanf("%d %d %f", &level, &jobnumber, &basic);
16     switch(level)                    /* level 为不同级别,对应不同的额外补贴 */
17     {
18         case 1: perks=CA1+EA1; break;
19         case 2: perks=CA2+EA2; break;
20         case 3: perks=CA3+EA3; break;
21         case 4: perks=CA4+EA4; break;
22         default: printf("Error in level code\n");
23     }
24     house_rent=0.25 * basic;
25     gross=basic+house_rent+perks;
26     if(gross<=2000)                  /* 如果 gross<=2000 成立,则所得税为 0 */
27         incometax=0;
28     else if(gross<=4000)             /* 如果 gross<=4000 成立 */
29             incometax=0.03 * gross;
30     else if(gross<=5000)
31             incometax=0.05 * gross;
32     else
33         incometax=0.08 * gross;
34     net=gross-incometax;
35     printf("%d %d %.2f\n", level, jobnumber, net);
36 }
```

程序运行结果:

```
Enter level, job number, and basic pay
1 1111 4000<CR>
1 1111 5980.00
```

【例 4-19】 一份计算机市场调查报告显示,每个经销商的个人计算机售价不同。以下是一些经销商的售价:

35.00 元	40.50 元	25.00 元	31.25 元	68.15 元
47.00 元	26.65 元	29.00 元	53.45 元	62.50 元

请计算计算机平均售价及价格分布范围。

思路分析:分布范围是指一系列数中的最大值与最小值之差,因此需要找出这些数的最大值 high 和最小值 low。当第一次读取数据时,将该数赋给 high 和 low,后面读取的数据与 high 进行比较,如果比 high 大,则将该数赋给 high,否则,与 low 比较,如果比 low 小,就将该数赋给 low。数据的读取在循环中完成,当遇到一个负数时,跳出循环。

```c
1 #include <stdio.h>
2 int main()
3 {
4     int count;
5     float value, high, low, sum, average, range;
6     sum=0;
7     count=0;
8     value=0;
9     printf("Enter numbers : input a NEGATIVE number to end\n");
10    while(value>=0)          /* 当 value<0 时跳出循环 */
11    {
12        scanf("%f", &value);
13        if(value<0)
14            break;
15        count=count+1;
16        if(count==1)          /* 如果 count 为 1,则将第一个数赋给 high 和 low */
17            high=low=value;
18        else if(value>high) /* 如果 value>high 成立,则将 value 的值赋给 high */
19                high=value;
20        else if(value<low)  /* 如果 value<low 成立,则将 value 的值赋给 low */
21                low=value;
22        sum=sum+value;
23    }
24    average=sum/count;
25    range=high-low;
26    printf("\n\n");
27    printf("Total values: %d\n", count);
28    printf("Highest-value: %.2f\nLowest-value: %.2f\n", high, low);
29    printf("Range        : %.2f\nAverage        : %.2f\n", range, average);
30    return 0;
31 }
```

程序运行结果:

```
Enter numbers in a line : input a NEGATIVE number to end
35  40.50  25  31.25  68.15  47  26.65  29  53.45  62.50  -1<CR>

Total values  : 10
Highest-value: 68.15
Lowest-value : 25.00
Range        : 43.15
Average      : 41.85
```

【例 4-20】 求 Fibonacci 数列前 40 个数。这个数列有如下特点:前两个数为 1、1,从第

3个数开始,是其前两个数之和。即:

$$F_1 = 1 \qquad (n=1)$$
$$F_2 = 1 \qquad (n=2)$$
$$F_n = F_{n-1} + F_{n-2} \qquad (n \geqslant 3)$$

这是一个有趣的古典数学问题:有一对兔子,从出生后第3个月起每个月都生一对兔子。小兔子长到第3个月后每个月又生一对兔子。假设所有兔子都不死,问每个月的兔子总数为多少?

可以计算兔子总数依次为1,1,2,3,5,8,14,…,即为Fibonacci数列。

思路分析:根据题意,从前两个月的兔子数可以推算出第3个月的兔子数。设第1个月的兔子数f1=1,第2个月的兔子数f2=1,则第3个月的兔子数f3=f1+f2=2。利用循环结构,可以一次求出下两个月的兔子数,令f1=f1+f2,则新的f1为第3个月的兔子数,再令f2=f2+f1,则新的f2存储的是第4个月的兔子数。这样,只使用两个变量f1和f2就够了。再由此推出下两个月的兔子数。

```
1 void main()
2 { long int f1,f2;
3     int i;
4     f1=1;f2=1;
5     for(i=1;i<=20;i++)
6     { printf("%12ld%12ld",f1,f2);
7         if(i%2==0) printf("\n");
8         f1=f1+f2;
9         f2=f2+f1;
10     }
11 }
```

程序运行结果:

1	1	2	3
5	8	13	21
34	55	89	144
233	377	610	987
1597	2584	4181	6765
10946	17711	28657	46368
75025	121393	196418	317811
514229	842040	1346269	2178309
3524578	5702887	9227465	14930352
24157817	49088169	63245986	102334155

习题 4

1. 选择题

(1) 下列选项中不是C语句的是(　　　)。

(A) ＋＋t
(B) ；

(C) k＝i＝j；
(D) ｛a/＝b＝1；b＝a％2；｝

（2）关于 if 后一对圆括号中的表达式,以下叙述中正确的是(　　　)。

(A) 只能用逻辑表达式

(B) 只能用关系表达式

(C) 既可用逻辑表达式也可用关系表达式

(D) 可用任意合法表达式

（3）在下面的条件语句中(其中 s1 和 s2 表示是 C 语言的语句),只有一个在功能上与其他三个语句不等价,它是(　　　)。

(A) if(a)s1；else s2；
(B) if(a＝＝0) s2；else s1；

(C) if(a!＝0) s1；else s2；
(D) if(a＝＝0) s1；else s2；

（4）C 语言对嵌套 if 语句的规定是：else 总是与(　　　)配对。

(A) 其之前最近的 if
(B) 第一个 if

(C) 缩进位置相同的 if
(D) 其之前最近的且尚未配对的 if

（5）有以下程序

```
#include <stdio.h>
void main()
{
    int a=2,b=1,c=2;
    if(b<a)
        if(b<0) c=0;
        c++; b++;
    printf("b=%d,c=%d\n",b,c);
}
```

程序的输出结果是(　　　)。

(A) b＝1,c＝2　　　(B) b＝1,c＝0　　　(C) b＝2,c＝3　　　(D) b＝1,c＝1

（6）有以下程序

```
#include <stdio.h>
void main()
{
    int n;
    scanf("%d",&n);
    if(n++<5) printf("%X\n",n);
    else printf("%X\n",n--);
}
```

若执行程序时从键盘输入 9,则输出结果是(　　　)。

(A) 11　　　　　(B) A　　　　　(C) 9　　　　　(D) 8

（7）下列关于 switch 语句和 break 语句的结论中,正确的是(　　　)。

(A) break 语句是 switch 语句中的一部分

(B) 在 switch 语句中可以根据需要使用或不使用 break 语句

　　(C) 在 switch 语句中必须使用 break 语句

　　(D) switch 语句是 break 语句的一部分

(8) 以下错误的描述是(　　　)。

　　(A) break 语句不能用于循环语句和 switch 语句外的任何其他语句

　　(B) 在 switch 语句中使用 break 语句或 continue 语句的作用相同

　　(C) 在循环语句中使用 continue 语句是为了结束本次循环,而不是终止整个循环

　　(D) 在循环语句中使用 break 语句是为了使流程跳出循环体,提前结束循环

(9) 在 while (x)中的(x)与下面条件(　　　)等价。

　　(A) x==0　　　　　(B) x==1　　　　　(C) x!=1　　　　　(D) x!=0

(10) 有以下程序

```c
#include <stdio.h>
void main()
{
    int a=15,b=21,m=0;
    switch(a%3)
    {
        case 0:m++; break;
        case 1:m++;
        switch(b%2)
        {
            default:m++;
            case 0:m++; break;
        }
    }
    printf("%d\n",m);
}
```

　　程序运行后的输出结果是(　　　)。

　　(A) 1　　　　　　　(B) 2　　　　　　　(C) 3　　　　　　　(D) 4

(11) 有以下程序

```c
#include <stdio.h>
void main()
{
    int x=0,y=0,i;
    for(i=1;;++i)
    {
        if(i%2==0){x++; continue;}
        if(i%5==0){y++; break;}
    }
    printf("%d,%d",x,y);
}
```

　　程序的输出结果是(　　　)。

(A) 2,1　　　　　(B) 2,2　　　　　(C) 2,5　　　　　(D) 5,2

(12) 有以下程序

```
#include <stdio.h>
void main()
{
    int i=0,a=0;
    while(i<30)
    {
        for(;;)
        {
            if((i%10)==0) break;
            else i--;
        }
        i+=11; a+=i;
    }
    printf("%d\n",a);
}
```

程序的输出结果是(　　)。

(A) 66　　　　　(B) 63　　　　　(C) 33　　　　　(D) 32

2. 填空题

(1) 以下程序的运行结果是_____。

```
#include <stdio.h>
void main()
{
    int a=0,b=0,c;
    if(a<b) c=1;
    else if(a=b) c=0;
    else c=-1;
    printf("%d\n",c);
}
```

(2) 以下程序的运行结果是_____。

```
#include <stdio.h>
void main()
{
    int a=0,b=4,c=5;
    switch(a==0)
    {
```

```
        case 1: switch(b<0)
        {
            case 1:printf("@ "); break;
            case 0:printf("!"); break;
        }
        case 0: switch(c==5)
        {
            case 0:printf("*"); break;
            case 1:printf("#"); break;
            default:printf("%");
        }break;
        default:printf("&");
    }
}
```

(3) 以下程序的输出结果是_____。

```
#include <stdio.h>
void main()
{
    int x,i;
    for(i=1;i<=100;i++)
    {
        x=i;
        if(++x%2==0)
            if(++x%3==0)
                if(++x%7==0)
                    printf("%d",x);
    }
    printf("\n");
}
```

(4) 当执行以下程序后, i 的值是_____、j 的值是_____、k 的值是_____。

```
#include <stdio.h>
void main()
{
    int a,b,c,d,i,j,k;
    a=10; b=c=d=5; i=j=k=0;
    for(;a>b;++b) i++;
    while(a>++c) j++;
    do k++; while(a>d++);
}
```

(5) 以下程序的输出结果是_____。

```c
#include <stdio.h>
void main()
{
    int k,n,m;
    n=10;m=1;k=1;
    while(k<=n/m) m*=2;
    printf("%d\n",m);
}
```

(6) 以下程序的输出结果是_____。

```c
#include <stdio.h>
void main()
{
    int x=2;
    while(x--);
    printf("%d\n",x);
}
```

(7) 以下程序的输出结果是_____。

```c
#include <stdio.h>
void main()
{
    int i=0,sum=1;
    do {sum+=i++;} while(i<5);
    printf("%d\n",sum);
}
```

3. 编程题

(1) 编写程序,计算购货款。请输入购货金额,输出实际付款金额。
购货折扣率如下:

购货金额≤500 元	不打折
500<购货金额≤1000 元	9 折
1000 元<购货金额	8 折

(2) 输入三角形的三条边,判断它们是否能构成直角三角形。

(3) 有一个分数序列

$$2/1,3/2,5/3,8/5,13/8,21/13,\cdots$$

求出这个数列的前 20 项之和。

(4) 编写程序,求 e 的值。$e \approx 1+1/1!+1/2!+1/3!+1/4!+\cdots+1/n!$。

① 用 for 循环,计算前 20 项。

② 用 while 循环,要求直至最后一项的值小于 10^{-4}。

(5) 某个服装展示厅宣布如表 4-2 所卖物品的季节性打折。

表 4-2   物品的季节性折扣

购买总额/元	折　扣	
	机加工制品	手工制品
0～100	—	5%
101～200	5%	7.5%
201～300	7.5%	10.0%
大于 300	10.0%	15.0%

请分别使用 switch 和 if 语句编写程序,计算某顾客应付的款项。

(6) 一个电表按照如下的比率计费:

前 200 度电:每度 0.8 元;

后 100 度电:每度 0.9 元;

超过 300 度电:每度 1 元。

所有用户都是按最少 100 元进行收费。如果总费用大于 400 元,还要加收总数的 15% 的费用。请编写一个程序,读取用户编号和用电量,并按用户名显示应收费。

(7) 请编写一个程序来计算下面的投资公式:

$$V = P(1+r)^n$$

输入 P、r 和 n 的以下不同组合,输出计算出的 V 值。

P: 1000, 2000, 3000, …, 10000

r: 0.10, 0.11, 0.12, …, 0.19

n: 1, 2, 3, …, 10

(提示:P 是投资额,V 为年末的金额数,r 为年利率。上述公式可以改写为:$V = P(1+r)$,$P = V$,即,第一年年末的金额是第二年的投资额,以此类推。)

(8) 某单位的运营成本由 C1 和 C2 两部分组成,它们可用参数 p 的函数来表示:

$$C1 = 30 - 8p$$

$$C2 = 10 + p^2$$

参数 p 的范围为 0～10。请确定当运营成本最小时的 p 值(精确度为 +0.1)。

第 5 章
函　　数

函数是构成 C 程序必不可少的基本元素,是 C 语言的基本构件。C 程序是一系列函数的集合,每个函数都具有相对独立的功能。也就是说,一个 C 程序可以是一个或多个函数的集合体。前面各章中用到的 printf() 和 scanf() 等都是函数,main() 是主函数。组成 C 程序的函数,除了系统提供的标准函数外,用户可以根据需要定义自己的函数。本章主要介绍 C 程序中用户函数的定义和调用方法,变量的存储属性、生存期和作用域及编译预处理命令。

5.1　概述

在结构化程序设计中,通常将复杂的功能分解成若干个相对简单的子功能,并把实现这些简单单一功能的代码封装在一个函数中,当程序需要实现函数的功能时,就可以通过调用简单的函数来实现。本节主要介绍在 C 语言中如何实现这种模块化的程序设计。

5.1.1　模块与函数

学习程序设计语言的目的就是使用程序设计语言编写程序来解决实际问题。对于较简单的问题,不考虑程序的设计方法和控制结构也可以编写正确的程序。一旦遇到复杂问题,采用不适当的程序设计方法和控制结构往往使编写的程序可读性较差,性能达不到预期的设计要求。

C 语言是结构化的程序设计语言。结构化程序设计是一种设计程序的技术,通常采用自顶向下、逐步求精的设计方法和单入口单出口的控制结构。先进行总体设计,采用自顶向下逐步求精的方法,将一个复杂问题分解和细化成多个子问题,如果子问题仍较复杂,再将子问题细分为几个更小的子问题来处理,这样使得复杂问题转化成了由许多小问题组成、具有层次结构的系统,小问题的解决及程序的编写相对容易。通常把求解较小问题的算法及实现的程序称为“模块”,图 5-1 给出了分解一个复杂问题的模块结构图。

从总体设计上,采用先全局后局部、先整体后细节、先抽象后具体的逐步求精的过程,使问题的划分在结构层次上十分清楚,便于分工。从程序实现上,模块采用单入口单出口的控制结构,不使用 goto 语句,使程序结构清晰、容易阅读和理解。

C 语言采用函数来实现这种模块型的结构关系。一个 C 语言程序由多个模块组成,每个模块用来实现一个特定的功能,一个或多个 C 语言的函数可实现一个具有特定功能的模块,函数就成了构成 C 语言程序的基本部件。

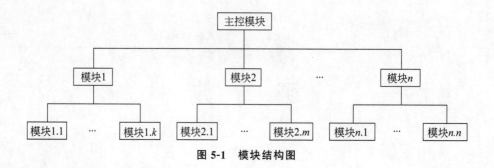

图 5-1　模块结构图

5.1.2　函数的基本概念

1. 函数的概念

　　所有的高级语言中都有子程序这个概念,用子程序来实现模块的功能。在 C 语言中,子程序的作用是由函数来完成的。C 语言中"函数"的概念和数学中"函数"的概念不完全相同,在英语中"函数"与"功能"是同一个单词即 function,C 语言中的"函数"实际上是"功能"的意思。当需要完成某一个功能时,就用一个函数(可以是标准库函数或自己设计的函数)去实现它。因此,一个 C 语言程序可由一个主函数和若干函数构成。由主函数调用其他函数,其他函数也可以相互调用。同一个函数可以被一个或多个函数调用任意多次。在图 5-1 中的每一个模块功能应由 C 语言的一个函数(可以是标准库函数或自己设计的函数)实现。图 5-1 模块结构图中模块之间的关系在 C 语言中表现为一个程序中函数调用函数的关系,如图 5-2 所示。

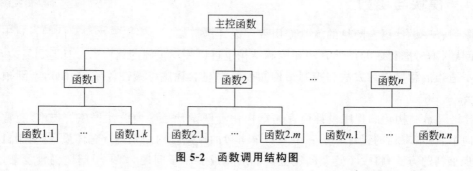

图 5-2　函数调用结构图

【例 5-1】　函数调用的简单例子。

```
1 #include<stdio.h>
2 int main()
3 {
4     void printstar();            /* 对 printstar 函数进行声明 */
5     void print_message();        /* 对 print_message 函数进行声明 */
6     printstar();                 /* 调用 printstar 函数 */
7     print_message();             /* 调用 print_message 函数 */
8     printstar();                 /* 调用 printstar 函数 */
9     return 0;
```

```
10 }
11 void printstar()                              /*定义 printstar 函数*/
12 {
13     printf("*******************\n");
14 }
15 void print_message()                          /*定义 print_message 函数*/
16 {
17     printf("How do you do\n");
18 }
```

程序运行结果：

```
*******************
    How do you do
*******************
```

程序包括三个函数，main 函数为主函数，printstar 和 print_message 都是用户定义的函数，分别用来输出一排"*"号和一行信息。

说明：

（1）一个源程序文件由一个或多个函数组成。一个源程序文件是一个编译单位，即以源文件为单位进行编译，而不是以函数为单位进行编译。

（2）一个 C 程序由一个或多个源程序文件组成。对较大的程序，一般不希望全放在一个文件中，而将函数和其他内容(如预编译命令)分别放在若干个源文件中，再由若干源文件组成一个 C 程序。

（3）C 程序的执行从 main 函数开始，在 main 函数中调用其他函数，程序执行流程转移到被调函数，运行完被调函数，流程返回到 main 函数，在 main 函数中结束整个程序的运行。main 函数被系统调用。

（4）所有函数都是平行的，即在定义函数时是互相独立的，一个函数并不从属于另一个函数，即函数不能嵌套定义，但可以互相调用(注：不能调用 main 函数)。

2. 函数的分类

在 C 语言中，函数从不同的角度看，可以有以下分类方法：

（1）从用户使用的角度看，函数有两种：

① 标准函数，即库函数。这是由系统提供的，用户不必自己定义这些函数，只需在程序前包含有该函数原型的头文件即可在程序中直接调用。

② 用户定义函数。由用户根据需要，遵循 C 语言的语法规定自己编写的一段程序，实现特定的功能。

（2）从函数参数传送的角度看，函数分两类：

① 有参函数。定义时带有形式参数的函数。使用该函数时，必须提供必要的数据，根据提供数据的不同，可能得到不同的结果，例如函数 sin(x)。

② 无参函数。定义时没有形式参数的函数。使用该函数时，不需提供数据，函数通常

完成指定的一组操作,例如函数 getchar。

5.1.3　函数定义的一般形式

定义函数就是在程序中设定一个函数模块。一个函数是由变量定义部分与可执行语句组成的独立实体,用以完成指定的功能。具体地讲,一个函数由函数首部和函数体构成。下面从函数有无参数的角度介绍如何定义函数。

1. 无参函数定义的一般形式

无参函数定义的一般形式为:

类型标识符 函数名 **()**
{
　　说明部分
　　语句部分
}

例 5-1 中的函数 printstar()和 print_message()都是无参函数。

在定义函数时要用"类型标识符"指定函数值的类型,即函数返回值的类型。例 5-1 中的函数 printstar()和 print_message()为 void 类型,表示不需要返回函数值。

2. 有参函数定义的一般形式

按有参函数的形参说明出现的位置来分,有参函数的定义有两种形式。
有参函数定义形式一:

类型标识符 函数名 **(** 类型名 形式参数 **1,** 类型名 形式参数 **2,** … **)**
{
　　说明部分
　　语句部分
}

有参函数定义形式二:

类型标识符 函数名 **(** 形式参数 **1,** 形式参数 **2,** … **)**
形式参数类型说明;
{
　　说明部分
　　语句部分
}

例如:

```
int max(int x,int y)                    /*函数的首部*/
{
    int z;                              /*函数体中的说明部分*/
    z=x>y?x:y;                          /*语句部分*/
```

```
    return(z);                        /* 语句部分 */
}
```

或

```
int max(x, y)                         /* 函数的首部 */
int x, y;
{
    int z;                            /* 函数体中的说明部分 */
    z=x>y?x:y;                        /* 语句部分 */
    return(z);                        /* 语句部分 */
}
```

3. 空函数

空函数的一般形式为：

类型标识符 函数名()

{

}

例如：

```
int dummy()
{

}
```

调用此函数时，什么工作也不做，没有任何实际作用。在主调函数中调用该函数，仅表明调用 dummy() 的位置将要调用一个函数，而现在这个函数没有起作用，等以后扩充函数功能时补充上。

说明：

(1) 类型标识符指明了函数返回值的类型，其数据类型可以为 int、float、double、char、void 和指针类型等。若选用 void 类型，表示该函数没有返回值。若函数值类型为 int 时，可省略其类型说明，建议不使用缺省形式的类型说明，要确保函数说明的完整性。

(2) 函数名是由用户命名的标识符，在同一个编译单位中函数名不能重名。若函数是无参函数，函数名后的括号也不可省略。

(3) 函数名的括号后无分号。

(4) 用 {} 括起来的部分是函数的主体，称为函数体。函数体是一段程序，确定该函数应完成的规定操作，集中体现了函数的功能。其由两部分组成：变量说明部分和语句部分。说明部分是局部说明，这是对函数体内用到变量的类型说明，其有效范围局限于该函数内部，同形参一样，不能由其他任何函数存取。

(5) 如果该函数有返回值，则函数体中必须有一条返回语句"return(表达式);"；如果该函数没有返回值，则函数体中的返回语句应为 return 或不含 return 语句。

5.2　函数的调用

一个函数一旦被定义,就可在程序的其他函数中使用它,这个过程称为函数调用。一个函数可以被其他函数多次调用,每次调用可以处理不同的数据。

5.2.1　函数调用的一般形式

函数调用的一般形式为:

函数名(实参表列);

其中:

(1) 实参表列是用逗号分隔的常量、变量、表达式、函数等,无论实参是何种类型的量,在进行函数调用时,它们都必须有确定的值,以便把这些值传递给形参。

(2) 函数的实参和形参是函数间传递数据的通道,因而二者应在个数、类型和顺序上一一对应,否则会发生"类型不匹配"的错误。

(3) 对于无参数的函数,调用时实参表为空,但括号不能省略。

5.2.2　函数调用的方式

按函数在程序中出现的位置来分,可以有以下三种函数调用方式。

1. 函数语句

把函数调用作为一个语句。例如:

```
printf("How are you?");
```

这时不要求函数返回值,只要求函数完成一定的操作。

2. 函数表达式

函数出现在一个表达式中,这种表达式称为函数表达式,这时要求函数带回一个确定的值以参加表达式的运算。例如:

```
c=2*max(a,b);
```

函数 max 是表达式的一部分,它的值乘以 2 再赋给 c。

3. 函数参数

把函数调用的值作为一个函数的实参,例如:

```
m=max(a,max(b,c))
```

其中 max(b,c)是一次函数调用,它的值作为 max 另一次调用的实参。这时也要求函数带回一个确定的值。

5.2.3　函数的参数

在定义函数时函数名后面括号中的变量名称为"形式参数"(简称"形参"),在主调函数中调用一个函数时,函数名后面括号中的参数(可以是一个表达式)称为"实际参数"(简称"实参")。

【例 5-2】　调用函数时的数据传递。

```
1 #include <stdio.h>
2 int main(void)
3 {
4     int max(int x,int y);            /* 对 max 函数的声明 */
5     int a,b,c;
6     scanf("%d,%d",&a,&b);
7     c=max(a,b);
8     printf("Max is %d",c);
9     return 0;
10 }
11 int max(int x,int y)               /* 定义有参函数 max 求两数中的较大者 */
12 {
13     int z;
14     z=x>y?x:y;
15     return(z);
16 }
```

程序运行结果:

```
7,8<CR>
Max is 8
```

程序包含两个函数,main 函数为主函数,max 函数用来求出 x 和 y 中值较大者。

关于形参与实参的说明:

(1) 在定义函数中指定的形参,在未出现函数调用时,它们并不占内存中的存储单元,只有在发生函数调用时,形参才被分配内存单元,在调用结束后,形参所占的内存单元被释放。

(2) 实参可以是常量、变量或表达式,例如:

```
max(3,a+b);
```

但要求它们有确定的值。在调用时将实参的值传给形参。

(3) 定义函数时,形参的排列没有次序要求,但对形参表中的每个参数类型要进行说明。调用函数时,实参类型、个数及排列次序应与形参一一对应。

(4) C 语言规定,实参对形参的数据传递是"值传递",即单向传值,实参的值传给形参,而形参的值不能传回给实参。实参与形参处在不同的函数中,作用的区域不同,即使实参与形参同名,它们也是不同的变量。

【例 5-3】　调用函数时,形参、实参值的变化。

```
 1 #include <stdio.h>
 2 int main(void)
 3 {
 4     void s(int n);                    /* 对 s 函数的声明 */
 5     int n;
 6     scanf("%d",&n);
 7     s(n);
 8     printf("\nMain: n=%d\n",n);
 9     return 0;
10 }
11 void s(int n)
12 {
13     n=n+100;
14     printf("Sub: n=%d\n",n);
15     return;
16 }
```

程序运行结果:

```
15<CR>
Sub: n=115
Main: n=15
```

程序定义了一个函数 s,功能是将形参 n 加 100 后输出。在主函数中定义变量 n,并从键盘输入 n 的值 15,系统将 15 存入变量 n 所对应的单元中。程序执行语句"s(n);"时,函数 s 被调用。实参 n 将其值 15 传送给 s 函数的形参 n(注意,本例的形参变量和实参变量的标识符都为 n,但这是两个不同的量,各自的作用域不同),这样形参 n 对应的存储单元中值也为 15,如图 5-3 所示。程序流程转到函数 s,执行函

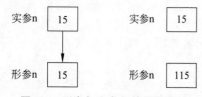

图 5-3　形参与实参间的数据传递

数体中语句"n=n+100;",形参 n 的值变为 115;执行语句"printf("Sub: n=%d\n",n);",即输出形参 n 的值;执行语句"return;",程序流程从被调函数 s 返回主函数,执行主函数中的语句"printf("\nMain: n=%d\n",n);",输出的是实参 n 的值(实参 n 的值并没有变化,仍为 15)。参数传递过程如图 5-3 所示。可见实参的值不随形参的变化而变化。

5.2.4　函数的返回值

函数的返回值是指函数被调用并执行完后,返回给主调函数的值。
返回语句的一般形式为:

return (表达式); 或 return 表达式; 或 return;

说明:

(1) 函数的返回值只能有一个。

(2) 当函数不需要指明返回值时,可以写成:return;或者不写任何返回语句,函数运行

到右大括号后自然结束。

（3）当函数没有指明返回值，或没有 return 语句时，函数执行后，实际上不是没有返回值，而是返回一个不确定的值，有可能会给程序带来某种影响。因此为了确保函数不返回任何值，此时应在定义函数时用 void 类型加以说明。例如：

```
void bell()
{
    printf("********");
    return;
}
```

（4）函数中可以出现多个 return 语句，执行到哪一个 return 语句，哪个语句起作用。例如：

```
int max(int x,int y)
{
    if(x>=y) return x;
    return y;
}
```

（5）返回值的类型应该与函数类型相同，如果不相同，以函数类型为准，先转换为函数类型后，再返回。例如：

```
int max()
{
    float z;
    ...
    return z;
}
```

在例中 z 变量是 float 型，在返回时，先转换成 int 型，再返回。

（6）为了确保参数和返回值类型正确，一般须在调用函数中对函数的类型在程序开始处加以说明。例如：

```
int max(int,int); 或 int max(int x,int y);
```

5.2.5　对被调函数的声明

主调函数调用某函数之前应对该被调函数进行声明，这与使用变量之前要先进行变量声明一样。对被调函数的声明有以下几种情况。

1. 库函数的声明

一般在调用库函数时应在程序清单的开头处写上含有该库函数定义的头文件组成的包含命令（只有标准的 I/O 函数 scanf() 和 printf() 可以不加头文件）。其一般形式为：

#include "头文件名.h" 或 **#include <头文件名.h>**

例如：

```
#include "stdio.h"              /*输入输出函数*/
#include "math.h"               /*数学函数*/
#include "string.h"             /*字符函数和字符串函数*/
```

2. 用户定义的函数声明

如果使用用户自己定义的函数，而且该函数与调用它的函数（即主调函数）在同一个文件中，一般还应该在文件的开头或在主调函数中对被调函数的类型进行说明。其一般形式为

函数类型 函数名();

或

函数类型 函数名(参数类型 1, 参数类型 2, …, 参数类型 n);

或

函数类型 函数名(参数类型 1 参数名 1, 参数类型 2 参数名 2, …, 参数类型 n 参数名 n);

在编制应用程序时，提倡使用后两种形式。后两种函数声明称为函数原型。

注意：末尾加分号。

3. 不需要对被调函数声明

有三种情况可以不加声明：

（1）当被调函数的函数定义出现在主调函数之前时，主调函数可不对被调函数再作声明，而直接调用。

（2）当被调函数在主调函数之后定义，其被调函数的返回值是 int 型或 char 型，可以不对被调函数作声明，而直接调用。

（3）如果已在文件的开头（在所有函数之前）对本文件中所调用的函数进行了声明，则在函数中不必对其所调用的函数再作声明。例如：

```
char letter( char,char);        /*以下三行在所有函数之前*/
float f(float,float);
int i(float,float);
int main()                      /*在 main 函数中要调用 letter,f 和 i 函数*/
{                               /*不必对它所调用的这三个函数进行声明*/
    …
}
/*下面定义被 main 函数调用的三个函数*/
char letter( char c1,char c2)   /*定义 letter 函数*/
{
    …
}
float f(float x,float y)        /*定义 f 函数*/
```

```
{
    …
}
int i(float j,float k)              /*定义 i 函数*/
{
    …
}
```

除了以上三种情况外,都应该按上述介绍的方法对所调用函数作函数声明,否则编译时就会出现错误。

注意:对函数的"定义"和"声明"不是一回事。函数的定义是指对函数功能的确立,包括指定函数名、函数值类型、形参及其类型、函数体等,它是一个完整的、独立的函数单位。而函数的声明则是把函数的名字,函数类型以及形参的类型、个数和顺序通知编译系统,以便在调用该函数时系统按此进行对照检查(例如,函数名是否正确,实参与形参的类型和个数是否一致)。

5.3 函数的嵌套和递归

在 C 语言中,函数的定义是平行的,即在一个函数体中不允许再定义一个新的函数。而函数间的调用可以是任意的,既允许在一个函数体内调用其他函数,也允许函数自己调用自己。下面分别介绍这两种函数调用方法。

5.3.1 嵌套调用

C 语言的函数定义都是相互平行的、独立的,也就是说在定义函数时,一个函数内不能包含另一个函数。

C 语言程序不能嵌套定义函数,但可以嵌套调用函数,也就是说,在调用一个函数的过程中,又调用另一个函数,见图 5-4。

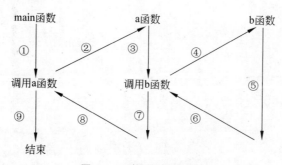

图 5-4 函数的嵌套调用

图 5-4 表示的是两层嵌套(连 main 函数共三层函数),其执行过程是:
(1)执行 main 函数的开头部分;
(2)遇函数调用 a 的操作语句,流程转去 a 函数;
(3)执行 a 函数开头部分;

(4) 遇调用 b 函数的操作语句,流程转去 b 函数;

(5) 执行 b 函数,如果再无其他嵌套的函数,则完成 b 函数的全部操作;

(6) 返回调用 b 函数处,即返回 a 函数;

(7) 继续执行 a 函数中尚未执行的部分,直到 a 函数结束;

(8) 返回 main 函数中调用 a 函数处;

(9) 继续执行 main 函数的剩余部分直到结束。

注意:程序从主函数开始执行,也在主函数结束。

【例 5-4】　计算 sum＝1!＋2!＋3!＋4!＋…＋20!。

在本例中定义了两个函数,一个是用来计算阶乘之和的函数 sum,另一个是用来计算阶乘值的函数 fac。主函数先调 sum 计算累加和,再在 sum 中以自然数值为实参,调用 fac 计算其阶乘值,然后返回 sum,再返回主函数。

```c
1 #include <stdio.h>
2 int main(void)
3 {
4     float sum(int);              /* 对函数 sum 的声明 */
5     float add;
6     add=sum(20);                 /* 调用函数 sum */
7     printf("add=%e",add);
8     return 0;
9 }
10 float sum(int n)               /* 定义函数 sum */
11 {
12     float fac(int);             /* 对函数 fac 的声明 */
13     int i;
14     float s=0;
15     for(i=1;i<=n;i++)
16         s+=fac(i);              /* 调用函数 fac */
17     return s;
18 }
19 float fac(int i)               /* 定义函数 fac */
20 {
21     float t=1;
22     int n=1;
23     do
24     {
25         t=t*n;
26         n++;
27     }while(n<=i);
28     return t;
29 }
```

程序运行结果:

add=2.561327e+18

【例 5-5】 编写程序输出 20 以内的全部素数,并计算 20 以内全部素数之积与全部素数之和的商。

```
1 #include <stdio.h>
2 #include <math.h>
3 int isprime(int);    /* 函数 isprime 是供三个函数调用的,因此在文件的开头作原型声明 */
4 int main(void)
5 {
6      int i,a,s;
7      float b,c;
8      int add(int);    /* add 与 mul 函数只被 main 函数调用,只需在 main 函数中声明即可 */
9      float mul(int);     /* 函数值如用 int 型会超出取值范围,故用 float 型 */
10     for(i=2;i<=20;i++)
11     {
12         s=isprime(i);
13         if(s) printf("%d ",i);
14     }
15     a=add(20);
16     b=mul(20);
17     c=b/a;
18     printf("\nc=%7.0f\n",c);
19     return 0;
20 }
21 int add(int n)
22 {
23     int i,s,sum=0;
24     for(i=2; i<=n; i++)
25     {
26         s=isprime(i);
27         if(s) sum+=i;
28     }
29     return sum;
30 }
31 float mul(int n)
32 {
33     int i,s;
34     float t=1.0;
35     for(i=2;i<=n;i++)
36     {
37         s=isprime(i);
38         if(s) t*=i;
39     }
40     return t;
41 }
42 int isprime(int m)
```

```
43 {
44     int i;
45     for(i=2;i<=sqrt(m);i++)
46         if(m%i==0) return 0;
47             return 1;
48 }
```

程序运行结果：

```
2 3 5 7 11 13 17 19     (全部素数)
c=125970                (全部素数之积与全部素数之和的商)
```

5.3.2　函数的递归

在调用一个函数的过程中又出现直接或间接地调用函数本身，称为函数的递归调用。C 语言的特点之一就在于允许函数的递归调用。例如：

```
int f(int x)
{
    int y,z;
    z=f(y);
    return(2 * z);
}
```

在调用函数 f 的过程中，又要调用 f 函数，这是直接调用本函数，如图 5-5 所示。下面是间接调用本函数：

```
int f1(int x)           int f2(int t)
{ int y,z;              { int a,c;
    ⋮                       ⋮
  z=f2(y);                c=f1(a);
    ⋮                       ⋮
  return(2 * z);          return(3+c);
}                       }
```

在函数 f1 执行过程中调用函数 f2，而在函数 f2 执行过程中要调用函数 f1，实质上是函数 f1 调用了本身，见图 5-6。两种调用都可以归结为对函数自身的调用。

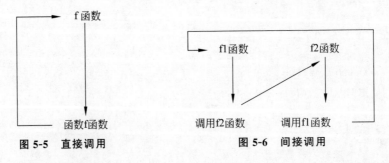

图 5-5　直接调用　　　　　　图 5-6　间接调用

从图 5-5 和图 5-6 可以看出,这两种递归调用都是无终止的自身调用。显然,这种情况在程序设计中是不应该出现的。程序递归的次数应该是有限次数的、有终止的递归调用。要实现有限次数的递归调用,必须在函数定义中使用条件语句,实现有条件的递归调用,即只有在条件满足时才执行递归调用,否则递归终止。

【例 5-6】　用递归调用的方法求 n!。

由于 n!＝n＊(n-1)!,所以要计算 n!,就必须先知道(n-1)!,而要求(n-1)!,必须先知道(n-2)!,以此类推,要求 2!,必须先知道 1!,而 1!是 1。以上关系可用如下式子表示:

$$n! = \begin{cases} 1 & \text{当 } n=0 \text{ 或 } 1 \text{ 时} \\ n \cdot (n-1)! & \text{当 } n>1 \text{ 时} \end{cases}$$

可以用一个函数来描述上述递归过程:

```
1 #include<stdio.h>
2 int fac(int n)
3 {
4     int c;
5     if (n==0||n==1) c=1;          /* n 的值为 0 或 1 时,n!为 1 */
6     else c=n* fac(n-1);           /* n>1 时,调用本函数计算 n! */
7     return c;                      /* c 中存放的是 n!,返回值也是 n! */
8 }
9 int main(void)
10 {
11     int i;
12     scanf("%d",&i);
13     if(i<0) printf("Data error!\n");
14     else printf("%d!=%d\n",i,fac(i));
15     return 0;
16 }
```

程序运行结果:

5<CR>
5!=120

在 main 函数中,除了输入数据之外,只有一个语句。整个问题求解全靠一个 fac 函数来解决。函数调用过程如图 5-7 所示。请掌握函数的嵌套调用和递归调用的区别。

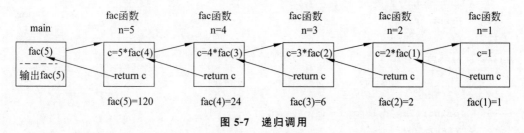

图 5-7　递归调用

函数是组成 C 语言的模块,它是编写程序的关键。使用函数调用能提高程序的可读性和可移植性,但执行速度慢。递归调用也是函数调用,因此执行速度也慢,但用递归的方法描述某些算法简单明了,而且有的问题只有用递归的方法才能解决。

5.4 变量的存储属性

在 C 语言中,变量是对程序中数据所占用内存空间的一种抽象,在第 2 章中我们介绍了数据类型及变量定义,用户在程序中定义变量的名字、变量的类型,这是变量的操作属性。除此之外,影响变量使用的还有变量的存储属性。在计算机中,保存变量当前值的存储单元有两类,一类是内存,另一类是 CPU 中的寄存器,变量的存储属性是讨论变量的存储位置的,它关系到变量在内存中的存放位置,由此决定了变量的值保留的时间和变量的作用范围,这就是生存期和作用域的概念。

5.4.1 变量的作用域

变量的作用域也称为可见性,指一个变量能够起作用的有效范围,它由变量的定义位置决定。通常分局部可用和全局可用。

1. 局部变量

在一个函数或复合语句内部定义的变量称为局部变量,局部变量只在定义它的函数或复合语句内有效,也就是说,只能在定义它的函数或复合语句内才能使用它们。例如函数的形参是局部变量。

编译时,编译系统不为局部变量分配内存单元,而是在程序的运行中,当局部变量所在的函数被调用时,编译系统根据需要临时分配内存,调用结束,空间释放。

【例 5-7】 局部变量使用示例。

```
1 void f1(int a)
2 {
3     int b=1,c=1;
4     a=b+c;
5     printf("a=%d,b=%d,c=%d\n",a,b,c);
6 }
7 int main()
8 {
9     int a=3,b=3,c=0;
10    { int c;
11        c=a+b;
12        printf("a=%d,b=%d,c=%d\n",a,b,c);
13    }
14    f1(a);
15    printf("a=%d,b=%d,c=%d\n",a,b,c);
16    return 0;
17 }
```

程序运行结果:

```
a=3,b=3,c=6                  /*输出主函数内的变量 a、b 及复合语句内的变量 c 的值*/
a=2,b=1,c=1                  /*输出 f1 函数内的变量 a、b、c 的值*/
a=3,b=3,c=0                  /*输出主函数内的变量 a、b、c 的值*/
```

说明：

（1）主函数中定义的变量（a、b、c）也只在主函数中有效，而不因为在主函数中定义而在整个文件或程序中有效。主函数也不能使用其他函数中定义的变量。

（2）不同函数中可以使用相同名字的变量，它们代表不同的对象，互不干扰。它们在内存中占不同的单元，互不混淆。如上面 f1 函数中的 a、b、c 和 main 函数中的 a、b、c 都是局部变量，代表不同的对象。

（3）形式参数也是局部变量，例如 f1 函数中的形参 a，也只在 f1 函数中有效。其他函数可以调用 f1 函数，但不能引用 f1 函数中的形参 a。

（4）可以在复合语句中定义变量，这些变量只在本复合语句中有效，离开该复合语句该变量就无效，释放内存单元。

2．全局变量

前已介绍过，程序的编译单位是源程序文件，一个源文件可以包含一个或若干个函数。在所有函数之外定义的变量称为外部变量，外部变量是全局变量（也称全程变量）。全局变量可以为本文件中函数所共用，它的有效范围为从定义变量的位置开始到本源文件结束。

【例 5-8】　全局变量使用示例。

```
1 int p=1,q=5;                /*外部变量*/
2 void f1()                   /*定义函数 f1*/
3 {
4     p++;q++;                /*在 f1 函数中修改全局变量的值*/
5     printf("In function f1,p=%d,q=%d\n",p,q);
6 }
7 int main()
8 {
9     int m=5;
10    p=p+m;                  /*在 main 函数中修改全局变量的值*/
11    q=q+m;
12    f1();                   /*调 f1 函数*/
13    printf("In function main,p=%d,q=%d\n",p,q);
14    return 0;
15 }
```

程序运行结果：

```
In function f1,p=7,q=11       /*调用 f1 函数的输出结果*/
In function main,p=7,q=11     /*main 函数中的输出结果*/
```

程序定义了全局变量 p、q，其作用域为从定义位置到程序结束，f1 函数和 main 函数都可使用这两个变量。

说明：

（1）全局变量的作用是增加函数间数据联系的渠道。由于同一文件中的所有函数都能引用全局变量的值，因此如果在一个函数中改变了全局变量的值，就能影响到其他函数，相当于各个函数间有直接的传递通道。由于函数的调用只能带回一个返回值，因此有时可以利用全局变量增加函数间联系的渠道，通过函数调用能得到一个以上的值。

（2）建议不到必要时不要使用全局变量，原因如下：

① 全局变量在程序的全部执行过程中都占用存储单元，而不是仅在需要时才开辟单元。

② 它使函数的通用性降低了，因为函数在执行时要依赖于其所在的全局变量。如果将一个函数移到另一个文件中，还要将有关的全局变量及其值一起移过去，但若该全局变量与其他文件的变量同名时，就会出现问题，降低了程序的可靠性和通用性。

③ 使用全局变量过多，会降低程序的清晰性，人们往往难以清楚地判断出每个瞬时各个全局变量的值。在各个函数执行时，都可能改变全局变量的值，程序容易出错，因此要限制使用全局变量。

（3）如果在同一个源文件中，全局变量与局部变量同名时，则在局部变量的作用范围内，全局变量不起作用。如例 5-9 所示。

【例 5-9】 局部变量和全局变量同名。

```
1 int x=127, y=-100;          /* 定义 x, y 为全局变量 */
2 void f1()
3 { printf("In function f1,x=%d,y=%d\n",x,y);
4    x++; y++;
5 }
6 int main()
7 { void f1(),f2();
8    int x,y;                 /* 定义 x, y 为局部变量 */
9    x=2;y=3;
10    printf("In main,before invoking f1,x=%d,y=%d\n",x,y);
11    f1();
12    printf("In main,after invoking f1,x=%d,y=%d\n",x,y);
13    f2();
14    return 0;
15 }
16 void f2()
17 { printf("In function f2,x=%d,y=%d\n",x,y);
18    x++; y++;
19 }
```

程序运行结果：

```
In main,before invoking f1 x=2,y=3
In function f1,x=127,y=-100
In main,after invoking f1,x=2,y=3
In function f2,x=128,y=-99
```

可以看出,在程序的开头,定义了外部变量 x,y,并进行了初始化。它的作用范围应该是在函数 f1()、main()、f2(),但在函数 main()中,定义了局部变量 x,y,所以,同名的全局变量不起作用。全局变量的作用范围只有函数 f1()和 f2()。

5.4.2　变量的生存期

变量的生存期是指变量在内存中占用内存单元的时间。当使用一个变量时,需要首先在内存中给这个变量开辟相应的存储单元,这时可以说这个变量存在了,或者说正处于生存期内。如果这个变量所占用的内存单元被释放,那么这个变量就不存在了,或者说在生存期之外。

内存中供用户使用的存储空间可分为程序区和数据区,其中数据区包括:堆区、栈区、静态存储区,如图 5-8 所示。

| 代码段 |
| 堆区 |
| 栈区 |
| 静态存储区 |

图 5-8　存储空间

- 程序区用来存放程序代码。
- 静态存储区用于存储程序的全局变量和静态变量。在编译时就分配了存储空间,在整个程序运行期间,该变量占有固定的存储单元,变量的值都始终存在,程序结束后,这部分空间才释放。这类变量的生存期为整个程序。
- 堆区用于存储用动态内存分配函数生成的变量(经过 malloc 函数申请的动态变量存储在堆区)。
- 栈区具有先进先出特性,用于存储函数调用时的返回地址、函数形参及其局部变量等。在程序运行过程中,只有当变量所在函数被调用时,编译系统临时为该变量分配一段内存单元,该变量有值,函数调用结束后,变量值消失,这部分空间释放。这类变量的生存期仅在函数调用期间。

5.4.3　变量的存储类型

变量的存储类型,即变量(数据)在内存中的存储方法,不同的存储方法,将影响变量值的存在时间(即生存期)。变量的存储类型有以下 4 种:自动类型 auto、外部类型 extern、静态类型 static、寄存器类型 register。

1. 自动变量

自动变量分配在动态存储区中。当某个函数中定义了自动变量,在函数调用时自动建立其存储空间用于存放变量的值,"开始"该变量的生存期;在函数返回时,自动释放变量所占的存储空间,从而"结束"它们的生存期。自动变量以 auto 加以说明,常常可以省略。自动变量说明格式为:

auto 数据类型说明符 变量名;

或

数据类型说明符 变量名;

例如:

```
auto float a;    等价于    float a;
```

```
auto int k;        等价于        int k;
```

自动变量包括函数内定义的局部变量、函数的形式参数和复合语句中说明的变量。自动变量的作用范围是在所说明的函数中,其他函数不能存取。自动变量随函数的调用而存在,随函数的返回而消失,在两次调用之间自动变量不会保持变量值,因此每次调用函数时都必须首先为自动变量赋值后才能使用。若不对此类变量赋以初值,则其值是随机的。

【例 5-10】 分析下面的程序,写出运行结果。

```
1 #include <stdio.h>
2 void f1();
3 void f2(int x);
4 int main()
5 {  int x=1;                     /* 定义 main 函数中的自动变量 x */
6     f1();
7     f2(x);
8     printf("x3=%d\n",x);
9     return 0;
10 }
11 void f1(void)
12 { int x=-3;                    /* 定义 f1 函数中的自动变量 x */
13    printf("x1=%d\n",x++);
14 }
15 void f2(int x)                 /* 形参 x 也是自动变量 */
16 {
17    printf("x2=%d\n",++x);
18 }
```

程序运行结果:

```
x1=-3
x2=2
x3=1
```

由于自动变量只是在所说明的函数内有效,所以在三个函数中对 x 操作互不影响。

2. 外部变量

对于前面介绍的全局变量来说,还有一种称为外部变量的形式。其使用有两种情况:一种是全局变量的定义与引用处于同一源文件中(也就是前面介绍的全局变量),若引用位置先于该全局变量的定义,按照 C 语言的规定,需要在使用之前用 extern 对该变量声明;第二种情况是变量的定义与引用分别处于不同的源文件中,则需要在引用该变量的源文件中对它进行声明。外部变量以 extern 声明。其一般形式为:

extern 数据类型说明符 变量名;

【例 5-11】 全局变量的定义与引用处于同一源文件中,利用 extern 声明,扩充全局变量的作用域。

```
 1 int main()
 2 {
 3     void sub1();
 4     void sub2();
 5     extern int x,y;                    /*声明 x,y 为外部的*/
 6     printf("In main,x=%d,y=%d\n",x,y);
 7     x++;y++;
 8     sub1();
 9     x++;y++;
10     sub2();
11     return 0;
12 }
13 void sub1()
14 {
15     extern int x,y;                    /*声明 x,y 为外部的*/
16     printf("In sub1,x=%d,y=%d\n",x,y);
17 }
18 int x=1,y=1;                           /*定义全局变量 x,y*/
19 void sub2()
20 {
21     printf("In sub2,x=%d,y=%d\n",x,y);
22 }
```

程序运行结果：

```
In main,x=1,y=1
In sub1,x=2,y=2
In sub2,x=3,y=3
```

由于"int x,y;"的位置在函数 sub2 之前,它的作用域只是 sub2 函数,因在 main()和 sub1()中分别用 extern 对变量 x,y 做了声明,它的含义是:"本函数中要用到的 x,y 是在本函数之外的外部变量"。这样在 main()和 sub1()中就可以引用 x 和 y 的值了。

除了可以在函数内用 extern 声明变量外,还可以将它写在函数之外,以扩充作用域,如在例 5-11 中可以在 main()之前加一行"extern int x,y;"。

```
extern int x,y;                     ⎫
void main()                         ⎪
{                                   ⎪
...                                 ⎪
}                                   ⎪
void sub1()                         ⎪
{                                   ⎬  /*x,y 的新作用域*/
...                                 ⎪
}                                   ⎪
int x=1,y=1;     ⎫                  ⎪
void sub2()      ⎪                  ⎪
{                ⎬  /*x,y 的原作用域*/ ⎪
...              ⎪                  ⎪
}                ⎭                  ⎭
```

外部变量的主要特点：

(1) 定义在所有函数以外的变量称为外部变量，即全局变量。

(2) 若不对外部变量赋以初值，系统自动为未初始化的变量赋以 0 值。

(3) 外部变量的生存期是在文件之中，作用域是从定义直到文件结束，也可通过声明改变其作用域。

(4) 在一个源文件中定义的外部变量，可以在另一个源文件中引用，但必须用 extern 进行声明。例如，一个程序包含如下两个源文件：

文件 file1.c 中的内容为：

```
int a;                /*外部变量定义*/
void main()
{
    …
}
```

在文件 file2.c 中的内容为：

```
extern int a;         /*对引用 file1.c 中的外部变量 a 进行声明*/
ex(int c)
{
    …
}
```

文件 file2.c 中的变量 a 并不单独开辟内存单元，用 extern 声明"a 是已定义的外部变量"，编译系统会把它和 file1.c 中定义的外部变量 a 认作同一变量。

(5) 模块设计原则：内聚性强，耦合性弱。而外部变量的使用占内存，且增加了耦合性，应尽量少使用。

3. 静态变量

静态变量以 static 加以说明。其一般形式为：

static 数据类型说明符 变量名；

例如：

```
static int a,b,c;
```

静态变量是存放在内存的静态存储区中，编译系统为其分配固定的存储空间，它的生存期会持续到程序结束。

静态变量一般分为两种：一种是局部静态变量（又称内部静态变量），另一种是全局静态变量（又称外部静态变量）。

(1) 局部静态变量。局部静态变量是指在函数内部定义的静态变量，其作用域与自动变量相同。

【例 5-12】 写出下面程序的运行结果。

```
1 void f(int c)
```

```
2 { int a=0;                    /* 每次调用时都先赋 0,不保留上一次的值 */
3    static int b=0;            /* 第一次调用时初值为 0,下次调用时保留上一次的值 */
4    a++; b++;
5    printf("%d:a=%d,b=%d\n",c,a,b);
6 }
7 int main()
8 { int i;
9    for(i=1; i<=2; i++)
10       f(i);                  /* 调用两次函数 */
11    return 0;
12 }
```

程序运行结果:

```
1: a=1,b=1
2: a=1,b=2
```

在函数中虽然 a 和 b 的初值和变化规律都一样,但由于 b 是静态局部变量,它保留上一次的运算结果,因此第二次调用时,a 和 b 的值就不一样。

对局部静态变量的说明:

- 局部静态变量属于静态存储类别,在静态存储区内分配存储单元。在程序整个运行期间都不释放。而自动变量(即局部动态变量)属于动态存储类别,占动态存储区空间而不占固定空间,函数调用结束后即释放。

- 对局部静态变量是在编译时赋初值的,即只赋初值一次,在程序运行时它已有初值,以后每次调用函数时,不再重新赋初值而只是保留上次函数调用结束时的值。而对自动变量赋初值,不是在编译时进行的,而是在函数调用时进行,每调用一次函数重新给一次初值,即执行一次赋值语句。

- 如在定义局部变量时不赋初值的话,对于局部静态变量来说,编译时自动赋初值 0(对数值型变量)或空字符(对字符变量),而对自动变量来说,它的值是一个不确定的值。这是由于每次函数调用结束后存储单元已释放,下次调用时又重新分配另一存储单元,因此所分配的单元中的值是不确定的。

- 虽然局部静态变量在函数调用结束后仍然占存储单元,但由于该变量是局部变量,其他函数不能引用它。

应该看到:用静态存储要多占内存(长期占用不释放,而不能像动态存储那样一个存储单元可供多个变量使用,节约内存),而且降低了程序的可读性,当调用次数多时,往往弄不清局部静态变量的当前值是什么。因此,如不必要,不要多用局部静态变量。

(2) 全局静态变量。全局静态变量是指在所有函数外部定义的静态变量,它是一种公用的全局变量,作用域仅仅在定义它的那个文件中,除了该文件,其他文件不可使用此变量;不管是否用 extern 语句加以说明都是不可见的。例如:

file1.c   file2.c

```
static int a;                    extern int a;
void main()                      fun(int n)
```

```
      {                                {
          ...                              ...
      }                                    a=a * n;
                                           ...
                                       }
```

虽然在 file2.c 文件中用了"extern int a;",但 file2.c 文件中无法使用 file1.c 中已被指定为全局静态变量的 a。

4. 寄存器变量

寄存器变量以 register 说明。其一般形式为:

register 数据类型说明符 变量名;

例如:

```
register int a;
```

寄存器变量的生存期和作用域与自动变量相同。但寄存器变量不是分配在内存,而是分配在 CPU 的通用寄存器中。由于寄存器是与硬件密切相关的,不同类型的计算机,寄存器的数目是不一样的,通常为 2 到 3 个,对于在一个函数中说明的多于 2 到 3 个寄存器变量,C 编译程序会自动地将寄存器变量变为自动变量。一般寄存器变量只能是 char、int 或指针型,对于占用字节数多的变量,如 long、float、double 类型的变量不能定义为寄存器变量,这是因为受硬件寄存器长度的限制。

寄存器变量的主要特点:

(1) 只有局部自动变量和函数的形参变量可以作为寄存器变量,其他(如全局变量)不行。

(2) 若不对寄存器变量赋以初值,则此值是随机的。

(3) register 类型的变量比 auto 类型的变量有更快的速度,但数量少。

(4) 寄存器变量无地址,因而取地址运算符(&)不能作用于寄存器变量。

(5) 寄存器变量一般用于使用频繁的变量,这样可以提高程序的运行速度,如循环计数器等。

【例 5-13】 计算 $s = x^1 + x^2 + \cdots + x^n$,x 和 n 由键盘输入。

```
1 #include <stdio.h>
2 long sum(register int x,int n)              /* 定义 x 为寄存器变量 */
3 {
4      long s;
5      int i;
6      register int t;                        /* 定义 t 为寄存器变量 */
7      t=s=x;
8      for(i=2;i<=n;i++)
9      { t * =x;
10         s+=t;
11     }
12     return(s);.
```

```
13 }
14 void main()
15 { int x,n;
16     printf("Input x,n:\n");
17     scanf("%d,%d",&x,&n);
18     printf("SUM=%ld\n",sum(x,n));
19 }
```

程序运行结果：

```
Input x,n:
4,5<CR>
SUM=1364
```

5.4.4 存储类型小结

从上面内容可知,对一个变量的定义需要指定两种属性：数据类型和存储类型。下面从不同角度进行总结。

1. 从变量的存储类型角度看

一共有 4 种存储类型：
- static(说明静态局部变量或静态外部变量)；
- auto(说明自动变量)；
- register(说明寄存器变量)；
- extern(说明变量是已定义的外部变量)。

2. 从变量的作用域角度看

从作用域角度看变量分为局部变量和全局变量。它们可采取的存储类型为：

局部变量
- 自动变量,即动态局部变量(离开函数,值就消失)
- 静态局部变量(离开函数,值仍保留)
- 寄存器变量(离开函数,值就消失)
- 形式参数(可以定义为自动变量或寄存器变量)

全局变量
- 静态外部变量(只限本文件使用)
- 外部变量(非静态的外部变量,允许其他文件引用)

3. 从变量存在的时间角度看

从变量存在的时间来区分,有动态存储和静态存储两种类型。静态存储是程序整个运行期间始终存在的,而动态存储则是在调用函数或进入程序时临时分配单元的。

动态存储
- 自动变量(本函数内有效)
- 寄存器变量(本函数内有效)
- 形式参数(本函数内有效)

静态存储
- 静态局部变量(函数内有效)
- 静态外部变量(本文件内有效)
- 外部变量(其他文件可引用)

4.作用域与生存期

如果一个变量在某一范围内能被引用,则称该范围为该变量的作用域。换言之,一个变量在其作用域内都能被有效引用。

一个变量占据内存单元的时间,称为该变量的生存期。或者说,该变量值存在的时间就是该变量的生存期。表 5-1 表示各种类型变量的作用域和生存期的情况。

表 5-1　各种变量作用域和生存期的情况

变量存储类型	函 数 内		函 数 外	
	作用域	生存期	作用域	生存期
自动变量、寄存器变量	√	√	×	×
静态局部变量	√	√	×	√
静态外部变量	√	√	√(只限本文件)	√
外部变量	√	√	√	√

表 5-1 中"√"表示"是","×"表示"否"。可以看到自动变量和寄存器变量在函数内外的"可见性"和"存在性"是一致的,即离开函数后,值不能被引用,值也不存在。静态外部变量和外部变量的可见性和存在性也是一致的,在离开函数后变量值仍存在,且可被引用,而静态局部变量的可见性和存在性不一致,离开函数后,变量值存在,但不能被引用。

5.5　编译预处理

C 语言的编译程序通常对 C 源程序进行两遍或多遍扫描产生目标文件,其中负责第一遍扫描的程序称为预处理程序。编译预处理程序的主要任务是对 C 语言源程序中的预处理命令进行处理,为 C 语言编译程序的编译工作提供方便。

为了与一般 C 语句相区别,这些命令以符号"#"开头,占用一行,末尾不加";",可以放在 C 语言源程序的任意位置上,其作用域是自出现点到所在源程序的末尾,但通常放在源程序的开始部分,以便阅读。这里只介绍♯define 和♯include 预处理命令。

5.5.1　宏定义

宏定义的目的是允许程序员以指定标识符代替一个较复杂的字符串。C 语言的宏定义分为两种:不带参数的宏定义和带参数的宏定义。

1.不带参数的宏定义

用一个指定的标识符(即名字)来代表一个字符串,它的一般形式为:

#define 标识符　字符串

这种方法使用户以一个简单的名字代替一个长的字符串,因此把这个标识符(名字)称为"宏名";字符串构成"宏体",宏定义中的字符串不可以加双引号。在预编译时将宏名替换成字符串的过程称为"宏展开"。♯define 是宏定义命令。

说明：

（1）宏名一般习惯用大写字母表示，以便与变量名相区别。但这并非规定，也可以用小写字母。

（2）使用宏名代替一个字符串，可以减少程序中重复书写某些字符串的工作量。当需要改变某一个常量时，可以只改变♯define 命令行，一改全改。例如，定义数组大小，可以用：

```
#define array_size 1000
int array[array_size];
```

如果需要改变数组大小，只需改♯define 行。如：

```
#define array_size 500
```

这样在程序中所有以 array_size 代表的 1000 全都改为 500 了。使用宏定义，可以提高程序的通用性。

（3）宏定义是用宏名代替一个字符串，也就是做简单的置换，不做语法检查。如果写成：

```
#define PI 3.14l59
```

即把数字 1 写成小写字母 l，预处理也照样代入，不管含义是否正确，只有在编译已被宏展开后的源程序时才会发现语法错误并报错。

（4）宏定义不是 C 语句，不能在行末加分号，如果加了分号则会连分号一起进行置换。如：

```
#define PI 3.1415926;
area=PI * r * r;
```

经过宏展开后，该语句为：

```
area=3.1415926; * r * r;
```

显然出现语法错误。

（5）♯define 命令出现在程序中函数的外面，宏名的有效范围为定义命令之后到本源文件结束。通常，♯define 命令写在文件开头，在函数之前，作为文件一部分，在此文件范围内有效。

（6）可以用♯undef 命令终止宏定义的作用域，例如：

```
#define PI 3.1415926
main()
{                          PI 的有效范围
...
}
#undef PI
f1()
```

```
{
    ...
}
```

由于#undef的作用,使PI的作用范围在#undef行处终止,因此在f1函数中,PI不再代表3.1415926,这样可以灵活控制宏定义的作用范围。

(7) 在进行宏定义时,可以引用已定义的宏名,可以层层置换。

【例5-14】 在宏定义中引用已定义的宏名。

```
 1 #include <stdio.h>
 2 #define R 3.0
 3 #define PI 3.1415926
 4 #define L 2 * PI * R
 5 #define S PI * R * R
 6 int main()
 7 {
 8     printf("L=%f\n S=%f\n",L,S);
 9     return 0;
10 }
```

程序运行结果:

```
L=18.849556
S=28.274333
```

经过宏展开后,pirntf函数中的输出项L被展开为2 * 3.1415926 * 3.0,S展开为3.1415926 * 3.0 * 3.0,printf函数调用语句展开为

```
printf("L=%f\n S=%f\n",2 * 3.1415926 * 3.0,3.1415926 * 3.0 * 3.0);
```

(8) 对程序中用双引号括起来的字符串内的字符,即使与宏名相同,也不进行置换。如例5-14中的printf函数内有两个L字符,一个在引号内,它不被宏置换,另一个在双引号外,被宏置换展开。

(9) 宏定义是专门用于预处理命令的一个专用名词,它与定义变量的含义不同,只作字符替换,不分配内存空间。

2. 带参数的宏定义

带参数的宏定义不是进行简单的字符串替换,而是进行参数替换。

1) 宏定义与调用

带参数宏定义的一般形式为:

#define 宏名(形式参数表) 字符串

其中,形式参数称为宏名的形式参数,简称形参。构成宏体的字符串中应包含在括号中所指定的参数。

例如,求n平方的定义形式如下:

```
#define SQ(n) n*n
```

源程序中引用已定义的宏,称为宏调用。对于带参数的宏,调用时必须使用实际参数,简称实参。宏调用时,其实参的个数与顺序应与宏定义的形参一一对应。

例如,源程序中可使用如下宏调用:

```
s1=SQ(5);
s2=SQ(a+b);
```

这些都是带实际参数的宏调用,其实参的个数和顺序与形参对应,且实参必须有确定的值。实参可以是常量、变量和表达式。

2) 宏展开

对带参数的宏展开是按#define命令行中指定的字符串从左到右进行置换。如果宏体字符串中包含宏中的形参,则将程序语句中相应的实参代替形参。

【例 5-15】　求 a、b、c 三数中最大者。

```
1 #include "stdio.h"
2 #define MAX(a,b) (a>b)?a:b
3 int main()
4 {
5     int a,b,c,max;
6     scanf("%d%d%d",&a,&b,&c);
7     max=MAX(a,b);
8     max=MAX(max,c);
9     printf("max=%d\n",max);
10    return 0;
11 }
```

程序运行结果:

```
5  9  4<CR>
max=9
```

其中,max 为主函数定义的变量,MAX 为编译预处理命令定义的宏。由于带参数的宏展开只是将"#define"命令行中宏名后面括号内的实参代替宏体字符串中的形参,因此,在宏调用"MAX(max,c)"展开时,将其中的实参代替宏定义中的字符串,即"max"代替"a","c"代替"b",宏定义中字符串的其他字符不变,得到(max>c)?max:c。

说明:对带参数的宏的展开只是将语句中的宏名后面括号内的实参字符串代替#define命令行中的形参。例如,有这样两个宏命令:

```
#define PI 3.1415926
#define S(r) PI*r*r
```

如果有以下语句:

```
area=S(a+b);
```

这时把实参 a+b 代替 PI*r*r 中的形参 r,成为:

```
area=PI * a+b * a+b;
```

为了得到：

```
area=PI * (a+b) * (a+b);
```

应当在宏定义时在字符串中的形式参数外面加一个括号，即：

```
#define S(r) PI * (r) * (r)
```

在对 S(a+b)进行宏展开时，将 a+b 代替 r，就成了：

```
PI * (a+b) * (a+b)
```

这就达到了目的。

在宏定义时，在宏名与带参数的括号之间不应加空格，否则将空格以后的字符都作为替代字符串的一部分。例如，如果有：

```
#define S (r) PI * r * r
```

将被认为 S 是符号常量(不带参数的宏名)，它代表字符串"(r) PI * r * r"。如果在程序中有：

```
area=S (a);
```

则被展开为：

```
area=(r) PI * r * r (a);
```

显然不对了。

3) 带参数的宏与函数的区别

带参数的宏名与函数名相似，都是在名字后跟一对圆括号；带参数的宏调用与带参数的函数的调用形式类似，都要求实参个数、顺序与对应的形参一致。但是带参数的宏定义与函数是不同的，主要有：

(1) 函数调用时，先求出实参表达式的值，然后传给形参，而使用带参数的宏只是进行简单的字符替换。例如上面的 S(a+b)，在宏展开时，并不求 a+b 的值，而只将实参字符"a+b"代替形参 r。

(2) 函数调用是在程序运行时处理的，为形参分配临时的内存单元。而宏展开则是在编译前进行的，在展开时，并不分配内存单元，不进行值的传递处理，也没有"返回值"的概念。

(3) 对函数中的实参和形参都要定义类型，二者的类型要求一致，如不一致，应进行类型转换。而宏不存在类型问题，宏名无类型，它的参数也无类型，只是一个符号代表，展开时代入指定的字符串即可。带参数的宏中的形参也不是变量，也不必定义其类型。

(4) 调用函数只可得到一个返回值，而用宏可以设法得到几个结果。

(5) 宏调用展开后的代码是嵌入源程序中的，且每调用一次，嵌入一次代码。因此，宏调用时总的程序代码是增加的；而函数调用是程序流程转到对应的函数，执行后返回主调函数，无论调用多少次，函数体的代码都不会增加，函数调用不会使源程序变长。

（6）宏替换不占运行时间，而函数调用则占运行时间（分配单元、保留现场、值传递、返回）。

【例 5-16】　将时钟秒数换算成小时、分、秒。

```
1 #include "stdio.h"
2 #define TIME(x,h,m,s) h=x/3600;m=x%3600;s=m%60;m=m/60
3 int main()
4 {
5     int a,h,m,s;
6     a=4568;
7     TIME(a,h,m,s);
8     printf("h:m:s %d:%d:%d\n",h,m,s);
9     return 0;
10 }
```

宏展开后的程序为：

```
1 int main()
2 {
3     int a,h,m,s;
4     a=4568;
5     h=a/3600;m=a%3600;s=m%60;m=m/60;
6     printf("h:m:s  %d:%d:%d\n",h,m,s);
7     return 0;
8 }
```

程序运行结果：

```
h:m:s  1:16:8
```

说明：

- 宏定义中带有 4 个参数，其中 x 为代入数据的参数，h、m、s 为代出数据的参数。
- 宏定义中的";"在宏展开时原样替换。
- 若用函数实现其转换过程，则要受到函数只能返回一个值的限制。

5.5.2　"文件包含"处理

所谓"文件包含"处理是指一个源文件可以将另外一个源文件的全部内容包含进来，即将另外的文件包含到本文件之中。C 语言提供了 #include 命令用来实现"文件包含"的操作。其一般形式为：

#include <文件名>

或

#include "文件名"

图 5-9 表示"文件包含"的含义。图 5-9（a）为文件 file1.c，它有一个 #include<file2.c>命令，然后还有其他内容（以 A 表示）。图 5-9（b）为另一文件 file2.c，文件内容以 B 表示。在

编译预处理时,要用♯include 命令进行"文件包含"处理:将 file2.c 的全部内容复制插入到
♯include＜file2.c＞命令处,即 file2.c 被包含到 file1.c 中,得到图 5-9(c)所示的结果,在编
译中,将"包含"以后的 file1.c(即图 5-9(c)所示)作为一个源文件单位进行编译。

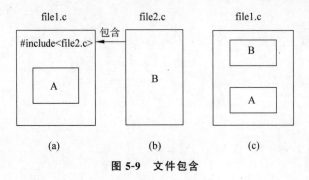

图 5-9   文件包含

"文件包含"命令是很有用的,它可以节省程序设计人员的重复劳动。例如,某一开发组
人员往往使用同一组固定的符号常量,如 g＝9.8,PI＝3.142,e＝2.718 等,可以将它们定义
成宏,组成一个头文件,然后大家都可以用♯include 命令将该文件包含到自己的源文件中,
不必重复编写了。

例如有如下文件。

(1) 文件 comm.h 的内容:

♯define PI 3.142

(2) 文件 work.c 的内容:

```
#include "comm.h"
int main()
{ float r;
  printf("Input the radius:\n");
  scanf("%f",&r);
  printf("The area is %f\n",PI * r * r);
  return 0;
}
```

编译时,并不将这两个文件编译再连接,而是作为一个源程序编译,仅得到一个目标文
件。因此,被包含的文件应该是源文件而不是目标文件。在编译时,上述两个文件相当于下
面的一个文件。

```
#define PI 3.142
int main()
{ float r;
  printf("Input the radius:\n");
  scanf("%f",&r);
  printf("The area is %f\n",PI * r * r);
  return 0;
}
```

因此,当若干个程序包含同一个文件时,对该文件的修改将使得包含该文件的所有程序必须全部重新编译。

这种常用在文件头部被包含的文件称为"标题文件"或"头部文件",常以 h 为后缀(h 为 head(头)的缩写),如 comm.h 文件。如果不用 h 为后缀,而用 c 为后缀也是可以的,用 h 作后缀更能表示此文件的性质。

说明:

(1) 一个 #include 命令只能指定一个被包含文件,如果要包含 n 个文件,要用 n 个 #include 命令。

(2) #include 命令行末不加分号。

(3) 在一个被包含文件中又可以包含另一个被包含文件,即文件包含是可以嵌套的。

(4) 在 #include 命令中,文件名可以用双引号或尖括号括起来,如在 file1.c 中用:

```
#include "flie2.h"
```

或

```
#include <file2.h>
```

都是合法的,二者的区别是用双引号(即"file2.h"形式)的,系统先在引用被包含文件的源文件(即 file1.c)所在的文件目录中寻找要包含的文件,若找不到,再按系统指定的标准方式检索其他目录。而用尖括号(即<file2.c>形式)时,不检查源文件 file1.c 所在的文件目录而直接按系统标准方式检索文件目录。

文件包含也是一种模块化程序设计的手段。在程序设计时,可以把一批具有公用性的宏定义、数据结构及函数说明集中起来,单独构成一个文件,使用时用 #include 命令把它们包含在所需的程序中。

5.6 综合应用例题

【例 5-17】 已知某人的年收入是 120 000 元,而且以每年 10% 的速度增加,求多少年后该人的年收入会翻倍?

思路分析:第二年的年收入是第一年收入乘以 1.1,第三年的收入是第二年收入乘以 1.1,以此类推,不断地计算新一年的收入,直到收入至少是 240 000 为止。到那时,就可知道年收入翻倍需要几年的时间。可通过将循环条件设置为是否小于 24 000 来得到收入翻倍所需要的年数。可定义函数 compute,参数为当前的年收入,通过循环结构计算出收入翻倍所需的年数后返回。

```
1 int main()
2 {
3     int compute(double income);
4     double income=120000;
5     int year;
6     year=compute(income);
7     printf("Income will be doubled in %d years.",year);
```

```
 8 }
 9 int compute(double income)
10 { int y=1;
11    while(income <240000)
12    { income=income * 1.1;
13        y++;
14    }
15    return y;
16 }
```

程序运行结果：

Income will be doubled in 9 years.

【例 5-18】 根据输入的贷款年利率、贷款年数和贷款总额，求月还款金额和总还款金额。其中，计算月还款额的计算公式如下：

$$月还款额 = \frac{贷款总额 \times 月利率}{1 - \dfrac{1}{(1+月利率)^{年数 \times 12}}}$$

思路分析：在这个公式中，可用 math.h 中的方法 pow(a,b)来计算 a^b。月利率可根据年利率计算得出，总还款额可根据月还款额计算得出。将每月还款额 monthlyPayment 和总还款额 totalPaymen 定义为全局变量，并定义函数 calculate，通过输入的参数：月利率、贷款年数和贷款总额，计算出每月还款额和总还款额，并返回给主函数。

```
 1 #include <stdio.h>
 2 #include <math.h>
 3 double monthlyPayment;
 4 double totalPayment;
 5 int main()
 6 {
 7    void calculate(double monthlyIR, int years, double loanAmount);
 9    double annualIR, monthlyIR, loanAmount;
10    int years;
11    printf("Enter yearly interest rate: ");
12    scanf("%lf",&annualIR);
13    monthlyIR =annualIR / 12;
14    printf("Enter number of years: ");
14    scanf("%d",&years);
15    printf("Enter loan amount: ");
16    scanf("%lf",&loanAmount);
17    calculate(monthlyIR,years,loanAmount);
18    printf("The monthly payment is %.2f\n",monthlyPayment);
19    printf("The total payment is %.2f\n", totalPayment );
20    return 0;
21 }
22 void calculate(double monthlyIR,int years,double loanAmount)
```

```
23 {
24    monthlyPayment=loanAmount*monthlyIR/(1- 1/pow(1+monthlyIR,
      years*12));
25    totalPayment =monthlyPayment *years *12;
26 }
```

假设年利率为 4.9%，贷款年数为 30 年，贷款总额为 80 万元。
程序运行结果：

```
Enter yearly interest rate:0.049<CR>
Enter number of years: 30<CR>
Enter loan amount: 800000<CR>
The monthly payment is 4245.81
The total payment is 1528492.96
```

习题 5

1. 选择题

(1) 以下函数调用语句中含有(　　)个实参。

```
fun(exp1,(exp2,exp3,exp4));
```

(A) 1　　　　　　(B) 2　　　　　　(C) 3　　　　　　(D) 4

(2) 设有如下函数：

```
func(float a)
{
    printf("%d\n",a * a);
}
```

则函数的类型是(　　)。

(A) 无法确定的　　(B) int　　　　　(C) float　　　　　(D) void

(3) C 语言规定,调用一个函数时,实参变量和形参变量之间的数据传递是(　　)。

(A) 地址传递

(B) 值传递

(C) 由实参传给形参,并由形参传回来给实参

(D) 由用户指定传递方式

(4) 以下错误的描述是(　　)。

(A) 不同函数中可以使用相同名字的变量

(B) 形式参数是局部变量

(C) 一个函数内部定义的变量只能在本函数范围内有效

(D) 在一个函数内部的复合语句中定义的变量可以在本函数范围内有效

(5) 在一个源文件中定义的外部变量的作用域为(　　)。

(A) 本文件的全部范围

（B）本程序的全部范围

（C）本函数的全部范围

（D）从定义该变量的位置开始至本文件结束

（6）宏定义♯define G 9.8 中的宏名 G 代替(　　)。

（A）一个单精度实数

（B）一个双精度实数

（C）一个字符串

（D）不确定类型的数

（7）以下不正确的叙述是(　　)。

（A）一个 include 命令只能指定一个被包含文件

（B）文件包含是可以嵌套的

（C）一个 include 命令可以指定多个被包含文件

（D）在♯include 命令中,文件名可以用双引号或尖括号括起来

（8）若有宏定义：

```
#define MOD(x,y) x%y
```

则执行以下程序段的输出为(　　)。

```
int z,a=15,b=100;
z=MOD(b,a);
printf("%d\n",z++);
```

（A）11　　　　　　（B）10　　　　　　（C）6　　　　　　（D）宏定义不合法

2.填空题

（1）下面 add 函数的功能是求两个参数的和,并将和值返回调用函数。函数中错误的部分是_____,应改为_____。

```
① void add(float a,float b)
② { float c;
③   c=a+b;
④   return c;
    }
```

（2）下面程序的运行结果是_____。

```
#include <stdio.h>
void main()
{
    int i=2,x=5,j=7;
    fun(j,6);
    printf("i=%d;j=%d;x=%d\n",i,j,x);
}
fun(int i,int j)
{
```

```
    int x=7;
    printf("i=%d; j=%d; x=%d\n",i,j,x);
}
```

（3）下面程序的运行结果是_____。

```
#include <stdio.h>
int x=1,y=2,z=3;
void main()
{   void sub();
    int x=2,y=3,z=0;
    printf("#x=%d y=%d z=%d\n",x,y,z);
    add(x,y,z);
    printf("@x=%d y=%d z=%d\n",x,y,z);
    sub();
}
add(int x,int y,int z)
{
    z=x+y;x=x*x;y=y*y;
    printf("*   x=%d y=% d z=%d\n",x,y,z);
}
void sub()
{
    z=x+y;x++;y++;
    printf("$x=%d y=%d z=%d\n",x,y,z);
}
```

（4）下列程序的运行结果是_____。

```
#include <stdio.h>
f()
{
    int a=3;
    static int b=4;
    a=a+1;
    b=b+1;
    printf("a=%d,b=%d\n",a,b);
}
void main()
{f(); f(); }
```

（5）有以下宏命令和赋值语句,宏置换后的赋值语句的形式是_____。

```
#define A 3+5
…
p=A*A;
```

（6）以下程序的运行结果是_____。

```
#define MAX(a,b) (a>b?a:b)+1
void main()
{
    int i=7,j=9;
    printf("%d\n",MAX(i,j));
}
```

(7) 以下程序的运行结果是_____。

```
#define PRINT(V) printf("V=%d\t",V)
void main()
{
    int a,b;
    a=1;b=2;
    PRINT(a);
    PRINT(b);
}
```

3. 编程题

(1) 已有变量定义 double a=5.0；int n=5；和函数调用语句 mypower(a,n)；用以求 a 的 n 次方。请编写 double mypower(double x,int y)函数。

(2) 写一个函数，求以下数列前 N 项之和。

$$\frac{2}{1},\frac{3}{2},\frac{5}{3},\frac{8}{5},\frac{13}{8},\frac{21}{13},\cdots$$

(3) 写一个函数，

$$S_n=a+aa+aaa+\cdots+\overbrace{aa\cdots a}^{n个a}$$

求多项式的前 n 项和，其中 a 是个位数。例如求 2+22+222+2222+22222 的和(此时 n 为 5)。

(4) 将 10 到 20 之间的全部偶数分解为两个素数之和。

(5) 用递归方法求 n 阶勒让德多项式的值，递归公式为

$$p_n(x)=\begin{cases}1 & (n=0)\\ x & (n=1)\\ ((2n-1)\times x-p_{n-1}(x)-(n-1)\times p_{n-2}(x))/n & (n>1)\end{cases}$$

(6) 写一个函数，根据程序随机生成的两位数的彩票和用户输入的两位数，计算用户赢得的奖金数。如果用户输入的数和彩票的实际顺序匹配，奖金为 10000 元；如果用户输入的所有数字匹配彩票的所有数字，但顺序不匹配，奖金为 3000 元；如果用户输入的数字中只有一个匹配彩票中的某个数字，奖金为 1000 元。

(7) 假设你每月在储蓄账户上存 100 元，年利率是 5%，则每月的利率是 0.05/12＝0.00417。第一个月后，账户上的值变成 100×(1+0.00417)＝100.417；第二个月后，账户上的值变成(100+100.417)×(1+0.00417)＝201.252；第三个月后，账户上的值变成(100+201.252)×(1+0.00417)＝302.507。以此类推。

　　写一个函数,根据用户输入的每月的存款数、年利率和月份数,计算给定月份后账户上的钱数。

　　(8) 已知某公司某个销售员第一季度、第二季度、第三季度和第四季度的销售额,编写一个函数,求出最大销售额对应的季度值和最小销售额对应的季度值,在主函数内输入四个季度的销售额并在主函数中输出结果。

　　(9) 输入两个整数,求它们相除的余数。用带参的宏来实现。

　　(10) 给年份 year 定义一个宏,以判别该年份是否是闰年。

　　提示:宏名可定为 LEAP_YEAR,形参为 y,即定义宏的形式为

```
#define LEAP_YEAR(y)  (读者设计的字符串)
```

　　在程序中用以下语句输出结果:

```
if (LEAP_YEAR(year)) printf("%d is a leap year\n",year);
else printf("%d is not a leap year.\n",year);
```

第 6 章

数　　组

在 C 语言中,数组是一种构造数据类型。数组是一组相同数据类型(基本类型或构造类型)变量的集合,数组中的每个变量称为数组的元素,元素在数组中按线性顺序排列。数组元素有一个相同的名字叫数组名,由下标来唯一地确定数组中的元素,下标代表元素在数组中的位置。数组按下标个数分类可以分为一维数组、二维数组和三维数组等,二维以上数组通常称为多维数组。

6.1　一维数组

只有一个下标的数组称为一维数组。

6.1.1　一维数组的定义

一维数组是数组名后只有一对方括号的数组,其定义的一般形式为:

类型名　数组名 [常量表达式];

其中,"类型名"指定数组元素的数据类型,可以为 C 语言任何一种基本数据类型或构造类型。"数组名"的命名规则与变量的命名规则相同,为 C 语言合法的标识符。"常量表达式"为整型表达式,说明数组所含有的元素的个数,数组元素的下标则是从 0 开始。例如:

```
int a[10];
```

此语句定义了一个由 10 个元素组成的一维数组,数组名为 a,也就是说,该数组中最多只能有 10 个元素,有时也称之为数组的长度为 10,这 10 个元素分别为 a[0]、a[1]、a[2]、…、a[9],其中 0~9 分别为这 10 个数组元素的下标。根据上述定义,数组 a 的每个元素都是整型变量,这 10 个变量在存储位置上是连续的。

定义数组时要注意以下几点:

(1) 数组名命名规则与变量名相同,在同一函数中数组名不能与其他变量名重名。

【例 6-1】　错误的数组命名示例。

```
1 #include <stdio.h>
2 int main()
3 {
4     int a;
5     float a[10];
6     ...
```

```
7    return 0;
8}
```

在本例中已经先定义了变量 a 为 int 型的数据,因此再将其定义为 float 型的数组是不允许的。

(2) 数组名后面是采用方括号括起来的常量表达式,而不使用圆括号和其他符号。

例如:a[3],b[10],c[100]都是合法的数组,而 a(6),a{7}都不是合法的数组。

(3) 常量表达式可以包括常量和符号常量,不能包含变量或变量表达式。即 C 语言不允许对数组大小作动态定义。

例如:错误的定义形式

```
int n=10;
int a[n];                  /*错误,数组长度必须是常量*/
```

这个例子中,定义了一个变量 n,并初始化为 10。希望借助变量 n 动态控制数组 a 的大小,这在 C 语言中是不允许的。

除了 int 类型以外,我们还可以按照以上格式定义其他数据类型的数组。例如:

```
float b[15];               /*定义单精度实型数组 b,有 15 个元素*/
double c[5];               /*定义双精度实型数组 c,有 5 个元素*/
char d[20],e[30];          /*定义字符型数组 d 和 e,分别包含 20 个元素,30 个元素*/
```

6.1.2　一维数组元素的存储形式

一维数组元素在内存中存储时,按下标递增的次序连续存放。对于"int a[10];"数组定义后,系统要为它分配空间,此时的内存分配如图 6-1 所示。

a[0]	a[1]	a[2]	a[3]	a[4]	a[5]	a[6]	a[7]	a[8]	a[9]

图 6-1　一维数组元素在内存中的存储

数组名 a 或 &a[0]是数组在内存中的存储区域的首地址,即数组第一个元素存放的地址。其中 & 是取地址运算符,它表示取 a[0]的地址。因此,数组名是一个地址常量,不能对其进行赋值和取地址(&)运算。

6.1.3　一维数组元素的引用

数组必须先定义后引用。而且在引用的时候,只能逐个引用数组元素而不能一次引用整个数组。实际上定义一个数组相当于一次定义了若干个变量。对数组元素的使用和前面学过的同类型变量的使用是完全一样的。

数组元素引用的一般形式为:

数组名[下标]

例如:

```
int temp1,temp2,temp3,a[10];
temp1=a[2];                /*将下标为 2 的数组元素中的值赋给整型变量 temp1*/
```

```
temp2=a[3];                    /* 将下标为 3 的数组元素中的值赋给整型变量 temp2 */
temp3=a[4]+a[5];               /* 将下标为 4 的数组元素中的值与下标为 5 的数组元素中的值
                                  的和赋给整型变量 temp3 */
```

由此可以看出,对元素的引用是采用统一的数组名和不同的下标来实现的。此时,下标可以是常量表达式也可以是变量或表达式,变量或表达式必须有确定的值。

【例 6-2】 从键盘输入数组元素的值,然后输出它们值。

```
1 #include <stdio.h>
2 int main(void)
3 {
4     int i,a[10];                        /* 定义循环变量 i 和一个整型数组 a[10] */
5     printf("please input 10 digit(separate by space):\n");
6     for(i=0;i<10;i++)
7         scanf("%d",&a[i]);              /* 注意:数组元素从 0 开始 */
8     printf("the element of the array are:\n");
9     for(i=0;i<10;i++)
10        printf("%d\t",a[i]);            /* 注意:数组元素从 0 开始 */
11    return 0;
12 }
```

程序运行结果:

```
please input 10 digit(separate by space):
1 2 3 4 5 6 7 8 9 10 <CR>
the element of the array are:
1    2    3    4    5    6    7    8    9    10
```

从上面例子可以看出:由于一个数组元素是通过其下标来确定的,因而对数组元素的引用非常适合采用循环结构来实现。

6.1.4　一维数组的初始化

同普通变量一样,数组也可以在定义的同时赋值,称作数组的初始化。对数组元素的初始化可以通过以下方法实现。

1. 定义时给全部元素赋值

例如:

```
int a[10]={1,2,3,4,5,6,7,8,9,10};
```

初值必须放在一对大括号中。赋值时按照元素的顺序和初值的顺序给元素一一对应赋值,即 $a[0]=1, a[1]=2, \cdots, a[9]=10$。

2. 定义时只给部分元素赋值

如果只有部分数组元素被赋予指定值,其他的数组元素由系统指定默认值为 0。
例如:

```
int a[10]={1,2,3,4,5};
```

定义数组 a,有 10 个元素,而只给前 5 个元素赋了初值。此时 a[0]=1,a[1]=2,a[2]=3,a[3]=4,a[4]=5,后面的 5 个元素的值为 0。这种省略赋值方式只能做到给前几个元素赋值,而无法给后面的元素也赋值。请注意下面省略赋值方式是错误的:

```
int a[7]={1,2,3,,,6,7};
```

或

```
int a[7]={,,,4,5,6,7};
```

试图省略中间或前面若干元素的值,给后面部分元素赋值,这是不允许的。

如果希望省略中间或前面若干个元素的值,给数组中后面元素进行初始化,可以采用 C99 标准中的方法,例如:

```
int a[10]={1,2,[3]=9,[7]=34};
```

初始化后数组 a 中 a[0]的值为 1,a[1]的值为 2,a[3]的值为 9,a[7]的值为 34,其他元素的值为 0。如果只给元素 a[3]初始化值为 9,a[7]初始化值为 34,其他元素初始化值为 0,定义数组初始化形式为:int a[10]={[3] = 9,[7]=34};。

3. 对全部元素赋初值时可以省略数组的长度

例如:

```
int a[5]={1,2,3,4,5};
```

定义数组有 5 个元素,给 5 个元素全部赋了初值,在这种情况下,完全可以省略长度,即:

```
int a[]={1,2,3,4,5};
```

系统在编译时自动会根据初值的个数定义数组的长度为 5。如果是长度与赋初值的个数不一致,一定不要省略长度,如下面的例子,原意是数组 10 个元素,给前 5 个赋值,后 5 个为 0 值。

```
int a[]={1,2,3,4,5};
```

这样只能被系统理解成定义了 5 个元素,应当改写成:

```
int a[10]={1,2,3,4,5};
```

6.1.5　一维数组应用举例

【例 6-3】　从键盘输入 10 个整数,求出 10 个数的和值以及 10 个数中的最大值。

```
1 #include <stdio.h>
2 int main(void)
3 {
4     int i,max;
```

```
 5      long sum=0;
 6      int a[10];
 7      printf("input 10 digits:");
 8      for(i=0;i<10;i++)
 9          scanf("%d",&a[i]);
10      max=a[0];
11      for(i=0;i<10;i++)
12      {
13          sum=sum+a[i];
14          if(a[i]>max)max=a[i];
15      }
16      printf("\n the max of the array is:%d",max);
17      printf("\n the sum of the array is:%ld",sum);
18      return 0;
19  }
```

程序运行结果：

```
1 2 3 4 5 6 7 8 9 10<CR>
the max of the array is: 10
the sum of the array is: 55
```

本例程序中第一个 for 语句逐个输入 10 个数到数组 a 中；在第二个 for 语句中，将 a[1]~a[9] 这 10 个数组元素逐个累加到 sum 上，并将 a[0]~a[9] 逐个与 max 中的内容比较，若比 max 的值大，则把该数组元素送入 max 中，因此 max 总是存放已比较过的数组元素中的最大者。比较结束，输出 max 的值。

【例 6-4】 用选择排序法对 N 个整数排序(从小到大)。

选择排序法的基本思想：首先在所有数中选出最小的数，把它与第一个数交换，第一个数就排好了，以后的排序不涉及该数，这一过程称为一趟选择排序；然后在其余的数中再选取次小的数与第二个数交换，第二个数就排好了，以后的排序不涉及该数；……；直到所有数排序完成。N 个数进行选择排序，需要经过 N-1 趟排序处理。

思路分析：定义整型数组 a[N] 存储整数。变量 t 用作两变量交换数值时的中间变量。第 7 行用变量 i 控制排序趟数(选择的趟数)，第 9 行用变量 j 控制每趟选择排序中参加选择的元素，用变量 k 存放当前找到的最小值元素的下标。i 趟排序过程：①在排 i 位置的元素时，认为 i 位置元素值是当前最小的，将下标 i 存放到 k 中；②将下标为 i+1 的元素至下标为 N-1 的元素依次与 k 所指向的元素比较，找到当前趟最小值的元素；③将 k 指向的元素(本趟未排好序值最小的元素)与下标为 i 的元素交换(若最小值就是第 i 个数值，则不做任何改变)。i 从 0 至 N-2 重复"i 趟排序过程"完成 N 个元素的选择排序。

下面以 5 个数为例说明选择排序法的步骤。

a[0]	a[1]	a[2]	a[3]	a[4]	
3	6	1	9	4	未排序时的情况
1	6	3	9	4	将 5 个数中最小的数 a[2] 与 a[0] 对换
1	3	6	9	4	将余下的 4 个数中最小的数 a[2] 与 a[1] 对换
1	3	4	9	6	将余下的 3 个数中最小的数 a[4] 与 a[2] 对换
1	3	4	6	9	将余下的 2 个数中最小的数 a[4] 与 a[3] 对换，至此完成排序

```
1 #define N 10
2 int main()
3 {
4     int a[N],i,j,k,t;
5     for(i=0;i<N;i++)
6         scanf("%d",&a[i]);
7     for(i=0;i<N-1;i++)          /*i控制排序趟数*/
8     { k=i;
9         for(j=i+1;j<N;j++)      /*找到当前趟最小值的元素,将其下标存入k*/
10            if(a[k]>a[j]) k=j;
12        if(k!=i)
13           { t=a[k]; a[k]=a[i];a[i]=t; }
14    }
15    for(i=0;i<N;i++)
16        printf("%d ",a[i]);
17    return 0;
18 }
```

程序运行结果：

```
9 8 7 6 5 4 3 2 1 -9<CR>
-9 1 2 3 4 5 6 7 8 9
```

【例 6-5】 用起泡排序法对 N 个整数排序(从小到大)。

起泡排序法的基本思想：首先将第一个数和第二个数进行比较,若不符合要求的顺序,则交换两个数的位置,然后比较第二个数和第三个数,以此类推,直到第 N−1 个数和第 N 个数进行过比较为止,这一过程称为一趟起泡。经过第一趟起泡第 N 个位置上的数已按要求排好,它不再参与以后的比较和交换操作。重复这样的处理,直到所有数排好序为止。N 个数的排序,至多进行 N−1 趟的起泡。

思路分析：用整型数组 a[N]存放数据;第 7 行 for 循环控制排序趟数;第 9 行 for 循环完成一趟起泡:将相邻的两个元素比较逆序则交换,一趟起泡结束数值大的被交换至本趟下标最大的元素中,需要注意循环控制变量 j 的最大值为：N−i−1,这是为了控制已经排好序的元素不再参加起泡。

下面以 5 个数为例说明起泡排序法的步骤。

a[0]	a[1]	a[2]	a[3]	a[4]	
3	6	1	9	4	未排序时的情况
3	1	6	4	9	第 1 趟起泡结束后最大的数放在最后的位置
1	3	4	6	9	第 2 趟起泡结束后第二大的数放在倒数第 2 的位置
1	3	4	6	9	第 3 趟起泡结束后数组的内容
1	3	4	6	9	第 4 趟起泡结束后数组的内容,至此完成排序

```
1 #define N 10
2 int main()
3 {
```

```
4     int a[N],i,j,t;
5     for(i=0;i<N;i++)
6         scanf("%d",&a[i]);
7     for(i=1;i<N;i++)                      /*外循环控制起泡趟数*/
8     {
9         for(j=0;j<N-i;j++)                /*内循环完成一趟起泡*/
10            if(a[j]>a[j+1])
11                { t=a[j]; a[j]=a[j+1];a[j+1]=t; }
12    }
13    for(i=0;i<N;i++)
14        printf("%d ",a[i]);
15    return 0;
16 }
```

程序运行结果:

```
9 8 7 6 5 4 3 2 1 -9<CR>
-9 1 2 3 4 5 6 7 8 9
```

6.2 二维数组

一维数组在逻辑上可以认为是数列向量,它的特征是只有一个下标。然而,实际上有些事物需要两个下标来描述,表 6-1 列出了某高校 2019 级毕业生统计情况。

表 6-1 某高校 2019 级毕业生统计   单位:人

学　　院	班　　　　级				
	1	2	3	4	5
会计学院	30	31	28	34	29
财政学院	29	32	29	30	31
金融学院	27	33	28	31	30
信息学院	22	37	26	30	37

显然,我们若要查得某个班毕业生的人数,就需要知道两个数据,第一个是学院的名称,第二个是班级序号。例如,我们要查财政学院 3 班的毕业人数,就要先在横的方向上找到"财政学院"这一行,然后再在列的方向上找到"3"班所在的列,行与列的交汇处便是我们要找的数据。

在线性代数中,常使用矩阵来表示这种二维表格。一个矩阵常常写成如下形式:

$$A = \begin{bmatrix} a_{11} & a_{12} & \cdots & a_{1n} \\ a_{21} & a_{22} & \cdots & a_{2n} \\ \vdots & \vdots & & \vdots \\ a_{m1} & a_{m2} & \cdots & a_{mn} \end{bmatrix}$$

其中每一个元素记为 a_{ij}($1 \leq i \leq m, 1 \leq j \leq n$)。矩阵的特点是有两个下标 i 和 j,把这个特点引入到 C 语言中,就产生了二维数组的概念。

6.2.1 二维数组的定义

二维数组的定义与一维数组相似,一般形式为:

类型名 数组名[常量表达式][常量表达式];

其中,"类型名"指定数组元素的数据类型,可以为 C 语言任何一种基本数据类型或构造类型。"数组名"为用户自定义的标识符。"常量表达式"分别说明数组行和列所含元素的个数。例如:

```
int a[3][4];
```

定义了二维数组 a,3 行 4 列共 12 个元素,其中 3 为每一列的元素个数,4 为每一行的元素个数,每个元素相当于一个整型变量。这 12 个元素相当于一个矩阵,如图 6-2 所示。

实际上 C 语言将二维数组看成是一种特殊的一维数组,它的元素又是一个一维数组。

例如上面定义的数组 a[3][4],我们将 a 看成一维数组名,它有三个元素 a[0]、a[1]、a[2],然后将这三个元素看作是普通变量,它们又是一个包含 4 个元素的一维数组,即 a[0][4]、a[1][4]、a[2][4]三个一维数组,如图 6-3 所示。

a[0][0]	a[0][1]	a[0][2]	a[0][3]
a[1][0]	a[1][1]	a[1][2]	a[1][3]
a[2][0]	a[2][1]	a[2][2]	a[2][3]

图 6-2 二维数组元素

```
    ⎧ a[0] —— a[0][0]   a[0][1]   a[0][2]   a[0][3]
a ⎨ a[1] —— a[1][0]   a[1][1]   a[1][2]   a[1][3]
    ⎩ a[2] —— a[2][0]   a[2][1]   a[2][2]   a[2][3]
```

图 6-3 二维数组与一维数组的关系

这里把 a[0]、a[1]、a[2]看作一维数组名,C 语言的这种处理方法在数组初始化和用指针表示时显得很方便,这在以后会体会到。

6.2.2 二维数组的存储形式

在 C 语言中,二维数组中的元素的排列顺序是:按行存放在内存的连续空间中,即在内存中先顺序存放第一行的元素,再存放第二行的元素,以此类推。如 int a[2][3];先存放第一行,且顺序为 a[0][0]、a[0][1]、a[0][2],然后再存放第二行,且顺序为 a[1][0]、a[1][1]、a[1][2],数组 a[2][3]在内存中的连续存放顺序如图 6-4 所示。

a[0][0]
a[0][1]
a[0][2]
a[1][0]
a[1][1]
a[1][2]

此外,C 语言允许使用多维数组。二维数组是对一维数组的扩展,同样在二维数组的基础上我们可以定义三维或三维以上的数组。例如,有如下的定义:

**图 6-4 a[2][3]数组元素在
内存中的存储**

```
float a[2][2][3];
```

相当于定义了 2×2×3 共 12 个元素,每个元素都是单精度实型变量。各元素在内存中的排列顺序是:a[0][0][0]、a[0][0][1]、a[0][0][2]、a[0][1][0]、a[0][1][1]、a[0][1][2]、a[1][0][0]、a[1][0][1]、a[1][0][2]、a[1][1][0]、a[1][1][1]、a[1][1][2]。从排列的顺

序可以看出第一维的下标变化最慢,最右边的下标变化最快。

6.2.3　二维数组元素的引用

二维数组的元素也称为双下标变量,其引用的一般形式为:

数组名 [下标 1] [下标 2]

例如:

```
int a[3][4],b,c,d;          /* 定义一个二维数组,包含 3 行 4 列数组元素 * /
b=a[1][2];                  /* 将行下标为 1,列下标为 2 的数组元素赋给 b * /
c=a[0][1]+b;
d=a[1][1]+a[2][2];
```

说明:

(1) 二维数组的定义和引用形式有些相似,但具有完全不同的含义。数组定义的方括号中给出的是某一维的长度;而数组元素引用中其下标 1 和下标 2 都是可以变化的,是该元素在数组中的位置标识。前者只能是常量,后者可以是常、变量或表达式。

(2) 二维数组行列计数仍然从 0 开始。例如,定义了数组 a[3][4],则我们可引用元素 a[i][j] 的下标范围是 $0 \leqslant i \leqslant 2, 0 \leqslant j \leqslant 3$,不能超出这个范围,因此 a[3][4],a[1][4], a[3][0] 等都是错误的引用。

6.2.4　二维数组的初始化

二维数组初始化比一维数组要复杂一些,我们可以使用以下的几种方法进行。

(1) 分行初始化。例如:

```
int a[3][4]={{1,2,3,4},{5,6,7,8},{9,10,11,12}};
```

这种赋值方式比较直观,内部每个大括号都代表一行元素,即按行赋初值。我们一般都采用这种方式。

(2) 可以将所有的初始数据写在一个大括号内,按照数组的排列顺序对各元素依次进行赋值。例如:

```
int a[3][4]={1,2,3,4,5,6,7,8,9,10,11,12};
```

这种效果与第一种是一样的。按行优先顺序进行赋值。

(3) 部分元素初始化。如:

```
int a[3][4]={{1},{5},{9}};
```

作用是对每行中的第一列元素赋初值,其余元素自动为 0。赋初值后的各元素值为

$$\begin{bmatrix} 1 & 0 & 0 & 0 \\ 5 & 0 & 0 & 0 \\ 9 & 0 & 0 & 0 \end{bmatrix}$$

内括号代表其中的一行元素,在赋初值时遵循一维数组的情况,即可以只对某一行中的部分元素进行赋值,但这种方式只允许省略后面的元素值,前面元素的值不能省略。如

```
int a[3][4]={{1},{0,2},{0,0,3}};
```

赋值后的各元素为

$$\begin{bmatrix} 1 & 0 & 0 & 0 \\ 0 & 2 & 0 & 0 \\ 0 & 0 & 3 & 0 \end{bmatrix}$$

　　这种方法对非 0 元素较少的情况下比较方便,不必将所有的 0 都写出来,另外,也可以省略某几行元素,但只能省略后面的几行,前面的不能省略,这点与一维数组是相似的。如:

```
int a[3][4]={{1},{5,6}};
```

赋值后的元素为

$$\begin{bmatrix} 1 & 0 & 0 & 0 \\ 5 & 6 & 0 & 0 \\ 0 & 0 & 0 & 0 \end{bmatrix}$$

可以采用一重大括号对二维数组元素部分初始化。例如:

```
int a[3][4]={1,2,3,4,5,6,7};
```

在这种情况下,也只能省略后面的元素而无法省略前面的元素,且无法单独省略某行。

　　(4) 如果对全部元素都赋了初值,则定义二维数组时第一维的长度可以不指定,但二维长度一定不能省略。如:

```
int a[3][4]={{1,2,3,4},{5,6,7,8},{9,10,11,12}};
```

可以省略一维长度:

```
int a[][4]={{1,2,3,4},{5,6,7,8},{9,10,11,12}};
```

或者

```
int a[][4]={1,2,3,4,5,6,7,8,9,10,11,12};
```

　　另外,也可以只对部分元素赋值而省略第一维的长度,但此时应采用双重大括号分行初始化。如:

```
int a[][4]={{1},{0,2},{0,0,3}};
```

这种情况下,系统编译时能知道数组有三行元素。数组各元素为

$$\begin{bmatrix} 1 & 0 & 0 & 0 \\ 0 & 2 & 0 & 0 \\ 0 & 0 & 3 & 0 \end{bmatrix}$$

【例 6-6】　输入二维数组元素的值,然后进行转置,输出转置的数组。

```
1 #include <stdio.h>
2 int main(void)
3 {
4     int i,j;              /*定义两个循环变量 i,j*/
5     int a[3][4],b[4][3]; /*定义两个二维数组,a 用来保存输入数据,b 保存转置的数组*/
```

```
 6      printf("\nplease input %d digit for array a:",12);
 7      for(i=0;i<3;i++)
 8          for(j=0;j<4;j++)
 9          {
10              scanf("%d",&a[i][j]);
11              b[j][i]=a[i][j];
12          }
13      printf("the array after convert are:\n");
14      for(i=0;i<4;i++)
15      {
16          for(j=0;j<3;j++)
17          printf("%5d",b[i][j]);
18          printf("\n");
19      }
20      return 0;
21 }
```

程序运行结果:

```
please input 12 digit for array a:
1 2 3<CR>
4 5 6<CR>
7 8 9<CR>
10 11 12<CR>
the array after convert are:
1    4   7   10
2    5   8   11
3    6   9   12
```

6.3 字符数组和字符串

C 语言中有字符常量和字符变量,有字符串常量,但没有字符串变量。如何存储字符串?在 C 语言中可以用字符数组存放字符串。字符数组中的各元素依次存放字符串的各字符,字符数组的数组名代表该数组的首地址。这为处理字符串中个别字符和引用整个字符串提供了极大的方便。

6.3.1 字符数组的定义

用来存放字符数据的数组就是字符数组,字符数组中每个元素都存放一个字符常量。前面两节中介绍的数组的定义、存储形式和引用等也都适用于字符型数组。字符数组的定义与数值数组相同。

一维字符数组定义的一般形式为:

char 数组名[常量表达式];

例如:

```
char c[10];
```

该语句定义了一个一维数组 c，含有 10 个元素，其中每一个元素都是字符变量。

二维字符数组定义的一般形式为：

char 数组名 [常量表达式 1] [常量表达式 2]；

例如：

```
char ch[3][15];
```

该语句定义了一个二维数组 ch，有 3 行 15 列共 45 个元素，其中每一个元素都是字符变量。

6.3.2　字符串和字符串的存储方法

字符串是指若干有效字符的序列。所谓"有效字符"是指系统允许使用的字符，不同的系统允许使用的字符是不相同的。C 语言中的字符串可以包括字母、数字、转义字符等。例如，下面都是合法的字符串："China"，"BASIC"，"a+b=c"，"1234"，"%d\n"。

有的语言提供字符串变量（如 BASIC 语言，Pascal 语言），C 语言没有字符串变量，字符串不是存放在一个变量中，而是存放在一个字符数组中。因此，为了存放字符串，常常在程序中定义字符型数组。例如：

```
char s[10];
```

表示 s 是一个字符型数组，可以存入 10 个字符。可以采用赋值运算，将字符一个一个地赋给字符数组各元素，如：

```
s[0]='I',s[1]=' ',s[2]='a',s[3]='m',s[4]=' ',s[5]='h',s[6]='a',
s[7]='p', s[8]='p',s[9]='y';
```

请注意有些赋值为空格。

经过赋值后 s 数组的存储如图 6-5 所示。

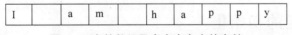

图 6-5　字符数组元素在内存中的存储

如果想输出以上 10 个字符，也必须逐个元素输出。但是在一般应用中，常常希望把一个字符串作为一个整体来处理，譬如用 printf() 函数输出一个字符串。这就需要确定字符串的结束位置。假如我们定义了一个字符数组 c，有 10 个元素，但是我们实际上只放入 8 个有效字符，如图 6-6 所示。我们实际上感兴趣的是"Computer"这个字符串，而不希望输出最后两个空白字符。这就需要有一个"字符串结束标志"来指明字符串在什么位置结束。C 语言规定以字符\0作为字符串的结束标志。如果在字符数组中"Computer"后面存放一个字符\0（如图 6-7 所示），则表示字符数组中存放的字符串到此结束。

字符\0的 ASCII 码为 0，不是一个可显示字符，而是一个"空操作"字符，它不进行任何操作。可以用赋值方法将字符\0赋给一个字符变量或一个字符数组元素。例如：c[8]='\0';。

请注意字符数组与字符串的含义与区别。字符串存放在字符数组中，但字符数组与字符串可以不等长。比如以下定义：

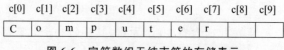

图 6-6   字符数组无结束符的存储表示

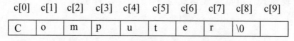

图 6-7   字符数组有结束符的存储表示

```
char str1[]={'I',' ','l','i','k','e',' ','C',' ','p','r','o','g','r','a', 'm'};
char str2[]={'I',' ','l','i','k','e',' ','C',' ','p','r','o','g','r','a', 'm','\0'};
```

字符数组 str1 的定义中省略了长度,字符个数也就是它的长度,共有 16 个单元,每个单元存放一个字符。而字符数组 str2 比字符数组 str1 多用一个单元,所以长度是 17,多出一个单元存放字符'\0'。我们说字符数组 str1 存放的是若干个字符序列,而字符数组 str2 则可以说是一个字符串"I like C program",因为它有结束标志。但此时的字符串的长度我们仍然说是 16,因为结束标志不是它的有效字符,字符串的长度是指它的有效字符个数,不包括结束标志。而存放字符串的字符数组 str2 的长度是 17,因为它要多出一个单元来存放结束标志。有了结束标志后,字符数组的长度就并不重要了。在程序中往往依靠检测'\0'的位置来判定字符串是否结束,而不是根据数组的长度来决定字符串的长度。当然,在定义字符数组时应当估计实际字符串的长度,保证数组长度始终大于字符串的实际长度。

对于字符串常量系统会自动加上一个'\0'作为结束符。例如:

```
printf("I want to learn C program language!");
```

即输出一个字符串,在执行此语句时,系统在存储区临时开辟一块单元(一维字符数组)存放此字符串,系统自动在字符'!'后面加上一个'\0'作为结束标志。在执行 printf 函数时,每输出一个字符便检查一次,看下一个字符是否是'\0'。遇到'\0'就停止输出。

6.3.3   字符数组的初始化

字符数组的初始化与数值型数组的初始化方式基本相同。

1.逐个元素初始化

例如:

```
char c[5]={'C','h','i','n','a'};
```

2.初始化时如果为全部元素赋初值,可以省略第一维长度

例如:

```
char c[]={'C','h','i','n','a'};
```

根据初始化的字符个数,数组 c 的长度自动定为 5。

3. 部分初始化

初始化时如果给定的数据个数小于数组长度,其余未赋值的元素自动赋值'\0'。
例如:

`char c[10]={'h','a','p','p','y'};`

经过赋值后 c 数组的存储如图 6-8 所示。

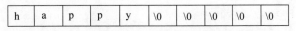

| h | a | p | p | y | \0 | \0 | \0 | \0 | \0 |

图 6-8 字符数组部分初始化各元素的对应值

4. 用字符串来初始化字符数组

例如:

`char c[]={"I like C program"};`

同时可以省略大括号,直接写成:

`char c[]="I like C program";`

上述的赋值是用一个字符串(字符串是用双引号括起来的)作为初值。在赋值的过程中没有指定字符数组的长度,而由系统自动处理。注意数组 c 的长度不是 16 而是 17。上面的初始化与下面的等价。

`char c[]={'I',' ','l','i','k','e',' ','C',' ','p','r','o','g','r','a','m','\0'};`

6.3.4 字符数组的引用

字符数组元素的引用规则与前面所讲的一样,一般形式为:

一维数组名[下标];
二维数组名[下标1][下标2];

【例 6-7】 输出一个字符数组元素中有效字符的个数。

思路分析:可通过在循环条件中判断当前读取的字符是否为字符串结束的标识字符'\0',从而求出有效字符的个数。

```
1 #include <stdio.h>
2 int main(void)
3 {
4    char c[]={'I',' ','l','i','k','e',' ','C',' ','p','r','o','g','r','a',
             'm','\0'};
5    int length=0;
6    printf("\nthe string is: ");
7    while(c[length]!='\0')
8    {
```

```
 9          putchar(c[length]);
10          length++;
11      }
12      printf("\nthe length of the string is %d.",length);
13      return 0;
14 }
```

程序运行结果：

```
the string is: I like C program
the length of the string is 16.
```

6.3.5　字符串的输入输出

字符数组和字符串逐个元素地进行输入与输出，也可以以整体的形式输入与输出。

1. 用"%s"格式整体输出

printf(字符串常量);
printf("%s",字符数组名);

当然以上第二种格式也可以输出若干个字符数组。例如：

```
char c[]="China.";
printf("%s",c);
```

在内存中数组 c 的状态如下所示。

输出时，遇到结束标志'\0'就停止输出。输出的结果为：

```
China.
```

注意：结束标志'\0'是个空操作符，不能输出；使用"%s"格式输出字符串时，输出项是字符数组名，而不是某个数组元素。字符串以第一个'\0'作为结束，其后的字符即使不是'\0'也无法访问到。见下例：

```
char c[]="China.\0America.";
```

内存中数组 c 的状态如下所示：

```
C h i n a . \0 A m e r i c a . \0
```

采用如下方法输出：

```
printf("%s",c);
```

输出结果为：

```
China.
```

可见一部分字符"丢失"了。

2. 用"%s"格式整体输入

scanf("%s",字符数组名);

例如：

```
char c[10];
scanf("%s",c);
```

从键盘输入：

China.<CR>

系统将字符串"China."存放到字符数组 c 中。采用这种方法输入的字符串中不能带有空格，因为空格在输入函数中认为是输入结束。

例如：

```
char c[20];
scanf("%s",c);
printf("%s",c);
```

从键盘输入：

How do you do?<CR>

输出结果如下：

How

可见若带有空格的话，是不能采用 scanf 函数进行输入的。

另外，大家还要注意 scanf 函数中的输入项是字符数组名。输入项为字符数组名时，不要再加取地址符 &，因为数组名本身就代表是数组的首地址。

6.3.6　字符串处理函数

C 语言提供了丰富的字符串处理函数，可分为字符串的输入、输出、合并、比较等。除字符串输入输出函数外，字符串处理函数的原型说明均包含在头文件 string.h 中，调用这些函数，应使用文件包含命令：

```
#include "string.h"
```

下面介绍几种常用的字符串处理函数。

1. puts(字符串)

该函数的作用是将字符串输出，在输出时将字符串结束标志'\0'转换成'\n'，即输出完字符串后换行。这里的参数字符串可以是字符串常量，也可以是存放字符串的数组名。例如：

```
char s1[]="China";
puts(s1);
```

```
puts("America");
```

程序片段的输出结果是：

```
China
America
```

2. gets(字符数组)

该函数的作用是从终端输入一字符串存放到指定的字符数组中,函数返回字符数组的起始地址。要注意字符数组的长度应定义得足够大,能够容纳下字符串。gets 函数的参数必须是一维字符数组名,例如：

```
char str[20];
gets(str);
puts(str);
```

程序片段运行结果：

<u>abc def end#</u><CR>
abc def end#

gets 函数与 scanf 函数同样都可以从键盘接收字符串,但两者有一定的区别。scanf 函数以空格作为输入的结束,所以不能接收空格;但 gets 函数则以回车作结束,可以接收除回车符外的任意字符。

3. strcat(字符数组 1,字符数组 2)

该函数的作用是将字符数组 2 中的字符串连接到字符数组 1 的字符串后面,函数返回字符串 1 的首地址。strcat 函数的第一个参数必须是一维字符数组名。

【例 6-8】 strcat 函数的应用。

```
 1 #include"string.h"
 2 #include <stdio.h>
 3 int main(void)
 4 {
 5     char str1[30]="I want to learn ";
 6     char str2[]="C program. ";
 7     strcat(str1,str2);
 8     strcat(str1,"end");
 9     puts(str1);
10     return 0;
11 }
```

程序运行结果：

```
I want to learn C program. end
```

使用此函数时,字符数组 1 的长度必须足够大,以便容纳下连接后的字符串。字符串在连接时将字符串 1 后面的'\0'取消,将字符串 2 复制到此处,最后在新串后加一结束标志。

4. strcpy(字符数组 1,字符串 2)

该函数的作用是将字符串 2 复制到字符数组 1 中,函数返回字符数组 1 的首地址。strcpy 函数的第一个参数必须是一维字符数组名。例如:

```
char str[20];
strcpy(str,"America.");
puts(str);
```

程序片段的输出结果:

```
America.
```

使用此函数时,字符数组 1 要定义得足够大,以便能够容纳复制的字符串。

除了定义时赋初值外,其他情况必须采用这个函数给字符数组赋一个字符串,如下的方法是错误的:

```
char str1[20],str2[20];
str1="China.";        /*错误,不能用"="将一个字符串赋值给字符数组 */
str1=str2;            /*错误,不能用"="将一个字符数组赋给另一个字符数组 */
```

5. strcmp(字符串 1,字符串 2)

该函数的作用是比较字符串 1 和字符串 2 的大小,返回比较的结果。
例如:

```
strcmp(str1,str2);             /*比较两个字符数组中的字符串的大小 */
strcmp("China","England");     /*比较两个字符串常量的大小 */
strcmp(str1,"Beijing");        /*比较字符数组与字符串常量的大小 */
```

字符串的比较规则与其他语言的规则相同,即对两个字符串自左至右逐个字符相比(按 ASCII 码值大小比较),直到出现不同的字符或遇到'\0'为止。如全部字符相同,则认为是相等;若出现不相同的字符,则以第一个不同的字符的比较结果为准。

(1) 如果字符串 1=字符串 2,则函数返回值为 0。

(2) 如果字符串 1>字符串 2,则函数返回值为一个正整数。

(3) 如果字符串 1<字符串 2,则函数返回值为一个负整数。

注意:对于两个字符串的比较,不能采用比较运算符进行,如下面的两个字符串比较是错误的:

```
if(str1==str2) printf("the two string is equal.");
```

应该是:

```
if(strcmp(str1,str2)==0) printf("the two string is equal.");
```

6. strlen(字符串)

该函数用来测试字符串的长度,返回值是字符串中有效字符的个数,其中不包括结束标志'\0'。例如：

```
char str[20]="I am a boy.";
printf("\nthe length of the string is %d",strlen(str));
```

程序片段的输出结果：

```
the length of the string is 11
```

7. strlwr(字符串)

该函数的作用是将字符串中的大写字母转换成小写字母,对于其他字符不作改变。函数返回转换后的新的字符串。例如：

```
char s[20]="I am a Chinese.";
strlwr(s);
puts(s);
```

程序片段的输出结果：

```
i am a chinese.
```

8. strupr(字符串)

该函数的作用是将字符串中的小写字母转换成大写字母,对于其他字符不作改变。函数返回转换后的新的字符串。例如：

```
char s[20]="I am a Chinese.";
strupr(s);
puts(s);
```

程序片段的输出结果：

```
I AM A CHINESE.
```

6.4   函数与数组

本节主要介绍用数组元素、数组名作函数参数,实现函数间数据传递的各种情况及方法。

6.4.1   数组元素作函数实参

由于实参可以是表达式,而数组元素可以是表达式的组成部分,因此数组元素当然可以作为函数的实参,与用变量作实参一样,是单向传递,即"值传送"方式。

【例 6-9】 在主函数中输入 10 个数,求其中正数的算术平方根的和。

```
1 #include "stdio.h"
2 #include "math.h"
3 int main(void)
```

```
4 {
5     float a[10],sum=0;
6     int i;
7     for(i=0;i<10;i++)
8         scanf("%f",&a[i]);
9     for(i=0;i<10;i++)
10        if(a[i]>=0)
11            sum=sum+sqrt(a[i]);
12    printf("sun=%f\n",sum);
13    return 0;
14 }
```

以上主函数调用了三个函数：printf()、scanf()和 sqrt()，sqrt()为求平方根的库函数，函数的参数是数组元素。

数组元素作参数传递数据的编程过程中，应注意以下两点：

（1）实参数组元素的数据类型必须与形参变量类型完全相同，如果不同可采用强制类型转换运算符对其进行强制转换。

（2）只能把数组的每一个元素作为一个实参，分别传递给被调用函数的形参，而不能把整个数组作为一个实参进行数据传递。

6.4.2 一维数组名作函数参数

当一个数组的元素个数很多时，仍然采用数组元素传递数据，就会带来不便。例如要求200 个数的平均值、排序等问题，必须将整个数组的值同时传递给求平均值或排序的函数，如果仍然采用数组元素传递数据，就很麻烦。因此，在很多情况下还必须用整个数组作参数传递数据，这时，形参和实参都应是数组名。

【例 6-10】 有一个一维数组 score，内放 10 个学生成绩，求平均成绩。

思路分析：可定义一个 average 函数，其形参为一维数组名，调用时传进去的实参也为类型相同的一维数组名，函数的返回值为求得的平均值。

```
1 #include <stdio.h>
2 void main()
3 {
4     float average(float array[10]);          /* 函数声明 */
5     float score[10],aver;
6     int i;
7     printf("Input 10 scores:\n");
8     for(i=0;i<10;i++)
9         scanf("%f",&score[i]);
10    printf("\n");
11    aver=average(score);
12    printf("average score is %5.2f\n",aver);
13 }
14 float average(float array[10])
15 {
```

```
16        int i;
17        float aver,sum=array[0];
18        for(i=1;i<10;i++)
19            sum=sum+array[i];
20        aver=sum/10;
21        return(aver);
22    }
```

程序运行结果：

Input 10 scores:
100 56 78 98.5 76 87 99 67.5 75 97<CR>
average score is 83.40

说明：

(1) 用数组名作函数参数,应该在主调函数和被调函数分别定义数组,例中 array 是形参数组名,score 是实参数组名,分别在其所在函数中定义,不能只在一方定义。

(2) 实参数组与形参数组类型应一致(例 6-10 都为 float 型),如不一致,结果将出错。

(3) 作为实参的数组名,实际上表示的是一个数组的首地址。实参数组的首元素的地址传给形参数组,形参数组名获得了实参数组的首元素的地址,这样,形参数组与实参数组占用的就是同一存储空间。即形参数组首元素(array[0])和实参数组首元素(score[0])具有同一地址,它们共占同一存储单元,score[n]和 array[n]指的是同一单元。score[n]和 array[n]具有相同的值。因此,在被调函数中对形参数组的处理实际上就是发生在实参数组上。如图 6-9 所示。假若 score 的首元素的地址为 100,则形参 array 数组首元素的地址也是 100,显然 score[0]与 array[0]同占一个单元,假如改变了 array[0]的值,也就意味着 score[0]的值也改变了。也就是说,形参数组中各元素的值如发生变化会使实参数组元素的值同时发生变化,从图 6-9 看是很容易理解的。这一点与变量作函数参数的情况不相同,读者务必要注意。在程序设计中可以有意识地利用这一特点改变实参数组元素的值(如排序)。

(4) 形参数组可以不指定大小,在定义数组时在数组名后面跟一个空的方括号。

图 6-9   数组名作函数参数形参数组与实参数组的关系

【例 6-11】   编写程序对数组中 10 个整数按由小到大的顺序排序。在主函数中完成数据的输入及结果的输出,函数完成排序(用选择排序法)。

思路分析：可定义函数 sort,其形参为未定义大小的一维整型数组和数组长度,调用时传进去的第一个参数为一维整型数组名。当将数组名作为参数传递时,实际传递的是数组的地址。因而,实参数组和形参数组指代的是同一个数组。在函数中,对形参数组的排序就是对实参数组的排序。

```
1 #include "stdio.h"
```

```
 2 int main(void)
 3 {
 4     void sort(int array[],int n);
 5     int a[10],i;
 6     printf("enter the array\n");
 7     for(i=0;i<10;i++)
 8         scanf("%d",&a[i]);
 9     sort(a,10);
10     printf("the sorted array: \n");
11     for(i=0;i<10;i++)
12         printf("%5d",a[i]);
13     printf("\n");
14     return 0;
15 }
16 void sort(int array[],int n)
17 {
18     int i,j,k,t;
19     for(i=0;i<n-1;i++)
20     {
21         k=i;
22         for(j=i+1;j<n;j++)
23             if(array[j]<array[k])k=j;
24         if(k!=i)
25             {t=array[k];array[k]=array[i];array[i]=t;}
26     }
27 }
```

可以看到在执行函数调用语句"sort(a,10);"之前和之后,a 数组中各元素的值是不同的。原来是无序的,执行"sort(a,10);"后,a 数组已经排好序了,这是由于形参数组 array 已用选择法进行排序,对形参数组的排序实际上就是对实参数组的排序。

【例 6-12】　试编写一函数实现将任意的两个字符串连接成一个字符串。

```
 1 #include "stdio.h"
 2 void str_connect(char s1[81],char s2[81])    /*定义连接两个字符串函数*/
 3 {
 4     int i=0,j=0;
 5     while(s1[i])                         /*求第一个字符串的长度*/
 6         i++;
 7     while(s1[i++]=s2[j++]);              /*将第二个字符串接到第一个字符串后*/
 8     return;
 9 }
10 int main()
11 {
12     char str1[81],str2[20];
13     gets(str1); gets(str2);
14     str_connect(str1,str2);             /*调用函数进行字符串的连接*/
```

```
15    puts(str1);
16    return 0;
17 }
```

6.4.3　多维数组名作函数参数

多维数组元素可以作函数参数,这点与前述的一维数组元素作参数情况类似。

可以用多维数组名作为函数参数和一维数组一样,多维数组名作为函数参数时,形参数组和实参数组占用的是同一组存储空间,在被调函数中对形参数组的处理实际上就是发生在实参数组上。

在被调用函数中对形参数组定义时可以指定每一维的大小,也可以省略第一维的大小。例如:

```
int array[3][10];
```

或

```
int array[][10];
```

二者都合法而且等价的。但是不能把第二维以及其他高维的大小说明省略。如下面的定义是不合法的:

```
int array[][],int array[3][];
```

在第二维大小相同的前提下,形参数组的第一维可以与实参数组不同。例如,实参数组定义为:

```
int score[5][10];
```

而形参数组定义为:

```
int array[3][10];
```

或

```
int array[8][10];
```

这时形参数组和实参数组都是由相同类型和大小的一维数组组成的。C语言编译系统不检查第一维的大小。在学习指针以后,对此会有更深入的认识。

【例6-13】　有一个3×4的矩阵,求所有元素中的最大值。

思路分析:可定义函数 max_value,其形参为二维整型数组名。该函数用变量 max 存放找到的最大值。首先认为第一个元素值最大,即变量 max 的初值为二维数组中第一个元素的值,然后将二维数组中各个元素的值与 max 相比,每次比较后都把"大者"存放在 max 中,全部元素比较完后,max 的值就是所有元素的最大值。

```
1 #include<stdio.h>
2 int main()
3 {
4     int max_value(int array[][4]);
```

```
5      int a[3][4]={{1,3,5,7},{2,4,6,8},{15,17,34,12}};
6      printf("max value is %d\n",max_value(a));
7      return 0;
8  }
9  int max_value(int array[ ][4])
10 {
11     int i,j,max;
12     max=array[0][0];
13     for(i=0;i<3;i++)
14       for(j=0;j<4;j++)
15         if(array[i][j]>max)
16           max=array[i][j];
17     return(max);
18 }
```

程序运行结果：

```
max value is 34
```

6.5　综合应用例题

【例 6-14】　在二维数组 a 中选出各行最大的元素组成一个一维数组 b。

```
1  #include <stdio.h>
2  int main(void)
3  {
4      int a[][4]={3,16,87,66,4,32,11,108,10,26,12,27};
5      int b[3],i,j,m;
6      for(i=0;i<=2;i++)                    /*求每行中的最大值存入 b 数组中*/
7      {
8          m=a[i][0];
9          for(j=1;j<=3;j++)
10             if(a[i][j]>m) m=a[i][j];
11         b[i]=m;
12     }
13     printf("\narray a:\n");
14     for(i=0;i<=2;i++)
15     {
16         for(j=0;j<=3;j++)
17             printf("%6d",a[i][j]);
18         printf("\n");
19     }
20     printf("\narray b:\n");
21     for(i=0;i<=2;i++)
22         printf("%6d",b[i]);
23     printf("\n");
```

```
24      return 0;
25 }
```

程序运行结果：

```
array a:
 3    16    87    66
 4    32    11    108
10    26    12    27

array b:
87    108    27
```

程序中第一个 for 语句中又嵌套了一个 for 语句组成了双重循环。外循环控制逐行处理，并把每行的第 0 列元素赋予 m。进入内循环后，把 m 与后面各列元素比较，并把比 m 大者赋予 m。内循环结束时 m 即为该行最大的元素，然后把 m 值赋予 b[i]。外循环全部完成时，数组 b 中已装入了 a 各行中的最大值。后面的两个 for 语句分别输出数组 a 和数组 b。

【例 6-15】 输入 6 个国家的名称按字母顺序排列输出。

思路分析：6 个国家名应由一个二维字符数组来处理。C 语言规定可以把一个二维数组当成多个一维数组处理。因此本题又可以按 6 个一维数组处理，而每一个一维数组就是一个国家名字符串。用字符串比较函数比较各一维数组的大小，并排序（采用选择排序法），输出结果即可。

```
 1 #include <stdio.h>
 2 #include <string.h>
 3 int main(void)
 4 {
 5     char st[20],cs[6][20];
 6     int i,j,p;
 7     printf("input country's name:\n");
 8     for(i=0;i<6;i++)
 9         gets(cs[i]);
10     printf("\n");
11     for(i=0;i<5;i++)
12     {
13         p=i;
14         for(j=i+1;j<6;j++)
15             if(strcmp(cs[j],cs[p])<0) p=j;
16         if(p!=i)
17         {
18             strcpy(st,cs[i]);
19             strcpy(cs[i],cs[p]);
20             strcpy(cs[p],st);
21         }
22         puts(cs[i]);
```

```
23        }
24     printf("\n");
25     return 0;
26 }
```

程序运行结果：

```
input country's name:
china<CR>
japan<CR>
usa<CR>
russia<CR>
france<CR>
canada<CR>
canada
china
france
japan
russia
usa
```

程序的第一个 for 语句中，用 gets 函数输入 6 个国家名字符串。上面说过 C 语言允许把一个二维数组按多个一维数组处理，程序定义 cs[6][20] 为二维字符数组，可分为 6 个一维数组 cs[0]、cs[1]、cs[2]、cs[3]、cs[4]、cs[5]。因此在 gets 函数中使用 cs[i] 是合法的。

【例 6-16】　表 6-2 所示数据表显示了 4 个销售人员所售 3 种物品的数量。

表 6-2　4 个销售人员所售 3 种物品的数量

	Item1	Item2	Item3
Salesgirl #1	310	275	365
Salesgirl #2	210	190	325
Salesgirl #3	405	235	240
Salesgirl #4	260	300	380

该表总共含有 12 个数值，每行 3 个。我们可以把它看作是由 4 行 3 列组成的二维数组。每行代表某个销售人员的销售数量，每列代表某种物品的销售数量。

使用二维数组编写程序，计算并输出以下信息：

(1) 每个销售人员的销售总量；

(2) 每种物品的销售总量；

(3) 所有销售人员销售的全部物品的总量。

思路分析：定义二维数组 value，其中第一维下标 i 表示销售人员，第二维下标 j 表示所销售的物品。定义一维数组 girl_total 存放第 m 个销售人员的销售总量，定义一维数组 item_total 存放第 n 种物品的销售总量，grand_total 存储总销量，这些销售量可分别通过下列公式求出：

$$第\text{ m }个销售人员的总销售量 = \sum_{j=0}^{2} value[m][j]（即 girl\_total[m]）$$

$$第\text{ n }种物品的总销售量 = \sum_{i=0}^{3} value[i][n]（即 item\_total[n]）$$

$$总销售量 = \sum_{i=0}^{3}\sum_{j=0}^{2} value[i][j] = \sum_{i=0}^{3} girl\_total[i] = \sum_{j=0}^{2} item\_total[j]$$

```
1  #define MAXGIRLS 4
2  #define MAXITEMS 3
3  int main()
4  {
5      int value[MAXGIRLS][MAXITEMS];
6      int girl_total[MAXGIRLS],item_total[MAXITEMS];
7      int i,j,grand_total;
8      /* ……读取数值并计算 girl_total……*/
9      printf("Input data\n");
10     printf("Enter values,one at a time,row-wise\n\n");
11     for(i=0;i<MAXGIRLS;i++)
12     {
13         girl_total[i]=0;
14         for(j=0;j<MAXITEMS;j++)
15         {
16             scanf("%d",&value[i][j]);
17             girl_total[i]=girl_total[i]+value[i][j];
18         }
19     }
20     /* ……计算 item_total……*/
21     for(j=0;j<MAXITEMS;j++)
22     {
23         item_total[j]=0;
24         for(i=0;i<MAXGIRLS;i++)
25         item_total[j]=item_total[j]+value[i][j];
26     }
27     /* ……计算 grand_total……*/
28     grand_total=0;
29     for(i=0;i<MAXGIRLS;i++)
30         grand_total=grand_total+girl_total[i];
31     /* ……显示结果……*/
32     printf("\n GIRLS TOTALS\n\n");
33     for(i=0;i<MAXGIRLS;i++)
34         printf("Salesgirl[%d]=%d\n",i+1,girl_total[i]);
35     printf("\n ITEM TOTALS\n\n");
36     for(j=0;j<MAXITEMS;j++)
37         printf("Item[%d]=%d\n",j+1,item_total[j]);
38     printf("\nGrand Total=%d\n",grand_total);
```

```
39    return 0;
40 }
```

程序运行结果：

```
Input data
Enter values,one at a time,row-wise

310 275 365<CR>
210 190 325<CR>
405 235 240<CR>
260 300 380<CR>

GIRLS TOTALS

Salesgirl[1]=950
Salesgirl[2]=725
Salesgirl[3]=880
Salesgirl[4]=940

ITEM TOTALS

Item[1]=1185
Item[2]=1000
Item[3]=1310

Grand Total=3495
```

【例 6-17】 以下是关于 4 个城市(Bombay、Calcutta、Delhi 和 Madras)对 4 种不同品牌汽车(Ambassador、Fiat、Dolphin、Maruti)的使用情况调查。调查询问了每个人所在的城市名以及他正使用的汽车名。调查结果以编码的形式显示如下：

```
M 1 C 2 B 1 D 3 M 2 B 4
C 1 D 3 M 4 B 2 D 1 C 3
D 4 D 4 M 1 M 1 B 3 B 3
C 1 C 1 C 2 M 4 M 4 C 2
D 1 C 2 B 3 M 1 B 1 C 2
D 3 M 4 C 1 D 2 M 3 B 4
```

其中的编码表示的含义如下：

M—Madras   1—Ambassador
D—Delhi   2—Fiat
C—Calcutta   3—Dolphin
B—Bombay   4—Maruti

请编写一个程序，生成一个表格，显示这 4 个城市对各种汽车的使用情况。

思路分析：定义二维数组 frequency 以存储每个城市使用不同汽车的数量。例如,元素

frequency[i][j] 表示在城市 i 中使用 j 品牌汽车的情况。将数组 frequency 声明为 5×5 的数组，且所有元素都初始化为零。通过循环结构根据每个人所在的城市名以及他正使用的汽车名对数组 frequency 相应位置的元素值加 1。统计完成后进行表的输出。

```c
 1 #include<stdio.h>
 2 int main()
 3 {
 4     int i,j,car;
 5     int frequency[5][5]={{0},{0},{0},{0},{0}};
 6     char city;
 7     printf("For each person, enter the city code\n");
 8     printf("followed by the car code.\n");
 9     printf("Enter the letter X to indicate end.\n");
10     /* ......制表开始......*/
11     for(i=1;i<100;i++)
12     {
13         scanf("%c",&city);
14         if(city=='X')
15         break;
16         scanf("%d",&car);
17         switch(city)
18         {
19             case 'B' :frequency[1][car]++;
20                 break;
21             case 'C' :frequency[2][car]++;
22                 break;
23             case 'D' :frequency[3][car]++;
24                 break;
25             case 'M' :frequency[4][car]++;
26                 break;
27         }
28     }
29     /* ......制表完成,显示开始......*/
30     printf("\n\n");
31     printf("POPULARITY TABLE\n\n");
32     printf("------------------------------------------ \n");
33     printf("City Ambassador Fiat Dolphin Maruti\n");
34     printf("------------------------------------------ \n");
35     for(i=1;i<=4;i++)
36     {
37         switch(i)
38         {
39             case 1 :printf("Bombay");
40                 break;
```

```
40          case 2 :printf("Calcutta");
41              break;
42          case 3 :printf("Delhi");
43              break;
44          case 4 :printf("Madras");
45              break;
46      }
47      for(j=1;j<=4;j++)
48          printf("%7d",frequency[i][j]);
49          printf("\n");
50      }
51      printf("------------------------------------------ \n");
52      / * ......显示结束 ......* /
53      return 0;
54 }
```

程序运行结果：

For each person,enter the city code
followed by the car code.
Enter the letter X to indicate end.
M 1 C 2 B 1 D 3 M 2 B 4<CR>
C 1 D 3 M 4 B 2 D 1 C 3<CR>
D 4 D 4 M 1 M 1 B 3 B 3<CR>
C 1 C 1 C 2 M 4 M 4 C 2<CR>
D 1 C 2 B 3 M 1 B 1 C 2<CR>
D 3 M 4 C 1 D 2 M 3 B 4 X<CR>

POPULARITY TABLE

City Ambassador Fiat Dolphin Maruti

Bombay   2 1 3 2
Calcutta 4 5 1 0
Delhi   2 1 3 2
Madras   4 1 1 4

习题 6

1. 选择题

(1) 要求定义具有 80 个 char 类型元素的一维数组,错误的定义语句是(　　)。

    (A) ♯ define N 80   (B) int N＝80;

        char s[N];   char s[N];

(C) #define N 40
　　　char s[2*N];

(D) char s[40+40];

(2) 以下对一维数组 a 进行正确初始化的语句是(　　)。

(A) int a[10]=(0,0,0,0,0);

(B) int a[10]={ };

(C) a[ ]={0};

(D) int a[10]={10*1};

(3) 若有以下定义语句:

```
int a[10]={1,2,3,4,5,6,7,8,9,10};
```

则对 a 数组元素正确的引用是(　　)。

(A) a[10]

(B) a[a[3]-5]

(C) a[a[9]]

(D) a[a[4]+4]

(4) 在 C 语言中,二维数组元素在内存中的存放顺序是(　　)。

(A) 按行存放

(B) 按列存放

(C) 由用户自己定义

(D)由编译器决定

(5) 若有以下定义语句:

```
float a[11]={0, 1, 2, 3, 4, 5, 6, 7, 8, 9, 10};
```

则以下叙述中错误的是(　　)。

(A) a 数组在内存中占 44 字节

(B) a 数组的最后一个元素为 a[10]

(C) a 数组的第一个元素为 a[0]

(D) 以上定义语句给 a 数组所赋初值是整数,因此不能正确赋初值

(6) 以下正确的定义语句是(　　)。

(A) int n=5, a[n][n];

(B) int a[ ][3]={{1,2}, {3,4}, {5,6}};

(C) int a[ ][3];

(D) int a[ ][ ]={{1,2}, {3,4}, {5,6}};

(7) 若二维数组 a 有 m 列,则在 a[i][j]之前的元素个数为(　　)。

(A) j*m+i

(B) i*m+j

(C) i*m+j-1

(D) i*m+j+1

(8) 以下选项中,不能将字符串正确赋值给数组的是(　　)。

(A) char str[]={'r', 'i', 'g', 'h', 't', '\0'};

(B) char str[6]={ 'r', 'i', 'g', 'h', 't', '\0'};

(C) char str[]={"right"};

(D) char str[6]="right!";

2. 填空题

(1) 程序读入 20 个整数,统计非负数个数,并计算非负数之和。

```
#include <stdio.h>
```

```
int main(void )
{
    int i,a[20],s,count;
    s=count=0;
    for(i=0; i<20; i++)
    scanf("%d",_____);
    for(i=0;i<20;i++)
    { if(a[i]<0)
      _____;
      s+=a[i];
      count++;
    }
    printf("s=%d\t count=%d\n",s,count);
    return 0;
}
```

(2) 下面的程序是求出 a 的两条对角线上的元素之和。

```
#include <stdio.h>
int main(void)
{
    int a[3][3]={1,3,6,7,9,11,14,15,17},sum1=0,sum2=0,i,j;
    for(i=0;i<3;i++)
        for(j=0;j<3;j++)
            if(i==j)sum1=sum1+a[i][j];
    for(i=0;i<3;i++)
        for(_____;_____;j--)
            if (i+j==2 )
                sum2=sum2 +a[i][j];
    printf("sum1=%d,sum2=%d\n",sum1,sum2 );
    return 0;
}
```

(3) 求所有不超过 200 的 N 值,其平方是具有对称性质的回文数。例如: N=11,11 的平方为 121;N=111,111 的平方为 12321。

```
#include <stdio.h>
int main (void )
{
    int m[16],n,i,t,count=0;
    long a,k;
    printf("Result is :\n");
    for(n=10;n<200;n++)
    {
        k=0;
        t=1;
        a=n * n;
```

```
        for(i=1;a!=0;i++)
        {
            _____;
            a/=10;
        }
        for( ;i>1;i--)
        {
            k+=m[i-1] * t;
            _____;
        }
        if(_____)
        printf( "%2d: %10d %10d\n",++count,n,n * n );
    }
    return 0;
}
```

(4) 以下程序的输出结果是_____。

```
#include <stdio.h>
void main()
{
    int i, j, row=0, col=0, m;
    int arr[3][3]={{100,200,300}, {28,72,-30}, {-850,2,6}};
    m=arr[0][0];
    for(i=0;i<3;i++)
        for(j=0;j<3;j++)
            if(arr[i][j]<m)
            {m=arr[i][j]; row=i; col=j; }
    printf("%d,%d,%d\n",m,row,col);
}
```

(5) 下面程序功能是在一个字符串中查找一个指定的字符,若字符串中含有指定字符则输出该字符在字符串中的位置(下标值),否则输出-1。请填空。

```
#include <stdio.h>
int main()
{
    char s[81],ch;
    int k,j=-1;
    scanf("%c",&ch);
    gets(s);
    for(k=0;_____ ;k++)
        if(_____){j=k;break; }
    printf("%d",j);
return 0;
}
```

(6) 下面程序功能是在 N 字符串中找出最小的。请填空。

```
#define N  3
#include <stdio.h>
#include <string.h>
int main()
{
    char s[20],st[N][20];
    int k;
    for(k=0;k<N;k++)  gets(_____);
    strcpy(s,st[0]);
    for(k=0; k<N ;k++)
        if(_____<0) strcpy(s,st[k]);
    printf("%s",s);
return 0;
}
```

3. 编程题

(1) 将一维数组进行循环移位。所谓循环移位是指将数组的第二个元素变成第一个元素，第三个元素变成第二个元素，以此类推，第一个元素变成最后一个元素。

(2) 编写程序，求方阵的行、列、斜对角元素之和。

(3) 编写程序，使给定的一个二维整型数组(3×3)转置，即行列互换。

(4) 编写程序，将两个字符串连接起来，不要调用 strcat 函数。

(5) 编写程序，实现 strcpy 函数的功能。

(6) 写一函数，使输入的一个字符串按反序存放，在主函数中输入和输出字符串。

(7) 写一函数，输入一行字符，将此字符串中最长的单词输出。

(8) 客户的电话号码记录如下：

姓名	电话号码
Joseph Louis Lagrangs	869245
Jean Robert Argand	900823
Carl Freidrich Gauss	806788
…	…

希望按字母顺序输出客户的名字，后面跟一个逗号和名字的首字母，例如：

Argand,J.R

提示：可以创建一个字符串表，每行表示一个客户的详细信息，例如：first_name、middle_namee、last_name 和 telephone_number。该列表按 last_name 进行排序。

(9) 某公司一共有 20 名销售人员，年终按销售人员的年销售额进行奖金的发放。编程实现：对 20 名销售人员的年销售额按由小到大排序。在主函数中完成每名销售人员年销售额的输入，调用排序函数，最后将排序后的结果进行输出。

(10) 某公司生成 5 种产品，每周记录生产的每种产品数量和销售数量。在每个月月末，公司将对其生产规划进行评估。该评估需要以下一个或多个信息：

① 每周生成和销售的数量；

② 所有生产产品的总量；

③ 所有销售产品的总量；

④ 每种产品生产和销售的总量。

假设生产和销售的产品分别用二维数组 M 和 S 表示，如下所示：

M

M11	M12	M13	M14	M15
M21	M22	M23	M24	M25
M31	M32	M33	M34	M35
M41	M42	M43	M44	M45

S

S11	S12	S13	S14	S15
S21	S22	S23	S24	S25
S31	S32	S33	S34	S35
S41	S42	S43	S44	S45

其中，M[i][j]表示第 i 周生产第 j 种产品的数量。S[i][j]表示第 i 周销售第 j 种产品的数量。假设使用一维数组 C 来表示每种产品的价格。其中，C[j]表示第 j 种产品的价格。数组 M、S 和 C 的值都在程序中输入。

C=	C1	C2	C3	C4	C5

定义两个二维数组 Mvalue 和 Svalue 来表示生产和销售的产品价值。输出变量的计算方式如下：

Mvalue[i][j]＝第 i 周生产第 j 种产品的价值＝M[i][j] * C[j]

Svalue[i][j]＝第 i 周销售第 j 种产品的价值＝S[i][j] * C[j]

$$\text{Mweek[i]}＝在 i 周里生产的产品价值＝\sum_{j=1}^{5}\text{Mvalue[i][j]}$$

$$\text{Sweek[i]}＝在 i 周里所有产品的产品价值＝\sum_{j=1}^{5}\text{Svalue[i][j]}$$

$$\text{Mproduct[j]}＝在本月里生成第 j 种的产品价值＝\sum_{i=1}^{4}\text{Mvalue[i][j]}$$

$$\text{Sproduct[j]}＝在本月里销售第 j 种产品的产品价值＝\sum_{i}^{4}\text{Svalue[i][j]}$$

$$\text{Mtotal}＝在本月里生成所有产品的产品总价值＝\sum_{i=1}^{4}\text{Mweek[i]}＝\sum_{j=1}^{5}\text{Mproduct[j]}$$

$$\text{Stotal}＝在本月里销售所有产品的产品总价值＝\sum_{i=1}^{4}\text{Sweek[i]}＝\sum_{j=1}^{5}\text{Sproduct[j]}$$

请编程实现数据的输入和输出。

第7章

指　针

指针是 C 语言的重要概念之一,它使 C 语言比其他程序设计语言更具特色。因此,掌握指针是深入理解 C 语言特性和掌握 C 语言编程技巧的重要环节,也是学习使用 C 语言的难点。正确而灵活地使用指针,可以有效地描述各种复杂的数据结构,能够方便地操作字符串,还可以自由地在函数之间传递各种类型的数据,使程序简洁、紧凑,执行效率高。

7.1　指针的基本概念

指针是 C 语言中的一个重要概念,也是 C 语言的一个重要特色。那么,什么是指针?指针与变量是什么关系? 通过指针如何引用变量? 本节介绍指针的概念、指针与变量的关系及通过指针如何引用变量。

7.1.1　地址与指针

什么是变量的地址? 变量的指针又是什么? 二者关系如何? 下面就来介绍有关地址和指针的概念。

1. 地址和内容

在程序中定义了变量后,编译程序就会根据变量的类型为定义的变量分配一定字节数的存储空间。一般把存储器中的一个字节称为一个内存单元,不同的数据类型所占用的内存单元数不等,假如整型变量占 2 个单元,字符变量占一个单元等。为了正确地访问这些内存单元,必须为每个内存单元编上号。根据内存单元的编号可以准确地找到该内存单元。内存单元的编号叫作内存单元地址。变量所占存储空间的第一个字节的地址(即所分配存储空间的全部地址编号中最小的一个)就称为该变量的地址。如果有变量定义:

```
int k;
k=5;
```

图 7-1　地址与内容

因为 k 是整型变量,假设编译程序给 k 分配两个字节单元。现假设系统将 2000,2001 字节单元分配给 k,k 的地址为 2000。内存分配情况如图 7-1 所示。

编译系统将变量 k 与地址 2000 联系起来,执行 k=5 时,实际上是将 5 的二进制存入 2000、2001 单元。

内存单元的地址和内存单元的内容是两个不同的概念。变量所对应的存储空间中存放的数据就称为存储单元的内容,也就是该变量的值。如在上例中,2000 为 k 的地址,5 为存放在变量 k 中的数据,即为 k 所对应存储单元中的内容。

2. 指针与指针变量

由于通过地址能找到所需的变量单元,可以说,地址就像指针一样指向该变量单元。因此在 C 语言中,将地址形象化地称为"指针"。因此,一个变量的地址称为该变量的"指针"。如上例中,地址 2000 是变量 k 的指针。通常把通过变量名或变量地址存取变量值的方式称为"直接访问"方式。

可以将变量的地址存放在另一个变量中,例如,将 k 的地址 2000 存放在另一个变量 kpointer 中。要访问 k,可以先访问变量 kpointer,得到 k 的地址 2000,再根据地址 2000 找到 k 所对应的存储单元中的值 5。这种把地址存放在一个变量中,然后通过先找出地址变量中的值(一个地址),再由此地址找到最终要访问变量的方法称为"间接访问"。变量 kpointer 中存放了变量 k 的地址,我们称 kpointer 指向了变量 k,箭头表示这种指向关系,如图 7-2 所示。

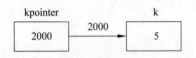

图 7-2　变量 k 与指针变量 kpointer 的关系

一个变量的指针就是该变量的地址。存放地址的变量,被称为指针变量,例如图 7-2 中的 kpointer 就是一个指针变量。从图 7-2 可以看到,指针变量 kpointer 指向了变量 k,在理解"指向"的时候,应该了解它指的是:变量 kpointer 中存有 k 的地址,通过该地址就能找到 k。

需要说明的是,指针变量是一种特殊的变量,它只能用来存放地址而不能用来存放其他类型(如整型、实型、字符型)的数据。

7.1.2　指针变量的定义

指针就是变量的地址。如果一个变量中存放的是指针,那么这个变量就叫指针变量。在使用一个指针变量之前,先要对其定义。指针变量定义的一般形式为:

基类型　＊指针变量名；

其中,基类型是任意有效的 C 语言数据类型,表示后面变量所指向变量的类型,变量名只要是合法的 C 标识符即可。例如:

```
int * kp;
char * cp;
float * fp;
```

kp 是指向整型数据的指针变量,即 kp 是一个存放整型变量地址的变量。cp 是指向字符型变量的指针变量,即 cp 是一个存放字符型变量地址的变量。fp 是指向实型变量的指针变量,即 fp 是一个存放实型变量地址的变量。

注意:

(1) 变量名前的"＊"表示该变量为指针变量。但指针变量名是 kp、cp、fp,而不是＊kp、＊cp、＊fp,这与以前所介绍的定义变量不同。

(2) 一个指针变量只能指向同一种类型的变量。如类型为 int 的指针变量 kp 不能在应用中指向一个实型变量。

（3）指针变量的定义只是声明了指针变量的名字和其所指向变量的数据类型，并没有说明指针变量究竟指向了哪里。

7.1.3　指针变量的引用

1. 指针变量有关的运算符

（1）& 运算符：称为取地址运算符。

（2）* 运算符：称为指针运算符，或指向运算符，也称为"间接访问"运算符。

例如，

```
int k, * kpointer;
kpointer=&k;
k=5;
* kpointer=5;
```

k 为整型变量，kpointer 为指针变量。语句"kpointer＝&k；"将 k 的地址赋给指针变量 kpointer，使得 kpointer 指向变量 k，如图 7-2 所示。* kpointer 表示 kpointer 所指向的变量，即 * kpointer 代表变量 k。语句"k＝5；"与"* kpointer＝5；"的作用相同：实现将 5 赋给变量 k。语句"k＝5；"直接访问变量 k，而语句"* kpointer＝5；"间接访问变量 k。

"&"和"*"两个算符优先级相同，运算顺序自右至左。如：

```
int a, * p; p=&a;
```

& * p 的含义是什么？根据运算顺序，先进行 * p 的运算，它就是变量 a，再执行 & 运算。因此，& * p 与 &a 相同，均为 a 的地址。

* &a 的含义是什么？根据运算顺序，先进行 &a 的运算，它就是变量 a 的地址，再执行 * 运算。因此，* &a 与 * p 的作用相同，均为变量 a。

＋＋，－－与"*"优先级相同，运算顺序自右至左。这样，* p1＋＋就相当于 * (p1＋＋)，先得到 p1 指向的变量的值（即 * p1），然后使指针变量 p1 的值改变，p1 就不再指向变量 a。

2. 指针变量的初始化

在定义指针变量的同时，赋给它初始值，称为指针变量的初始化。初始化的一般形式为：

类型名　* 指针变量名=初始地址值；

例如：

```
int a,b;
int * p1=&a, * p2=&b;
```

在定义指针变量 p1、p2 的同时将它们的值分别初始化为变量 a、b 的地址。这样就使得 p1 指向 a，p2 指向 b。指向关系如图 7-3 所示。

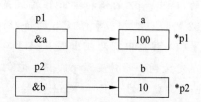

图 7-3　指针变量与其所指变量的关系

注意：指针变量未被初始化意味着指针变量的值是一个随机值，无法预知它会指向哪里。在不确定指针变量究竟指向哪里的情况下就对指针变量所指的内存单元进行写操作，将会给系统带来潜在的危险，严重时还会导致系统崩溃。

3. 指针变量的引用

在定义了一个指针变量之后就可以对该变量进行各种操作，例如给一个指针变量赋予一个地址值、输出一个指针变量的值、访问指针变量所指向的变量等。下面通过例子说明如何引用指针变量。

【例 7-1】 程序示例。

```
1 #include <stdio.h>
2 int main(void)
3 {
4     int a=100,b=10;
5     int * p1, * p2;
6     p1=&a;p2=&b;
7     printf("%x,%x\n",p1,p2);
8     printf("%d,%d\n",a,b);
9     printf("%d,%d\n", * p1, * p2);
10    return 0;
11 }
```

程序运行结果：

```
fff4,fff6
100,10
100,10
```

说明：

(1) 在程序第 5 行虽然定义了两个指针变量 p1 和 p2，但它们并未指向任何整型变量。只是提供两个指针变量，规定它们指向整型变量。至于指向哪一个整型变量，要在程序中用赋值语句建立指向关系。程序第 6 行的语句是将 a 和 b 的地址分别赋给 p1 和 p2，即建立指向关系。见图 7-3。此时 p1 的值为 a 的地址，p2 的值为 b 的地址。

(2) 程序第 7 行 printf 函数是以十六进制形式输出指针变量 p1 和 p2 的值，分别为 a、b 的地址，这里假设 a、b 的地址分别为 fff4、fff6。

(3) 程序第 9 行的 * p1 和 * p2 就是变量 a 和 b，因此输出 * p1 的值和输出 a 的值是等价的，输出 * p2 的值和输出 b 的值是等价的，修改 * p1 的值也就相当于修改 a 的值，修改 * p2 的值也就相当于修改 b 的值，因此最后两个 printf 函数作用是相同的。

(4) 程序中有两处出现 * p1 和 * p2，它们的含义是不同的。程序第 5 行的 * p1 和 * p2 表示定义两个指针变量 p1、p2。它们前面的"*"只是表示该变量是指针变量。程序第 9 行 printf 函数中的 * p1 和 * p2 则表示 p1、p2 所指向的变量，"*"为间接访问运算符。

请思考：程序第 6 行的语句能改写成" * p1 = &a;"和" * p2 = &b;"吗？请对照图 7-3 分析。

在例 7-1 的程序中增加修改 * p1 和 * p2 值的语句,程序如下:

```
1 #include <stdio.h>
2 int main(void)
3 {
4     int a=100,b=10;
5     int * p1, * p2;
6     p1=&a;
7     * p1=50; * p2=20;
8     printf("%x,%x\n",p1,p2);
9     printf("%d,%d\n",a,b);
10     printf("%d,%d\n", * p1, * p2);
11     return 0;
12 }
```

程序运行结果:

```
fff4,fff6
50,10
50,20
```

从程序运行结果可以看出, * p1 的值被修改了, * p1 就是变量 a,所以变量 a 的值也改变了。* p2 的值被修改了,而变量 b 的值并未改变,因为未让 p2 指向 b。使用未建立指向关系的指针变量的后果是:需要修改的变量未被修改,而不需要修改的内存单元中的内容却可能被意外地修改了,这就是前面提到的使用未建立指向关系的指针变量,对 p2 所指存储单元的修改是很危险的。

这个例子告诉我们使用指针必须恪守如下三条准则:

(1) 永远清楚每个指针变量指向了哪里;

(2) 永远清楚每个指针指向的变量的内容是什么;

(3) 永远不要使用未建立指向关系的指针变量。

7.1.4　指针变量作函数参数

指针变量作为函数参数,它的作用是将一个变量的地址传送到另一个函数中。

【例 7-2】　输入两个整数按由大到小的顺序输出。用函数实现两个变量内容互换。

```
1 #include <stdio.h>
2 void swap(int * p1,int * p2)
3 {
4     int p;
5     p= * p1;
6     * p1= * p2;
7     * p2=p;
8 }
9 int main(void)
10 {
```

```
11      int a,b, * pa, * pb;
12      scanf("%d%d",&a,&b);
13      pa=&a;
14      pb=&b;
15      if(a<b) swap(pa,pb);
16      printf("%d %d\n",a,b);
17      return 0;
18 }
```

程序运行结果：

5 8 <CR>
8 5

说明：swap 是用户定义的函数，它的作用是交换两个变量的值。swap 函数的两个形参 p1、p2 是指针变量。程序开始执行时，输入 a 和 b 的值(如输入 5 和 8)；然后将 a 和 b 的地址分别赋给指针变量 pa 和 pb，使 pa 指向 a，pb 指向 b，见图 7-4(a)。因为 a<b，调用函数 swap，调用函数时，将实参变量 pa、pb 的值传送给形参变量 p1 和 p2(采取的依然是"值传递"方式)。此时，pa、p1 都指向变量 a，pb、p2 都指向变量 b，见图 7-4(b)。接着执行 swap 函数的函数体，使 * p1 和 * p2 的值互换，也就是使 a 和 b 的值互换。互换后的情况见图 7-4(c)。函数调用结束后，形参 p1 和 p2 被释放，情况如图 7-4(d)所示。最后在 main 函数中输出 a 和 b 的值已是经过交换的值(a=8,b=5)。

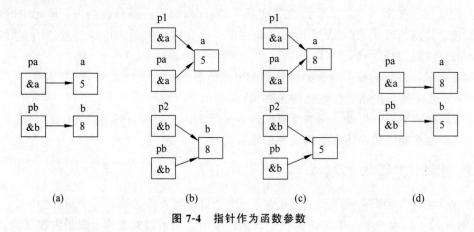

图 7-4 指针作为函数参数

如果将程序改写如下，会是什么结果呢？

```
1 #include <stdio.h>
2 void swap(int x,int y)
3 {
4      int p;
5      p=x;
6      x=y;
7      y=p;
8 }
```

```
 9 int main(void)
10 {
11     int a,b;
12     scanf("%d%d",&a,&b);
13     if(a<b) swap(a,b);
14     printf("%d %d\n",a,b);
15     return 0;
16 }
```

程序运行结果：

5 8 <CR>
5 8

这个函数与例 7-2 相似，唯一不同之处是：主调函数传送的是两个数据而不是指针，在函数 swap 中将两数互换。为什么结果与上例不同呢？因为函数调用是"单向传送"的"值传递"方式，形参值的改变无法传给实参。下面分析一下执行过程。调用 swap 前，各变量在内存中的情况如图 7-5(a)所示；调用 swap 时，将实参 a、b 的值传给形参 x、y，编译系统在内存中给 x、y 分配两个内存单元，分别存放 x、y 的值，如图 7-5(b)所示；接着执行 swap 的函数体，将 x、y 互换，变量在内存中的情况如图 7-5(c)所示，函数 swap 运行完毕返回主调函数时，变量 x、y 的内存被释放，变量 a、b 的内容并未因调用 swap 函数而被改变，各变量的情况如图 7-5(d)所示。

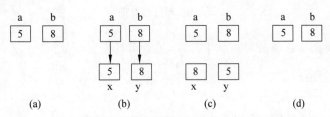

图 7-5　普通变量作为函数参数时实参与形参之间的数据传递

如果改写如下程序，是否可行呢？

```
 1 #include <stdio.h>
 2 void swap(int * p1,int * p2)
 3 {
 4     int * p;
 5     p=p1;
 6     p1=p2;
 7     p2=p;
 8 }
10 int main(void)
11 {
12     int a,b, * pa, * pb;
13     scanf("%d%d",&a,&b);
14     pa=&a; pb=&b;
15     if(a<b) swap(pa,pb);
```

```
16    printf("%d %d\n",a,b);
17    return 0;
18 }
```

实际上,这种方式也不行。下面分析一下程序的执行过程。调用函数 swap 前,各变量在内存中的情况如图 7-6(a)所示;调用函数 swap 时,实参变量 pa、pb 都将它们的值传给形参变量 p1、p2,这时,p1 和 pa 都指向变量 a,p2 和 pb 都指向变量 b,如图 7-6(b)所示;然后执行 swap 函数中的语句,将 p1 和 p2 的值互换,即交换了 p1、p2 的指向关系,如图 7-6(c)所示,但是并没有改变它们所指变量的值,即变量 a、b 的值没有交换。调用结束返回主调函数时,p1、p2 所占的内存被释放,pa、pb 的值也没有改变,各变量存储情况如图 7-6(d)所示。

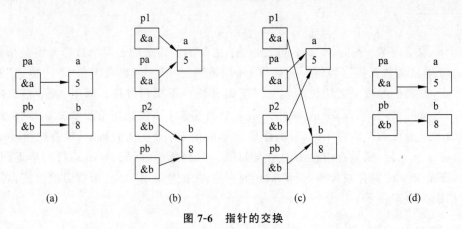

图 7-6　指针的交换

如果将上面的交换函数改写成如下程序,是否可行呢? 请分析。

```
1 #include <stdio.h>
2 void swap(int * p1,int * p2)
3 {
4    int * p;
5    * p= * p1;
6    * p1= * p2;
7    * p2= * p;
8 }
```

综合上述分析,不难看出,如果想通过函数调用得到多个要改变的值,比如 m 个,可先在主调函数中设 m 个变量,用 m 个指针变量指向它们,再用指针变量作实参,将这 m 个变量的地址传给形参,然后在调用函数中,通过形参指针变量改变这 m 个变量的值。主调函数中就可以使用这些改变了值的变量。

7.2　指针的运算

在前面的例题中,我们已经接触了一些指针变量的运算,本节将具体介绍指针变量在赋值、算术和关系运算等方面的内容。

7.2.1　指针的赋值运算

若有类型定义：

```
int a,b[5], * p1, * p2;
```

则一个指针变量可以通过以下赋值方式之一得到值：

（1）通过求地址运算符（&）获得变量的地址，并赋给指针变量。以下语句：

```
p1=&a;
```

把整型变量 a 的地址赋给了基类型为 int 的指针变量 p1，使得 p1 指向变量 a。

（2）将一维数组 b 的起始地址赋给指针变量 p1 时，因为一维数组名为该数组的首地址，所以只需执行语句：

```
p1=b;
```

这样，指针变量 p1 就指向了数组 b。但是，若要将数组 b 的某个元素的地址赋给 p1，即使 p1 指向数组的某一个元素，必须按照基本类型变量方式，用取地址"&"运算符：

```
p1=&b[2];
```

（3）可以把指针变量中的地址值赋给另一个指针变量，但它们的基类型必须相同。以下语句：

```
p2=p1;
```

把指针变量 p1 中的地址赋给基类型相同的另一个指针变量 p2，使得 p1、p2 指向同一个变量。

（4）可以调用 C 语言提供的库函数 malloc 和 calloc 得到一个内存单元的地址（详见第 8 章）。

（5）给指针变量赋 NULL 值（空指针）。所有指针变量都可以赋予"空"值。以下语句是等价的：

```
p1=NULL;   p1=0;   p1='\0';
```

当使用预定义符 NULL 时，必须在程序前面出现 ♯include "stdio.h"行，因为 NULL 在 stdio.h 文件中被定义，它代表 0。

说明：

- p1＝0；并不意味着把 0 地址放入指针变量中，仅表示指针变量 p1 中已有确定的值。
- 不可以用间接访问运算符"＊"去引用已赋 0 值的指针变量。例如，有"p1＝0;"则语句"＊p1＝10;"是错误的。
- 不能直接给指针变量赋一个整数。例如：

```
p1=0xffff;
```

以上赋值语句是错误的。

7.2.2　指针的算术运算

指针变量的算术运算是指指针变量值加或减一个整数的运算。也就是说,只能用算术运算符"+""−""++"和"−−"对指针进行加或减一个整数的处理,不允许对指针做乘法或除法运算,不允许对两个指针进行相加或移位运算。

1. 对指针变量值加或减一个整数的操作

指针变量与一个整数的加或减的操作实质上是一种地址运算。这里以一个指向数组变量的指针为例来说明该操作的应用。在下列语句中:

```
int a[5]={1,2,3,4,5}, * p;
p=a;
p++;
p+=3;
p--;
```

指针变量 p 指向数组 a 的第一个元素 a[0],这时 * p 的值是 1。若指针变量 p 加 1,则 p 指向数组的下一个元素 a[1],这时 * p 的值是 2。指针变量 p 再加 3,则 p 指向数组的第 5 个元素 a[4],这时 * p 的值是 5。接着指针变量 p 减 1,则 p 指向数组的上一个元素 a[3],这时 * p 的值是 4。即指针每递增一次,就指向后一个数组元素的内存单元,指针每递减一次,就指向前一个数组元素的内存单元。

由于指针变量所指向的对象可以定义成不同类型的数据,指针所指向对象所需内存的字节数不尽相同,在指针变量加或减一个整数的运算时,地址的实际变化值也就有所不同。在 TC 编译环境中,由于一个字符型变量占用 1 字节,指向它的指针变量加或减 1 时,地址也加或减 1;一个整型变量占用 2 字节,一个指向它的指针变量加或减 1 时,地址加或减 2;一个单精度的实型变量占用 4 字节,一个指向它的指针变量加或减 1 时,地址加或减 4。

2. 两个指针变量相减

两个指针变量只有在一定条件下才可以做减法运算。这个条件就是:这两个指针变量指向同一个数组中的元素。如果 p1 和 p2 为指向同一数组中元素的指针,假设 p1 中存放的地址大于 p2 中存放的地址,则 p1−p2 就表示这两个指针指向元素之间元素的个数。

7.2.3　指针的关系运算

用关系运算符对两个指针变量进行比较也只有在它们都指向同一个数组中元素的情况下方可进行,不允许对指向不同数组的元素的指针变量进行任何一种类型的比较。假设 p1、p2 是指向同一数组中元素的指针变量,若 p1 所指向的数组元素在 p2 指向的元素前时,表达式"p1<p2"的值为 1(真),否则为 0(假)。当 p1、p2 指向数组的同一元素时,表达式"p1==p2"为 1(真),否则为 0(假)。

【例 7-3】　求数组 a 中 10 个元素之和。

```
1 int main()
```

```
2 { int a[10],s, * p, * q;
3     for(p=a+9,q=a;p>=q;p--)      /*指针变量 p 指向 a[9], 指针变量 q 指向 a[0] */
4         scanf("%d",p);           /*通过 p 的变化, 依次输入 a[9]至 a[0]的元素值 */
5     q=a+9; p=a;                  /*指针变量 q 指向 a[9], 指针变量 p 指向 a[0] */
6     s=0;
7     while(p<=q)
8     {s+= * p;
9         ++p;                     /*使 p 指向下一元素 */
10     }
11     printf("sum=%d\n",s);
12 }
```

程序运行结果：

1 2 3 4 5 6 7 8 9 10<CR>
sum=55

7.3　指针与数组

7.3.1　指针和一维数组

指针变量既可以指向单个变量,也可以指向一维数组和数组元素。一维数组的指针是数组的起始地址。一维数组中某个元素的指针是指该数组元素的地址。

1. 指向一维数组元素的指针变量的定义与赋值

在 C 语言中,一维数组名代表了该数组的起始地址。

例如,有如下定义

```
int a[10], * p;
p=a;
```

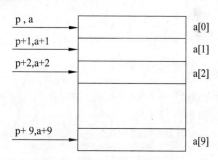

这样,就把数组 a 的首地址赋给了指针变量 p,即 p 指向数组 a 的第一个元素,如图 7-7 所示。

2. 通过指针引用一维数组元素

在图 7-7 建立的指向关系下,执行语句：

图 7-7　指针和数组的关系

```
* p=1;
```

则表示对 p 当前所指向的数组元素 a[0]赋值为 1。在介绍指针的算术运算时,曾指出指针每递增一次,就指向后一个数组元素的内存单元;指针每递减一次,就指向前一个数组元素的内存单元。所以 p+1 所指向的数组元素是 a[1],因此

```
* (p+1)=2;
```

则表示对 p+1 所指向的数组元素 a[1]赋值为 2。

因数组名代表其首地址,所以 a+1 代表的也是地址,它的计算方法与 p+1 相同,即遵照所指向对象的不同,在加一个整数运算时,地址的实际变化值也不相同的原则进行。如果 p 指向数组 a 的 0 元素,则 p+i、a+i 就是 a[i] 的地址,或者说,它们指向数组的第 i 个元素。这样,*(p+i)、*(a+i) 就是 a[i]。因此,对数组元素 a[i] 的引用可以用如下两个方法:

① 下标法,如 a[i] 或 p[i]。

② 指针法,如 *(p+i) 或 *(a+i)。

【例 7-4】 输出数组全部元素。

```
1 #include <stdio.h>
2 int main(void)
3 {
4     int a[10]={0,1,2,3,4,5,6,7,8,9}, * p,i;
5     for(i=0;i<10;i++)
6         printf("%d ",a[i]);
7     printf("\n");
8     for(i=0;i<10;i++)
9         printf("%d ", * (a+i));
10    printf("\n");
11    for(i=0,p=a;i<10;i++)
12        printf("%d ", * (p+i));
13    printf("\n");
14    for(i=0,p=a;i<10;i++)
15        printf("%d ",p[i]);
16    printf("\n");
17    for(i=0,p=a;i<10;i++,p++)
18        printf("%d ", * p);
19    return 0;
20 }
```

程序运行结果:

```
0 1 2 3 4 5 6 7 8 9
0 1 2 3 4 5 6 7 8 9
0 1 2 3 4 5 6 7 8 9
0 1 2 3 4 5 6 7 8 9
0 1 2 3 4 5 6 7 8 9
```

可以看出程序中 5 个 for 语句的输出结果是相同的。

这里要注意下面几个问题:

(1) 由于一维数组被定义后,其起始地址也就被确定了,所以数组名实际上是一个指针常量,即不允许改变数组首地址。如果程序中有如下语句:

```
a++;
```

或

```
a=a+i;
```

是不合法的。

（2）在通过指针引用数组元素时，要注意指针变量的当前值。请看下面的程序。

【例 7-5】 读程序，注意指针变量的当前值。

```
 1 #include <stdio.h>
 2 int main(void)
 3 {
 4     int a[5], * p=a,i;
 5     for(i=0;i<5;i++)
 6         scanf("%d",p++);
 7     for(i=0;i<5;i++,p++)
 8         printf("%d ", * p);
 9     return 0;
10 }
```

程序运行结果：

1 2 3 4 5<CR>
0 0 0 0 0

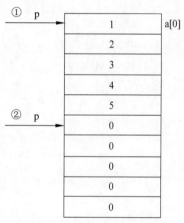

图 7-8　指针变量的当前值

显然，输出的数并不是输入到数组中的各元素的值。

这是因为指针变量的初始值为 a 数组首地址（见图 7-8 中的①），在执行完第一个 for 循环后，p 已指向 a 数组的末尾，因此在执行第二个 for 循环时，p 的值已不再是 a 数组的首地址，而是指向 a 数组下面的元素，如图 7-8 中②所示。在图 7-8 的存储表示下，输出全为 0。如果要让第二个 for 循环输出数组各元素的值，在第二个 for 循环之前，应使指针 p 指向数组的首地址，即加上一语句：

p=a;

（3）注意指针变量的运算。

若有类型定义

int a[10]={0,1,2,3,4,5,6,7,8,9}, * p=a,i;

p++，使 p 指向下一元素，即 a[1]。若再执行 * p，则取 a[1]的值。

* p++，由于++和 * 同优先级，结合方向为自右而左，因此它等价于 * (p++)。作用是先得到 p 指向的变量的值（即 * p），然后再使 p 的值增 1。

* p++与 * ++p 作用不同。前者是先取 * p 值，后使 p 加 1。后者是先使 p 加 1，再取 * p。若 p 初值为 &a[0]，输出 * p++时，得 a[0]的值，而输出 * ++p，则得到 a[1]的值。

(* p)++表示 p 所指向的元素加 1，而不是指针加 1。

如果 p 当前指向 a 数组中第 i 个元素，则：

* (p——)相当于 a[i——]，先取 * p 的值，即 a[i]，再使 p 自减。

　*(＋＋p)相当于 a[＋＋i],先使 p 自加,再作 * 运算,即为 a[i＋1]。

　*(－ －p)相当于 a[－ －i],先使 p 自减,再作 * 运算,即为 a[i－1]。

3.一维数组名作函数参数

一维数组名代表数组起始地址,用一维数组名作参数传送的是地址(将一维数组起始地址传递给被调用函数的形参)。对应的形参定义为同类型的一维数组或同类型的指针变量。实际上,C 编译系统都是将形参数组作为指针变量来处理的。请看下面的例子。

【例 7-6】 将数组 a 中 n 个整数按相反顺序存放。

```
1 #include <stdio.h>
2 void inv(int x[],int n)
3 {
4     int t,i,j;
5     for(i=0,j=n-1;i<j;i++,j--)
6     {
7         t=x[i];x[i]=x[j];x[j]=t;
8     }
9 }
10 int main(void)
11 {
12     int i,a[10]={0,1,2,3,4,5,6,7,8,9};
13     inv(a,10);
14     for(i=0;i<10;i++)
15         printf("%d",a[i]);
16     return 0;
17 }
```

在编译时是将 x 按指针变量处理,相当于将函数 inv 的首部写成 void inv(int * x,int n),在调用该函数时,系统会给形参指针变量 x 分配相应存储单元,用来存放从主调函数传

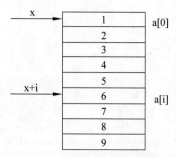

图 7-9　数组指针作函数参数

递过来的实参数组首地址,使得 x 指向 a[0],如图 7-9 所示。x+i 就是 a[i]的地址,*(x+i)等价于 *(a+i)即 a[i],所以 x[i]等价于 a[i]。对 x 指向变量的一切操作,均是在数组 a 相应元素上的操作。在调用函数期间,如果改变了形参指针变量所指向变量的值,也就是改变了实参数组中对应元素的值。因此,上述程序执行的结果使得 a 数组的数据反序存放。

归纳起来,如果有一个实参数组,想在函数中改变此数组元素的值,实参与形参对应关系有如下 4 种情况:

(1) 形参和实参都用数组名。

参见例 7-6。

(2) 实参用数组名,形参用指针变量。

```
1 #include <stdio.h>
```

```
 2 void inv(int * x,int n)
 3 {
 4     int t,i,j;
 5     for(i=0,j=n-1;i<j;i++,j--)
 6     {
 7         t= * (x+i); * (x+i)= * (x+j); * (x+j)=t;
 8     }
 9 }
10 int main(void)
11 {
12     int i,a[10]={0,1,2,3,4,5,6,7,8,9};
13     inv(a,10);
14     for(i=0;i<10;i++)
15         printf("%d ",a[i]);
16     return 0;
17 }
```

(3) 实参和形参都用指针变量。

```
 1 #include <stdio.h>
 2 void inv(int * x,int n)
 3 {
 4     int t,i,j;
 5     for(i=0,j=n-1;i<j;i++,j--)
 6     {
 7         t= * (x+i); * (x+i)= * (x+j); * (x+j)=t;
 8     }
 9 }
10 int main(void)
11 {
12     int i,a[10]={0,1,2,3,4,5,6,7,8,9}, * p=a;
13     inv(p,10);
14     for(i=0;i<10;i++)
15         printf("%d ",a[i]);
16     return 0;
17 }
```

(4) 实参为指针变量,形参为数组名。

```
 1 #include <stdio.h>
 2 void inv(int x[],int n)
 3 {
 4     int t,i,j;
 5     for(i=0,j=n-1;i<j;i++,j--)
 6     {
 7         t= * (x+i); * (x+i)= * (x+j); * (x+j)=t;
 8     }
```

```
 9 }
10 int main(void)
11 {
12     int i,a[10]={0,1,2,3,4,5,6,7,8,9}, * p=a;
13     inv(p,10);
14     for(i=0;i<10;i++)
15         printf("%d ",a[i]);
16     return 0;
17 }
```

以上 4 个程序运行结果是一样的。上述 4 种方法实质上都是地址的传送,其中(1)、(4)两种方法只是形式上不同,实际上形参都被解释成指针变量。

通过上面例子可以看出:采用一维数组名作参数传递数据时,被调函数 inv()中对应的形参可以用以下三种形式之一说明。

- inv(int b[10])
- inv(int b[ ])
- inv(int * b)

【例 7-7】 已知某书店 M 种图书的库存数量,统计库存量小于 5 的图书,并输出其相应的序号。要求编写一个函数求库存量小于 5 的图书共有几种及其序号。

```
 1 #define M 10
 2 #define N 5
 3 #include <stdio.h>
 4 int main()
 5 {
 6     int sub(int * a,int * b);  /*声明被调函数 */
 7     int a[M],i,b[M],k;         /* b[M]用于存放小于 5 的序号,k存放小于 5 的种类 */
 8     for(i=0;i<M;i++)
 9         scanf("%d",&a[i]);
10     k=sub(a,b);
11     printf("小于 5 的图书种类:%d\n",k);
12     printf("小于 5 的图书序号");
13     for(i=0;i<k;i++)
14         printf("%d ",b[i]);
15     return 0;
16 }
17 int sub(int * a,int * b)        /* 定义 sub 函数 */
18 { int i,j;
19     for(i=0,j=0;i<M;i++)
20         if(a[i]<N)
22         { b[j]=i; j++;}
23     return j;
24 }
```

7.3.2　指针与字符串

通过数组一章的学习,我们知道字符串是存放在一维字符数组中的。为了对字符串进行处理,先把字符串存入一维字符数组中,再对该字符数组进行操作。也可以使用字符指针来处理字符串,用字符指针处理字符串时,将字符串首字符的地址赋给字符型指针变量,即让指针指向字符串,再通过指针对该字符串进行操作。由于字符串是存放在一维字符数组中的,指向字符串的字符指针与 7.3.1 节一维数组指针性质完全相同。

1. 指向字符串的指针

类型为 char 的指针可用于指向字符变量,因而被称为字符指针。字符指针是 C 语言中最常用的指针类型之一,因为几乎所有的字符串操作都是通过字符指针来实现的。

【例 7-8】　初始化字符指针变量,并通过该指针变量访问字符串。

```
1 #include <stdio.h>
2 int main(void)
3 {
4     char * str="C Language";
5     printf("%s\n",str);
6     return 0;
7 }
```

char * str="C Language";

等价于下面两行:

```
char * str;
str="C Language";
```

str 被定义为指向字符型数据的指针变量,然后把字符串常量"C Language"的首地址赋给指针变量 str,并不是将字符串存放到 str 中,与下面的语句不同:

```
char * str;
* str="C Language";
```

对字符串中字符的存取,可以用下标法,也可以用指针方法。实现方法和 7.3.1 节访问一维数组的方法相同。

【例 7-9】　将字符串 a 复制到字符串 b。

```
1 #include <stdio.h>
2 int main(void)
3 {
4     char a[]="How do you do?",b[20];
5     int i;
6     for(i=0; * (a+i)!='\0';i++)
7         * (b+i)= * (a+i);
8     * (b+i)='\0';
9     for(i=0;b[i]!='\0';i++)
```

```
10        printf("%c",b[i]);
11    return 0;
12 }
```

程序运行结果：

How do you do?

【例 7-10】 用移动指针的方法将字符数组 a 复制到字符数组 b 中。

```
1 #include <stdio.h>
2 int main(void)
3 {
4     char a[]="I am a boy.",b[20],* p1,* p2;
5     int i;
6     p1=a; p2=b;
7     for(; * p1!='\0';p1++,p2++)
8         * p2= * p1;
9     * p2='\0';
10    for(i=0; * (b+i)!='\0';i++)
11        printf("%c", * (b+i));
12    return 0;
13 }
```

程序运行结果：

I am a boy.

2. 字符串指针作函数参数

用字符串指针作函数参数，其原理与前面介绍的用一维数组指针作函数参数一样，即在被调用函数中可以改变字符串的内容，在主调函数中可以得到改变了的字符串。

（1）形参用字符数组

【例 7-11】 用函数调用实现字符串的复制。

```
1 #include <stdio.h>
2 void copystr(char from[],char to[])
3 {
4     int i=0;
5     while(from[i]!='\0')
6     {
7         to[i]=from[i]; i++;
8     }
9     to[i]='\0';
10 }
11 int main(void)
12 {
13     char a[]="I am a teacher.";
```

```
14    char b[]="you are a student.";
15    printf("string_a=%s\nstring_b=%s\n",a,b);
16    copystr(a,b);
17    printf("string_a=%s\nstring_b=%s\n",a,b);
18    return 0;
19 }
```

程序运行结果：

string_a=I am a teacher.
string_b=you are a student.
string_a=I am a teacher.
string_b=I am a teacher.

a、b 是字符数组,初值如图 7-10(a)所示。copystr 函数的作用是将 from[i]赋给 to[i],直到 from[i]的值为'\0'为止。在调用 copystr 函数时,将 a 和 b 的首地址分别传递给形参数组 from 和 to。因此 from[i]和 a[i]是同一个单元,to[i]和 b[i]是同一个单元。程序执行完以后,b 数组的内容如图 7-10(b)所示。可以看到,由于 b 数组原来的长度大于 a 数组,因此在将 a 数组复制到 b 数组后,未能全部覆盖 b 数组原来的内容。b 数组最后 3 个元素仍保留原状。在输出 b 时由于按%s 格式输出,遇'\0'即告结束,因此第一个'\0'后的字符不输出。如果不采用%s 格式输出而用%c 逐个字符输出是可以输出后面这些字符的。

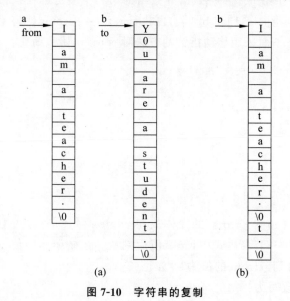

(a)　　　　　　　　　(b)

图 7-10　字符串的复制

（2）形参用字符指针变量

被调函数的形参可以不定义成字符数组,而定义字符型指针变量。形参用字符型指针变量改写例 7-11。

```
1 #include <stdio.h>
2 void copystr(char * from,char * to)
3 {
```

```
 4      int i=0;
 5      while(*(from+i)!='\0')
 6      {
 7          *(to+i)=*(from+i); i++;
 8      }
 9      *(to+i)='\0';
10 }
11 int main(void)
12 {
13      char a[ ]="I am a teacher.";
14      char b[ ]="you are a student.";
15      printf("string_a=%s\nstring_b=%s\n",a,b);
16      copystr(a,b);
17      printf("string_a=%s\nstring_b=%s\n",a,b);
18      return 0;
19 }
```

与上面程序运行结果相同。

形参 from 和 to 是字符指针变量。在调用 copystr 函数时,将数组 a 的首地址传递给 from,把数组 b 的首地址传给 to。在函数 copystr 的 for 循环中,每次将 *from 赋给 *to, 第一次就是将 a 数组中第一个字符赋给 b 数组的第一个字符。在执行 from++和 to++ 以后,from 和 to 分别指向 a[1]和 b[1]。再执行 *t0=*from,就将 a[1]赋给 b[1],……, 最后将'\0'赋给 *to。下面采用移动指针的方法对 copystr 函数简化:

```
1 void copystr(char *from,char *to)
2 {
3      while((*to=*from)!='\0')
4      {
5          from++;
6          to++;
7      }
8 }
```

在本程序中将"*to=*from"的操作放在 while 语句的表达式中,把赋值运算的判断 是否为'\0'的运算放在一个表达式中,先赋值后判断。在循环体中使 to 和 from 增值,指向 下一个元素,……,直到 *from 的值为'\0'为止。

copystr 函数可改写为:

```
void copystr(char *from,char *to)
{
    while((*to++=*from++)!='\0');
}
```

把上面程序的 to++和 from++运算与 *to=*from 合并,它的执行过程是:先将 *from 赋给 *to,然后使 to 和 from 增值。

copystr 函数改写为:

```
void copystr(char * from,char * to)
{
    while( * to++= * from++);
}
```

将 * from 赋给 * to,如果赋值后 * to 的值等于'\0',则循环终止。

copystr 函数可用 for 循环实现:

```
void copystr(char * from,char * to)
{
    for( ; * to= * from ; from++,to++);
}
```

或

```
void copystr(char * from,char * to)
{
    for(; * to++= * from++;);
}
```

3. 字符指针变量和字符数组的异同

在 C 语言中,字符数组可以处理字符串,字符指针变量也可以用来处理字符串。下面对它们进行比较:

(1) 字符数组由若干个元素组成,每个元素中放一个字符,而字符指针变量中存放的是地址。例如:

```
char s1[]="I love China";
char * s2="I love China";
```

字符数组 s1 在内存中占用了一块连续的存储单元,有确定的地址,每个数组元素存放字符串的一个字符。字符指针 s2 只占用一个可以存放地址的内存单元,用来存放字符串首字符的地址,而不是将字符串存放到字符指针变量中(如图 7-11 所示)。

(2) 赋值方式:初始化除外,字符数组不能用以下方法整体赋值。

```
char str[14];
str="I love China";
```

s1 | I love China\0

s2 |→ I love China\0

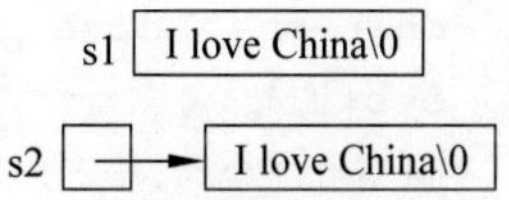

图 7-11 字符数组和字符指针的区别

而字符指针变量,可以采用下面方法赋值:

```
char * a;
a="I love China";
```

(3) 对字符指针初始化。

```
char * a="I love China";
```

等价于

```
char * a;
a="I love China";
```

(4) 如果定义了一个字符数组,在编译时为它分配内存单元,它有确定的地址。而定义一个字符指针变量时,给指针变量分配内存单元,在其中可以放一个地址。也就是说,该指针变量可以指向一个字符型数据,但如果未对它赋予一个地址,则它并未具体指向一个确定的字符数据,此时引用它所指向的变量,可能造成不可预料的后果:因为这时指针有可能指向空白存储区,程序可正常运行,但也有可能指向已存放指令或数据的内存段,此时修改其中的数据就会破坏程序或影响系统的正常运行。请看下面两个程序段:

```
① char st[10];
   scanf("%s",st);
② char * s;
   scanf("%s",s);
```

程序段①是定义一个字符数组,然后输入值,是可以正确执行的。程序段②由于 s 无所指,即 s 的值是不确定的,在 s 值不确定的情况下使用 s,可能导致上面所说的问题。应改成如下方法:

```
char a[20], * s;
s=a;
scanf("%s",s);
```

先使 s 有确定的值,也就是使 s 指向一个数组的开头,然后输入一个字符串,把该字符串存放在以数组首地址开始的若干单元中。

(5) 指针变量的值是可以改变的,而字符数组一旦定义,数组名为常量地址,其值不能改变。

【例 7-12】 修改指针变量的示例。

```
1 #include <stdio.h>
2 int main(void)
3 {
4     char * b="I love China.";
5     b=b+7;
6     printf("%s",b);
7     return 0;
8 }
```

程序运行结果:

```
China.
```

指针变量 b 的值可以变化,输出字符串时从当时所指向的单元开始输出各个字符,直到遇到'\0'为止。而数组名虽然代表地址,但它的值是不能改变的。下面程序对数组名修改是错误的:

```
1 #include <stdio.h>
```

```
2 int main(void)
3 {
4     char st[]="I love China.";
5     st=st+7;
6     printf("%s",st);
7     return 0;
8 }
```

7.3.3　指针和二维数组

用指针变量可以指向一维数组,也可以指向多维数组。本节主要介绍二维数组的指针及应用。

1. 二维数组的地址及其表示

通过数组章节的学习,我们已经知道 C 语言将二维数组看作一维数组,一维数组的每一个元素又是一个一维数组。对于类型定义:int a[3][4];,可以这样理解 a 数组:a 是一个数组名,包含三个元素:a[0]、a[1]、a[2]。而每个元素又是一个包含 4 个整型变量的一维数组,例如,a[0]所代表的一维数组所包含的 4 个元素分别是:a[0][0]、a[0][1]、a[0][2]、a[0][3]。二维数组 a 中的地址与元素的关系如图 7-12 所示。

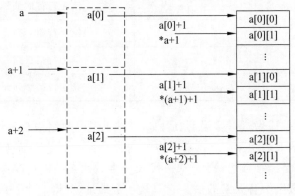

图 7-12　二维数组 a 中的地址与元素的关系

从二维数组的角度来看,a 代表整个二维数组的首地址,也就是第 0 行的首地址。a+1 代表第 1 行的首地址,即 a+1 是 a[1]的地址。注意:表达式 a+1 中的数字 1 代表的是一个包含 4 个整型变量的一维数组所占的存储单元的字节数,即二维数组的一行所占的字节数。

a[0]、a[1]、a[2]是一维数组名,而 C 语言规定数组名代表数组的首地址,因此 a[0]代表第 0 行一维数组中第 0 列元素的地址,即 &a[0][0]。同样地,a[1]的值为 &a[1][0];a[2]的值即为 &a[2][0]。那么,第 0 行第 1 列元素的地址就可以用 a[0]+1 来表示,同样地,第 1 行第 1 列元素的地址就可以用 a[1]+1 来表示。注意:a[i]+1(i=0、1、2)中的数字 1 代表的是一个整型变量所占的存储单元的字节数。

从前面的学习中知道:a[0]与 *(a+0)等价,a[1]和 *(a+1)等价,a[i]与 *(a+i)等

价。因此,a[0]+1 和 *(a+0)+1 的值都是 &a[0][1]。a[1]+2 和 *(a+1)+2 的值都是 a[1][2]的地址,即 &a[1][2]。

根据以上讨论可知,*(a+1)、a[1]与 a+1 的值是相同的,但它们的意义是不同的。*(a+1)、a[1]代表第 1 行第 0 列的地址,而 a+1 是 1 行的首地址。这样,*(a+1)+1、a[1]+1 代表第 1 行第 1 列的地址,较 *(a+1),a[1]下移了一个存储单元;而 a+1+1 则是 2 行的首地址,较 a+1 下移了一行,本例为 2×4=8 个字节单元。

可以看出,a、a+1、a+2 为每一行的首地址,我们称它们为行指针。*(a+i)(即 a[i])、*(a+i)+j(即 a[i]+j)(i=0、1、2,j=0、1、2、3)表示元素 a[i][j]的地址,我们称它们为列指针。

知道了某行某列的地址,引用该列的元素就简单了,除了下标法外,还可以用指针法表示,例如,第 0 行第 1 列元素的值可用 a[0][1]或 *(a[0]+1)或 *(*(a+0)+1)表示,见表 7-1。

表 7-1　二维数组元素地址的表示形式

表 示 形 式	含 义
a	二维数组名,第 0 行首地址
*(a+0),a[0],*a	第 0 行第 0 列元素地址
a+1	第 1 行首地址
*(a+1),a[1]	第 1 行第 0 列元素地址
*(a+1)+2,a[1]+2,&a[1][2]	第 1 行第 2 列元素地址
((a+1)+2),*(a[1]+2),a[1][2]	第 1 行第 2 列元素的值

有必要对 a[i]的性质做进一步说明,a[i]从形式上是 a 数组中第 i 个元素。如果 a 是一维数组名,则 a[i]代表 a 数组第 i 个元素所占的内存单元。a[i]是有物理地址的,是占内存单元的。但是如果 a 是二维数组,则 a[i]是代表一维数组名。a[i]本身并不占实际的内存单元,它也不存放 a 数组中各元素的值。它只是一个地址(如同一个一维数组名不占内存单元只代表地址一样)。为更好地理解行指针和列指针(元素指针),请分析下面程序的输出结果。

【例 7-13】　输出二维数组有关的值。

```
1 #include <stdio.h>
2 int main(void)
3 {
4     int a[3][4]={1,2,3,4,5,6,7,8,9,10,11,12};
5     printf("%x,%x\n",a, * a);
6     printf("%x,%x\n",a[0], * (a+0));
7     printf("%x,%x\n",&a[0],&a[0][0]);
8     printf("%x,%x\n",a[1],a+1);
9     printf("%x,%x\n",&a[1][0], * (a+1)+0);
10    printf("%x,%x\n",a[2], * (a+2));
```

```
11     printf("%x,%x\n",&a[2],a+2);
12     printf("%d,%d\n",a[1][0], * ( * (a+1)+0));
13     return 0;
14 }
```

若 a[0][0]的地址为 ffde,则程序运行结果如下:

```
ffde,ffde
ffde,ffde
ffde,ffde
ffe6,ffe6
ffe6,ffe6
ffee,ffee
ffee,ffee
5,5
```

2. 通过二维数组的列指针和行指针引用二维数组的元素

(1) 用列指针引用二维数组元素。列指针实际上就是指向二维数组元素的指针。这种指针的定义与一般指针的定义方法相同,指针的基类型与二维数组元素的类型相同。请看下面的例子。

【例 7-14】　用指向元素的指针输出二维数组元素的值。

```
1 #include <stdio.h>
2 int main(void)
3 {
4     int a[3][4]={1,2,3,4,5,6,7,8,9,10,11,12};
5     int * p;
6     for(p=a[0];p<a[0]+12;p++)
7         printf("%d,", * p);
8     return 0;
9 }
```

程序运行结果:

1,2,3,4,5,6,7,8,9,10,11,12,

在第 6 章数组一章我们学过:多维数组在内存中是按行连续存放的,为了能够通过 p 引用二维数组 a 的元素,将 a 数组看成一个由 3×4 个元素组成的一维数组。数组 a 在内存中的存储如图 7-13 所示。程序在执行 for 语句时,首先将 a[0]即 &a[0][0]赋给指针变量 p,这样 p 就指向 a 的第一个元素 a[0][0],如图 7-13 中的①;执行 printf 函数,输出 a[0][0]的值;执行 p++,使得 p 指向 a[0][1],如图 7-13 中的②。每执行一次 p++,p 指向下一个元素,然后输出该元素的值。for 语句循环结束,也就输出了所有元素的值。

图 7-13　用指向元素的指针访问二维数组元素

注意：

- 语句"p＝a[0];"和"p＝&a[0][0];"、" p＝＊a"等价。
- 由于 p 是指向元素的指针，所以 p 的基类型要和 a 数组元素的类型一致。因此，二维数组名 a 不能赋给 p，即语句"p＝a;"概念上是错误的。因为对二维数组来说，数组名 a 指向 a[0]，而 a[0]又指向 a[0][0]，即 a[0]才是指向元素的指针。a 是指向第 0 行的行指针。

在例 7-14 中是通过改变 p 的指向关系，依次访问二维数组 a 的所有元素。如果将指向元素的指针变量 p 指向 a[0][0]，不改变 p 的指向关系，如何通过 p 引用二维数组 a[i][j]元素呢？由于指针变量 p 指向 a[0][0]，而从数组的第 0 行 0 列元素到数组的第 i 行 j 列元素，中间需要跳过 i＊4＋j 个元素，因此，p＋i＊4＋j 代表 a 数组 i 行 j 列元素的地址，即 & a[i][j]，＊(p＋i＊4＋j)或 p[i＊4＋j]都表示 a[i][j]的元素。请通过这种方式改写例 7-14。

注意： 不能用 p[i][j]来表示二维数组 a 的元素，这是因为此时并未将 a 数组看成二维数组，而是将二维数组看成了一维数组。

(2) 用行指针引用二数组元素。

定义的一般形式：

数据类型 (＊指针变量名) [常量表达式]

例：

int a[3][4],(＊p)[4];

含义：指针变量 p 是指向包含 4 个元素的一维整型数组的指针变量，int 表示行指针所指向一维数组元素的类型，[]中的 4 表示行指针所指向的一维数组的长度，它是不可省略的。

注意： 指针变量 p 不是指向 int 型数据的指针，而是指向 4 个 int 型数据所组成的一维数组。指针变量 p 如果增 1，即 p＋1 中的数字 1 代表的是一个包含 4 个整型变量的一维数组所占的存储单元的字节数。因此，p 和二维数组名 a 性质相同，为同类型的指针。如果 p 指向 a[0](即 p＝a 或 p＝&a[0])，则 p＋1 不是指向 a[0][1]，而是指向 a[1]，p 的增值以定义 p 时"常量表达式"的值为单位。本例中该常量表达式的值为 4，基类型为 int，所以，p＋1 相当于 p＋2＊4。因为 p 的初值为 & a[0]，所以 p＋1 指向 a 数组的第 1 行，即为 a[1]的地址。指向关系如图 7-14 所示。

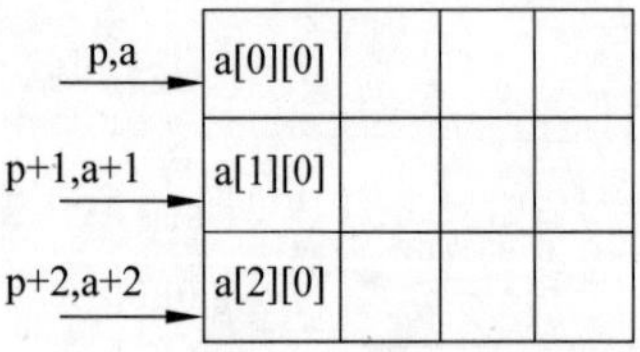

图 7-14   行指针与元素的关系系

【例 7-15】 用行指针输出二维数组元素值。

```
1 #include <stdio.h>
2 int main(void)
3 {
4     int a[3][4]={1,2,3,4,5,6,7,8,9,10,11,12};
5     int (＊p)[4],i,j;
6     p=a;
7     for(i=0;i<3;i++)
8         for(j=0;j<4;j++)
```

```
9        printf("%d,", * ( * (p+i)+j));
10    return 0;
11 }
```

程序运行结果:

1,2,3,4,5,6,7,8,9,10,11,12,

(3) 二维数组的指针作函数参数。一维数组的地址可以作为函数参数传递,二维数组的地址也可以作函数参数传递。二维数组的地址作参数时要区分:是二维数组元素的指针,还是指向某一行的行指针作参数。如果是前者,形参应定义成指向元素的指针变量;如果是第二种情况,形参应定义成指向一维数组的指针,函数形参定义可以有三种形式,假设被调函数为 sub(),被调函数 sub 中对应的形参可以用以下三种形式之一说明(以 3 行 4 列的二维数组为例):

- sub(int b[3][4])
- sub(int b[][4])
- sub(int (* b)[4])

【例 7-16】 编写函数求整型二维数组中值最大的元素及其所在的行号与列号。

方法一: sub 函数中用指向元素的指针实现求最大元素的值及其所在的行号与列号。

```
1 #include <stdio.h>
2 #define N 3
3 #define M 4
4 void sub(int a[N][M],int * b)
5 {
6     int i,j;
7     int *p;                      /*定义指向元素的指针*/
8     p=*a;                        /*p指向二维数组0行0列的元素*/
9     *b=*p; * (b+1)=0; * (b+2)=0;  /*假设0行0列元素为最大值*/
10    for(i=0;i<N;i++)
11    for(j=0;j<M;j++)
12       { if(*b<*p)
13          {*b=*p; * (b+1)=i; * (b+2)=j; }
14        p++;                     /*移动指针,使其指向下一个元素*/
15       }
16 }
17 int main()
18 { int a[N][M],b[3];              /*b[0]存放最大值,b[1]、b[2]分别存放最大值的行与列号*/
19    int i,j;
20    for(i=0;i<N;i++)
21      for(j=0;j<M;j++)
22      scanf("%d",&a[i][j]);
23    sub( a,b);
24    printf("\nmax=a[%d][%d]=%d",b[1],b[2],b[0]);
25    return 0;
```

```
26 }
```

说明：sub 函数中的语句"p= * a;"也可用语句"p=&a[0][0];"或"p=a[0];"实现。

方法二：sub 函数中用行指针实现求最大元素的值及其所在的行号与列号。

```
1 #include <stdio.h>
2 #define N 3
3 #define M 4
4 void sub(int (*a)[M],int *b)
5 {
6     int i,j;
7     int (*p)[M];                /*定义指向 a 的行指针*/
8     p=a;                        /*p 指向二维数组 a 的第 0 行*/
9     *b=**p; *(b+1)=0;*(b+2)=0;   /*假设 0 行 0 列元素为最大值*/
10    for(i=0;i<N;i++)
11      { for(j=0;j<M;j++)
12        if(* b<* (* p+j))
13        {* b=* (* p+j); * (b+1)=i;* (b+2)=j; }
14      p++;                      /*移动指针,使其指向下一行*/
15      }
16 }
17 int main()
18 { int a[N][M],b[3];     /*b[0]存放最大值,b[1]、b[2]分别存放最大值的行与列号*/
19    int i,j;
20    for(i=0;i<N;i++)
21      for(j=0;j<M;j++)
22          scanf("%d",&a[i][j]);
23    sub(a,b);
24    printf("\nmax=a[%d][%d]=%d",b[1],b[2],b[0]);
25    return 0;
26 }
```

注意：在 sub 函数的方法一与方法二中 p++所在的位置不同：方法一中是在内层循环体内,即每处理一个元素后,指针后移指向下一个元素;方法二中是在内循环之外,作为外循环的循环体的一部分,即每处理完一行后,指针再后移指向下一行。

7.4　函数的指针和指向函数的指针变量

变量在内存中有地址,可以定义指向变量的指针变量,建立指向关系后,就可以通过指针间接地访问相应变量。函数在内存中也有地址,通过定义指向函数的指针变量,并建立相应的指向关系后,运用指针访问函数。本节主要介绍函数的指针及其使用方法。

7.4.1　函数指针变量的定义与使用

指针变量不仅可以指向整型变量、实型变量、字符串、数组,也可以指向一个函数。函数源代码在内存中的第一条指令的存放地址,称为函数的入口地址,这个入口地址就称为该函数的指针。可以用一个指针变量指向函数,然后通过该指针变量来调用该函数。

在第 6 章我们知道一维数组名代表一维数组第一个元素的内存地址,同理可知,函数名就是函数源代码在内存中的起始地址。

指向函数的指针变量定义的一般形式为:

数据类型 (* 指向函数指针变量名) (形式参数表)

定义中,类型为所指向函数返回值的类型,形式参数表给出函数指针变量所指向的函数的形式参数信息。

例如,int (* p)(int,int); 表示 p 是一个指向函数的指针,p 所指向的函数的返回值是整型数据,p 所指函数有两个形式参数,这两个参数均为整型。

C 语言中,函数名就是函数的入口地址,可以通过以下赋值形式:

指针变量=函数名;

使得一个指针变量指向某一函数,然后通过该指针变量调用相应函数,调用的一般形式为:

(* 指针变量名) (实参表)

【例 7-17】 指向函数的指针变量的应用。

```
1 #include <stdio.h>
2 int max( int x,int y)
3 {
4     int z;
5     if (x>y) z=x;
6     else z=y;
7     return z;
8 }
9 int main(void)
10 {
11     int a,b,c,( * p)(int,int);
12     scanf("%d%d",&a,&b);
13     p=max;              /* 将函数 max 的入口地址赋给指针变量 p */
14     c=( * p)(a,b);       /* 通过指针变量 p 调用 max 函数,a、b 为实参 */
15     printf("max=%d",c);
16     return 0;
17 }
```

通过函数指针变量调用函数,要求函数指针变量的特性与函数的特性一致,即它们的返回值类型一致、参数个数相同、对应位置上每个形式参数的类型相同。

使用函数指针要注意:

- 将函数名赋给指针变量不加括号;
- 在用指向函数的指针调用函数时仍需用实参代替形参;
- 函数调用可以通过函数名调用,也可以通过函数指针调用;

- 指向函数的指针变量,可指向同类型的不同函数;
- 对函数指针变量 p,进行 p+n,p++,p－－,p－n 等运算无意义。

7.4.2　用函数指针变量作函数参数

函数指针可以作为实参传递到其他函数,由于函数指针变量是指向某一函数的,因此先后使该指针变量指向不同的函数,就可以在主调函数中调用不同的函数。下面举一个简单的例子。

【例 7-18】　用函数指针变量作函数参数示例。

```
1 #include <stdio.h>
2 int max(int a,int b);
3 int min(int a,int b);
4 int sum(int a,int b);
5 void process(int ,int,int( * fun)(int,int));
6 int main(void)
7 {
8     int a=5,b=8;
9     printf("max=");
10    process(a,b,max);              /* 函数指针作函数实参调用 max 函数 */
11    printf("min=");
12    process(a,b,min);              /* 函数指针作函数实参调用 min 函数 */
13    printf("sum=");
14    process(a,b,sum);              /* 函数指针作函数实参调用 sum 函数 */
15    return 0;
16 }
17 int max(int x,int y)
18 {
19    return(x>y?x:y);
20 }
21 int min(int x,int y)
22 {
23    return(x<y?x:y);
24 }
25 int sum(int x,int y)
26 {
27    return(x+y);
28 }
29 void process(int x,int y,int ( * fun)(int,int))
30 {         /* 函数的第三个形参定义为指向返回整型值且有两个整型参数的函数指针变量 */
31    int z;
32    z=( * fun)(x,y);
33    printf("%d\n",z);
34 }
```

程序中的 min 函数、max 函数、sum 函数分别用来求两数的最大值、最小值及两数的和。process 函数的作用是调用一个函数并输出此函数的返回值,被调函数的地址由实参传给 process 函数的形参 fun,fun 是指向函数的指针变量。第一次调用 process 函数时,除了两个整数实参外,还将函数名 max 作实参(函数名 max()的入口地址)传给 process 的形参 fun,使得 fun 指向 max 函数。这时执行"(∗fun)(x,y)"就相当于执行 max(x,y),即调用 max 函数;第二次调用时,将函数名 min 作实参(函数名 min()的入口地址)给 process 的形参 fun,使得 fun 指向 min 函数。这时执行"(∗fun)(x,y)"就相当于执行 min(x,y),即调用 min 函数;同理,第三次调用 process 函数时,(∗fun)(x,y)就相当于 sum(x,y)。

另外,本例中在函数外部对函数 max、min 及 process 进行了声明,这是必要的。process 函数是 void 类型,必须先声明然后调用,max 与 min 函数虽然是 int 类型,也需要作出声明,因为实参中用到了函数名,如果不事先声明系统是无法识别这些名字是函数名还是变量名。当然,声明部分可以放在 main 函数内。

7.5　指针型函数

在第 5 章函数中已经讲过,每个函数的返回值都具有一定的数据类型,如果是无返回值的函数,则用 void 定义其返回类型。函数返回值可以是一般数据,也可以是地址。若函数的返回值是地址,则称此函数是指针型函数,即返回指针的函数。

指针型函数定义的一般形式:

数据类型　∗ 函数名(形参表)
{
　　局部变量定义;
　　语句;
}

其中,数据类型为函数返回的指针指向数据的类型。

例:

```
int ∗ p( int x,int y)
{
    ...
}
```

定义了一个函数名字为 p,返回值为指向整型数据的指针,这就要求在函数体中有返回指针或地址的语句。如"return (& 变量名);"或"return (指针变量);"。

注意 int ∗ p()与 int (∗ p)()的区别。

【例 7-19】　编程序输入月份数,输出该月份的英文名称。

思路分析:定义一个函数 search_name 求相应月份的名字字符串,在主函数内调用该函数求出相应月份名字字符串的首字符地址返回给主函数,在主函数内输出结果。

```
1 #include <stdio.h>
2 char ∗ search_name(int n);
3 char month[][13]={"error","January","February","March",
                    "April","May","June","July","August","September",
```

```
                         "October","November","December"};
    4 int main(void)
    5 {
    6       int n;
    7       char * p;
    8       printf("Enter a number of month:\n");
    9       scanf("%d",&n);
   10       p=search_name(n);
   11       printf("It is %s\n",p);
   12       return 0;
   13 }
   14 char * search_name(int n)
   15 {
   17       if(n<1||n>12)
   18       return month[0];
   19       else return month[n];
   20 }
```

程序运行结果：

```
Enter a number of month:
2<CR>
It is February
```

注意：month 是一个二维数组，根据第 6 章数组章节的学习我们知道：在 C 语言中将二维数组看成是一维的一维。首先把 month 看成一维数组，由 13 个元素构成，分别是 month[0]、month[1]、…、month[12]，再把这 13 个一维数组看成是一维字符数组，名字分别是 month[0]、month[1]、…、month[12]，而一维数组名又代表它 0 元素的地址，因此这些一维数组名分别代表相应字符串首字符的地址(指针)。

注意：C 指针函数只允许返回全局变量指针、静态变量指针、堆内空间地址，不允许把函数内部定义的局部变量指针作为返回值。

7.6 指针数组和指向指针的指针

通过前面第 6 章数组的学习，我们知道：数组是同类型变量的集合。也就是说，数组中每个元素具有相同的数据类型。数组元素类型可以是 C 语言任意合法的数据类型，如整型、实型等，数组元素的类型也可以是指针类型。

通过本章前面的学习我们知道：可以使用指向整型变量的指针变量访问相应的整型变量；通过指向字符型变量的指针变量访问相应的字符变量。同样，我们也可以定义指向指针变量的指针变量，并建立指向关系，使用指向指针变量的指针变量访问相应的变量。

本节主要介绍指针数组和指向指针的指针的概念及使用方法。

7.6.1 指针数组的概念

指针数组：由若干基类型相同的指针变量所构成的数组，即数组元素为指向同一类型数据的指针变量的集合。

定义的一般形式为：

数据类型 ＊数组名[数组长度]

例如：

int ＊p[4];

在这里，运算符"[]"比"＊"的优先级高，p 先与"[4]"结合成 p[4]，说明了具有 4 个元素组成的数组，且数组名为 p。然后 p[4]与"＊"结合，表示数组元素的类型为指针类型，且指针的基类型为 int 型。数组 p 的 4 个元素分别为 p[0]、p[1]、p[2]、p[3]，每个元素都可存放一个 int 型数据的指针，因此，它们中的任一元素 p[i]所指向的变量为 ＊p[i]，即 p[i]为一指针变量。

注意：指针数组是由指向同一类型数据的指针变量构成的集合，在使用指针数组中任何元素之前，必须通过赋值为其建立指向关系。因为如果不建立指向关系，其值是不确定的，即它指向的存储单元是不确定的，此时对该存储单元进行写操作是很危险的。

注意 int ＊p[4]与 int（＊p）[4]的区别。

指针数组同其他数组一样，按数组下标的次序存放在一片连续的存储空间中，数组名是其所占空间的首地址。

【例 7-20】 指针数组示例。

```
 1 #include <stdio.h>
 2 int main()
 3 {
 4     int a[4]={1,2,3,4},＊p[4],i;
 5     for(i=0;i<4;i++)
 6         p[i]=&a[i];                 /＊建立 p[i]的指向关系,即使其指向 a[i]＊/
 7     for(i=0;i<4;i++)
 8         printf("%d ",a[i]);         /＊直接访问 a 数组元素＊/
 9     printf("\n");
10     for(i=0;i<4;i++)                /＊通过指针数组 p 间接访问 a 数组元素＊/
11     printf("%d ",＊p[i]);
12     return 0;
13 }
```

程序运行结果：

1 2 3 4
1 2 3 4

7.6.2　用指针数组处理多个字符串

在前面我们曾指出，C 语言使用一维字符数组和字符指针处理字符串。如果要处理多个字符串，通常使用二维字符数组和指针数组。例如：

char sname[][13]={"Pascal","Word","C programing","Basic"};

```
char * name[]={"Pascal","Word","C programing","Basic"};
```

定义了两个数组：sname 是二维字符数组，4 行 13 列共 52 个元素，每个元素的类型是字符型，每一行存放一个字符串，如图 7-15 所示，共占用 52 个存储单元；name 是指针数组，有 4 个元素，占用 4 个存储单元，每个元素的类型是字符指针，用来存放相应字符串首字符的地址，如图 7-16 所示。

P	a	s	c	a	l	\0						
W	o	r	d	\0								
C		P	r	o	g	r	a	m	i	n	g	\0
B	a	s	i	c	\0							

图 7-15　sname 二维字符数组

图 7-16　name 指针数组

　　定义二维字符数组时必须指定列的长度，该长度要大于最长的字符串的有效长度，由于各个字符串的长度一般并不相同，就会造成内存空间的浪费。而指针数组并不存放字符串，每个元素仅存放字符串首字符的地址，就不存在空间浪费问题。

　　指针数组最常见的用途就是处理多个不同长度的字符串，因此在实际应用中，字符指针数组更为常用。虽然有时字符指针数组和二维数组能解决同样的问题，但涉及多字符串处理操作时，使用字符指针比二维数组更有效，例如可以加快字符串的排序速度。下面举例说明指针数组的应用。

　　【例 7-21】　将若干个字符串按字母顺序(由小到大)输出。

```
1 #include <stdio.h>
2 #include <string.h>
3 void sort(char * pname[ ],int n)
4 {                              /* 定义排序函数,第一个形参为指针数组,采用选择排序 */
5     char * temp;
7     int i,j,k;
8     for(i=0;i<n-1;i++)
9     {
10        k=i;
11        for(j=i+1;j<n;j++)
12            if(strcmp(pname[k],pname[j])>0)
13                k=j;
14        if(k!=i)                /* 交换指针数组元素的值(值为字符串首地址) */
15        {
16            temp=pname[i]; pname[i]=pname[k];
```

```
17              pname[k]=temp;
18          }
19      }
20 }
21 void print(char * pname[],int n)
22 {
23      int i;
24      for(i=0;i<n;i++)
25      printf("%s\n",pname[i]);
26 }
27 int main(void)
28 {
29      char * name[]={"Pascal","Word","C programing","Basic"};
30      int n=4;
31      sort(name,n);
32      print(name,n);
33      return 0;
34 }
```

程序运行结果：

```
Basic
C programing
Pascal
Word
```

　　排序前，指针数组中各元素指针指向各字符串的首地址，这些字符串不等长，如图 7-17(a)
所示。sort 函数的作用是对字符串排序，它的形参 pname 接收实参传过来的指针数组
name 的首地址后，形参 pname 和 name 一样也指向 name 的第一个元素。由于 name 的每
个元素中分别保存了"Pascal" "Word" "C programing"和"Basic"的首地址，因此 pname[0]
指向了"Pascal"，pname[1] 指向了"Word"，以此类推。sort 函数用选择法对字符串排序。
strcmp 是字符串比较函数，pname[k]和 pname[j]是第 k 个和第 j 个字符串的首地址，if 语
句将两个串中比较小的那个串的序号保留在 k 中。当 for 循环执行完毕，在第 i 个串到第 n
个串中，第 k 个串最小。若 k≠i 就表示最小的串不是第 i 串，则将 pname[i]和 pname[k]互
换，将指向第 i 串的数组元素指向第 k 串，将指向第 k 串的数组元素指向第 i 串。执行完
sort 函数后指针数组的情况如图 7-17(b)所示。

　　最后调用 print 函数，将各字符串输出。由于指针数组元素为排序后各字符串的首地
址，从 name[0]到 name[3]进行输出，就得到排序后的字符串了。

　　由例 7-21 可以看出：排序结果只改变了指针数组 name 元素的指向，并未改变字符串
本身的位置。显然，交换地址要比交换字符串中的字符所费时间要少，尤其是当字符串比较
长时更明显。

7.6.3　命令行参数

　　我们在第 1 章介绍了如何运行 C 语言程序，C 语言源程序经编译和连接后，生成可执行

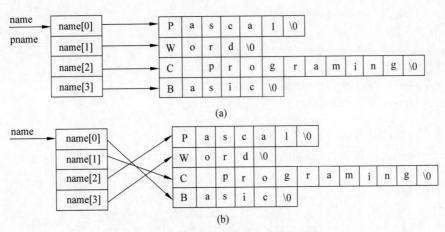

图 7-17 用指针数组对多个字符串排序

程序后才能运行。可执行程序又称为可执行文件或命令。

例如，test.c 是一个简单的 C 源程序：

```
1 #include "stdio.h"
2 int main(void)
3 {
4     printf("Hello");
5 }
```

源程序 test.c 经编译、连接后，生成可执行程序 test.exe，它可以直接在操作系统环境下以命令方式运行。例如，在 DOS 环境的命令窗口中，输入可执行文件名（假设 test.exe 放在 DOS 的当前目录下）：

```
test<CR>
```

作为命令，就以命令方式运行该程序。

输入命令时，在可执行文件（命令）名的后面可以跟一些参数，也就是说，在一个命令行中可以包括命令和参数，这些参数被称为命令行参数。例如，输入：

```
C:\>test world<CR>
```

运行程序。其中 test 是命令名，而 world 就是命令行参数。

命令行的一般形式为：

命令名　参数 1　参数 2…参数 n

命令名和各个参数之间用空格分隔，也可以没有参数。

用命令行的方式运行可执行文件 test.exe 时，命令名后是否有参数并不影响程序的运行结果。即：

```
test
```

和

test world

的运行结果相同。因为参数 world 并没有被程序 test 接收。

在前面的程序中,main 函数都是不带参数的,因此 main 函数的第一行一般写成以下形式：main(),括号中是空的。实际上,main 函数可以有两个参数,用于接收命令行参数。

带有参数的 main 函数的第一行一般形式如下：

void main(int argc,char ＊argv[])

第一个形参 argc 被定义为整型变量,用于存放命令行中参数的个数,因命令名或程序名也是命令行参数,所以 argc 的值至少为 1。第二个参数 argv 被定义为字符指针数组,用于接收命令行参数。由于所有命令行参数都被当作字符串来处理,所以字符指针数组 argv 的各元素依次指向命令行中输入的字符串,其中 argv[0]指向命令,argv[1]指向第一个命令行参数,argv[2]指向第二个命令行参数,……,argv[argc-1]指向最后一个命令行参数。用命令行的方式运行程序时,main()函数被调用,与命令行有关的信息作为实参传递给两个形参。改写 test.c:

```
1 #include <stdio.h>
2 int main(int argc,char ＊ argv[])
3 {
4    printf("Hello");
5    printf("%s",argv[1]);
6    return 0;
7 }
```

编译和连接后,用命令行方式运行：

test world<CR>
Hello world

此时,argc 的值是 2,argv 的两个元素分别指向命令 test 和一个命令行参数 world 所构成的字符串,如图 7-18 所示。

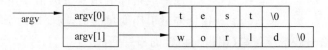

图 7-18　main 函数形参与命令行参数的关系

【例 7-22】　编程显示命令行参数个数、各参数字符串。假设该程序存在 C:\TC\file.c 文件中。

```
1 #include <stdio.h>
2 int main(int argc,char ＊ argv[])
3 {
4    while(argc>1)
5    {
6        ++argv;
7        printf("%s\n", ＊ argv);
```

```
 8          --argc;
 9      }
10      return 0;
11 }
```

在命令行提示符 C:\＞下运行 file.c 经过编译、连接后生成的 file.exe 文件。即输入：

<u>\TC\file China Beijing< CR></u>

程序显示结果：

```
China
Beijing
```

实际应用中,main 函数的形参可以不定名为 argc 和 argv,可以是任意的名字,前面例子中用这两个变量名只是使用习惯。

7.6.4　指向指针的指针

一个指针变量可以指向一个整型数据,或指向一个实型数据,也可以指向一个指针型数据。指向指针型数据的指针变量被称为指向指针的指针变量。指向指针的指针定义的一般形式为：

数据类型 **指针变量名

如 int **p;表示 p 指向另一个变量,而这另一个变量中存放的是一个整型变量的地址,p 被称为一个二级指针。

例：有如下类型定义和语句

```
int i, * q,**p;
q=&i;p=&q;
```

假设 i 的地址为 2000,q 的地址为 3000,则其指向关系如图 7-19 所示。

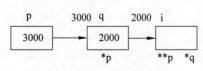

图 7-19　指向指针的指针

用一级指针引用变量的值要用一个“＊”,用二级指针变量引用变量的值,则要用两个“＊”。

【例 7-23】　输出若干字符串(用指向指针的指针完成)。

```
 1 #include <stdio.h>
 2 int main(void)
 3 {
 4     char * name[]={"Pasal","Word","C programing","Basic"};
 5     char * * p;
 6     int i;
 7     for(i=0;i<4;i++)
 8     {
 9         p=name+i;
10         printf("%s\n", * p);
11     }
```

```
12    return 0;
13 }
```

程序运行结果：

```
Pasal
Word
C programing
Basic
```

如图 7-20 所示，name 是一个指针数组，它的每一个元素是一个指针类型数据，在本程序类型说明下，该数组的每一个元素用来存放字符型数据的地址。name 是数组的首地址，name＋i 是 name[i]的地址，而 name[i]中存放的是地址（指针），因此 name＋i 是指向指针型数据的指针，即指针的指针。程序中 p 是指向指针的指针，p 与 name＋i 类型相同，故可以将后者赋给前者。＊p 是 name[i]的值，即字符串的首地址，用 printf 函数输出字符串。

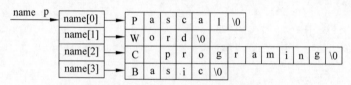

图 7-20 指针数组和指针的指针

7.7 综合应用例题

【例 7-24】 已知 N 种商品的单价，用起泡排序法对商品单价从小到大排序。

思路分析：定义一个 float 数组存放 N 种商品的单价，从键盘输入商品价格，调用排序函数对数组排序，最后输出排序结果。

```
1 #define N 10
2 int main()
3 {
4    void sort(float * b,int n);              /* 声明被调函数 */
5    float a[N];
6    int i;
7    for(i=0;i<N;i++)
8        scanf("%f",&a[i]);
9    sort(a,N);                               /* 传递参数,调函数 sort 完成排序 */
10   for(i=0;i<N;i++)
11       printf("%.2f ",a[i]);
12   return 0;
13 }
14 void sort(float b[],int n)                 /* 定义 sort 函数 */
15 { int i,j; float t;
16   for(i=1;i<n;i++)
17   {
```

```
18          for(j=0;j<n-i;j++)
19              if(b[j]>b[j+1])
20                  { t=b[j]; b[j]=b[j+1];b[j+1]=t; }
21      }
22 }
```

说明：程序中定义了 sort 函数实现排序,它有两个形参,b 是待排序的数组名,n 指明数组 b 待处理的数组元素的数量。主函数调用函数 sort 完成排序。函数 sort 的形参也可以改用指针变量,函数首部改为 sort(float * b,int n),其他不变,程序运行结果不变。上面程序中的 sort 函数与下面的函数等价。

```
void sort(float * b,int n)                  /* sort 函数另外一种表达方式 */
{ int i,j; float t;
    for(i=1;i<n;i++)
    {
        for(j=0;j<n-i;j++)
            if( * (b+j) > * (b+j+1))
                {t= * (b+j); * (b+j) = * (b+j+1); * (b+j+1)=t; }
    }
}
```

【例 7-25】 已知 N 个公司都在销售同样的商品,已知这 N 个公司 M 种商品的价格信息,编写程序分别求每类商品中价格最高及最低的价格、其所在公司的序号及商品序号。

思路分析：定义 M 行 N 列的二维数组 a[M][N]存放商品价格,定义一维数组 m1[M],n1[M]分别存放每种商品最高价格、最低价格,定义整型数组 m2[M],n2[M]分别存放最高价格商品序号、最低价格商品的序号。从键盘输入 N 个公司 M 种商品的价格信息,分别用列指针(指向元素的指针)和二维数组行指针实现程序功能。

方法一：用指向元素的指针实现程序功能。

```
 1 #include <stdio.h>
 2 #define N 3
 3 #define M 4
 4 int main()
 5 { float a[M][N],m1[M],n1[M];      /* m1[M],n1[M]分别为最高和最低商品价格 */
 6    int i,j,m2[M],n2[M];           /* m2[M],n2[M]分别存放最高和最低价格商品序号 */
 7    float * p;                     /* 定义指向元素的指针 */
 8    p= * a;                        /* p指向二维数组 0行 0列的元素 */
 9    for(i=0;i<M;i++)
10        for(j=0;j<N;j++)
11            scanf("%f",&a[i][j]);
12    for(i=0;i<M;i++)
13    { m2[i]=n2[i]=i; m1[i]=n1[i]= * p;    /* 假设第一个公司 i 商品价格最高也最低 */
14        for(j=0;j<N;j++)
15        { if(m1[i]< * p)
16            { m1[i]= * p; m2[i]=j; }
17          if(n1[i]> * p)
```

```
                    { n1[i]= * p; n2[i]=j; }
18          p++;                        /*移动指针,使其指向下一个元素*/
19      }
20  }
21  for(i=0;i<M;i++)
22      printf("\n%d high price :%f,%d",i,m1[i],m2[i]);
23  for(i=0;i<M;i++)
24      printf("\n%d low price :%f,%d",i,n1[i],n2[i]);
25  return 0;
26 }
```

方法二：用行指针实现程序功能。

```
1 #include <stdio.h>
2 #define N 3
3 #define M 4
4 int main()
5 { float a[M][N],m1[M],n1[M];   /*m1[M],n1[M]分别为最高和最低商品价格*/
6    int i,j,m2[M],n2[M];        /*m2[M],n2[M]分别存放最高和最低价格商品序号*/
7    float (*p)[N];              /*定义行指针*/
8    p=a;                        /*p指向二维数组0行*/
9    for(i=0;i<M;i++)
10       for(j=0;j<N;j++)
11           scanf("%f",&a[i][j]);

12   for(i=0;i<M;i++)
13   { m2[i]=n2[i]=i; m1[i]=0;n1[i]=32768;
14       for(j=0;j<N;j++)
15       {if(m1[i]< * ( * p+j))
16           { m1[i]= * ( * p+j); m2[i]=j;}
17        if(n1[i]> * ( * p+j))
18           { n1[i]= * ( * p+j); n2[i]=j; }
19       }
20   p++;                        /*移动指针,使其指向下一个元素*/
21   }
22   for(i=0;i<M;i++)
23       printf("\n%d high price :%f,%d",i,m1[i],m2[i]);
24   for(i=0;i<M;i++)
25       printf("\n%d low price :%f,%d",i,n1[i],n2[i]);
26   return 0;
27 }
```

【例 7-26】 利用指向指针的指针对整型数组排序。

思路分析：定义一维数组 a[N]存放整型数据,定义指针数组 * p[N]。建立指针数组的指向关系使得 p[0]指向 a[0]、p[1]指向 a[1]、…。通过指针数组从键盘输入整数,调用排序函数排序(采用冒泡排序),主函数输出排序结果。

```
 1 #include <stdio.h>
 2 #define N 50
 3 int main()
 4 { void sort(int **pb, int n);
 5     int k,n,a[N], * p[N], * * pa;
 6     scanf("%d",&n);
 7     for(k=0;k<n;k++)
 8         p[k]=&a[k];
 9     for(k=0;k<n;k++)
10     scanf("%d",p[k]);
11     pa=p;
12     sort(pa,n);
13     for(k=0;k<n;k++)
14     printf("%d ", * p[k]);
15     return 0;
16 }
17 void sort(int **pb, int n)
18 { int i,j, * t;
19     for(i=0;i<n-1;i++)
20     for(j=0;j<n-1-i;j++)
21       if(**(pb+j)>**(pb+j+1))
22       { t= * (pb+j);
23         * (pb+j) = * (pb+j+1);
24         * (pb+j+1)=t; }
25 }
```

习题 7

1. 选择题

(1) 已知:int i=0,j=1, * p=&i, * q=&j;,错误的语句是(   )。

    (A) i= * &j;　　　(B) p=& * &i;　　(C) j= * p++;　　(D) i= * &q;

(2) 已知:int * ptr1, * ptr2;均指向同一个 int 型一维数组中的不同元素,k 为 int 型变量,则下面错误的赋值语句是(   )。

    (A) k= * ptr1+ * ptr2;　　　　　　(B) ptr2=k;

    (C) ptr1=ptr2;　　　　　　　　　(D) k= * ptr1 * (* ptr2)

(3) 已知:int a, * p=&a;,则为了得到变量 a 的值,下列错误的表达式为(   )。

    (A) * &p　　　　(B) * p　　　　　(C) p[0]　　　　　(D) * &a

(4) 已知:int b[]={1,2,3,4},y, * p=b;,则执行 y= * p++后,y 的值为(   )。

    (A) 1　　　　　　(B) 2　　　　　　(C) 3　　　　　　(D) 4

(5) 已知:int x[ ]={ 1,3,5,7,9,11 }, * ptr=x;,则能够正确引用数组元素的语句

是(　　)。

　　(A) x　　　　　　　　(B) * (ptr－－)　　(C) x[6]　　　　　　(D) * (－－ptr)

(6) 已知：int a[ ]={1,2,3,4,5,6}, * p=a;,则下列表达式中其值为 5 的是(　　)。

　　(A) p+=4, * (p++)　　　　　　(B) p+=5, * p++

　　(C) p+=4, * ++p　　　　　　　(D)p+=4, ++ * p

(7) 已知：int i;char * s="a\045+045\'b";则执行语句"for (i=0; * s++; i++);",
之后,变量 i 的结果是(　　)。

　　(A) 7　　　　　　　　　　　　(B) 8

　　(C) 9　　　　　　　　　　　　(D) 以上三个答案都是错误的

(8) 已知：char s1[10], * s2="ab\0cdef";,则执行 strcpy(s1,s2)后,s1 的内容为(　　)。

　　(A) ab　　　　　　(B) cdef　　　　　　(C) ab\0cdef　　　(D) 内容不定

(9) 已知：char s1[4]="12";char * ptr;,则执行以下语句后的输出为(　　)。

```
ptr=s1;
printf ("%c\n", * (ptr+1));
```

　　(A) 字符'2'　　　　(B) 字符'1'　　　　(C) 字符'2'的地址　　(D) 不确定

(10) 下列对字符串的定义中,错误的是(　　)。

　　(A) char str[7]="FORTRAN"

　　(B) char str[ ]="FORTRAN"

　　(C) char * str ="FORTRAN"

　　(D) char str[8]={'F','O','R','T','R','A','N'}

(11) 已知：int i,x[3][4];,则不能将 x[1][1]的值赋给变量 i 的语句是(　　)。

　　(A) i= * (* (x+1)+1)　　　　　　(B) i=x[1][1]

　　(C) i= * (* (x+1))　　　　　　　(D) i= * (x[1]+1)

(12) 已知：int a[2][3]={2,4,6,8,10,12};,则正确表示数组元素地址的是(　　)。

　　(A) * (a+1)　　　(B) * (a[1]+2)　　(C) a[1]+3　　(D) a[0][0]

(13) 说明语句"int (* p)();"的含义是(　　)。

　　(A) p 是一个指向一维数组的指针变量

　　(B) p 是指针变量,指向一个整型数据

　　(C) p 是一个指向函数的指针,该函数的返回值是一个整型

　　(D) 以上都不对

(14) 说明语句"int * (* p)();"的含义是(　　)。

　　(A) p 是一个指向 int 型数组的指针

　　(B) p 是指针变量,它构成了指针数组

　　(C) p 是一个指向函数的指针,该函数的返回值是一个整型

　　(D) p 是一个指向函数的指针,该函数的返回值是一个指向整型的指针

(15) 已知：double * p[6];,它的含义是(　　)。

　　(A) p 是指向 double 型变量的指针　　(B) p 是 double 型数组

　　(C) p 是指针数组　　　　　　　　　　(D) p 是数组指针

2. 填空题

(1) 执行下列程序后,a 的值为_____,b 的值为_____,n 的值为_____。

```c
#include <stdio.h>
void main()
{
    int a,b,k=2,m=4,n=6;
    int * pk=&k, * p2=&m, * p3;
    a=pk==&k;
    b=4 * (- * pk)/( * p2)+5;
    * (p3=&n)= * pk * ( * p2);
    printf("%d %d %d\n",a,b,n);
}
```

(2) 阅读程序,程序的输出结果是_____。

```c
#include <stdio.h>
void main()
{
    char a[]="language";
    char * ptr=a;
    while( * ptr)
    {
        printf("%c", * ptr-32);
        ptr++;
    }
}
```

(3) 阅读程序,程序的输出结果是_____、_____、_____、_____、_____。

```c
#include <stdio.h>
void main()
{
    char s[20]="abcde", * str=s;
    printf("%c\n", * str);
    printf("%c\n", * str++);
    printf("%c\n", * ++str);
    printf("%c\n", ( * str)++);
    printf("%c\n",++ * str);
}
```

(4) 阅读程序,程序的输出结果是_____。

```c
#include <string.h>
void fun(char * s)
{
    char a[10];
```

```
        strcpy (a,"STRING");
        s=a;
    }
    void main()
    {
        char * p;
        fun(p);
        printf("%s\n",p);
    }
```

（5）阅读程序，程序的输出结果是_____。

```
# include <stdio.h>
char * p="abcdefghijklmnopq";
void main()
{
    int i=0;
    while(* p++!='e');
    printf("%c\n",* p);
}
```

（6）下面程序通过指向整型的指针将数组 a[3][4] 的内容按 3 行×4 列的格式输出,请给 printf() 填入适当的参数,使之通过指针 p 将数组元素按要求输出。

```
# include <stdio.h>
int a[3][4]={{1,2,3,4},{5,6,7,8},{9,10,11,12}}, * p=a[0];
void main()
{
    int i,j;
    for(i=0;i<3;i++)
    {
        for(j=0;j<4;j++)
        printf ("%4d ",        );
    }
}
```

（7）下面的程序实现从 10 个数中找出其最大值和最小值。

```
# include <stdio.h>
int max,min;
find_max_min(int * p,int n)
{
    int * q;
    max=min=* p;
    for(q=_____; _____;q++)
        if(_____) max=* q;
        else if(_____) min=* q;
}
```

```
void main()
{
    int i,num[10];
    printf("input 10 numbers:\n");
    for(i=0;i<10;i++)
        scanf("%d",&num[i]);
    find_max_min(num,10);
    printf ("\n\nmax=%d; min\%d\n",max,min);
}
```

（8）下面的程序完成对一批语言名从小到大进行排序并输出。

```
#include "string.h"
sort(char * book[],int num)
{
    int i,j;
    char * temp;
    for(j=1;j<=num-1;j++)
      for(i=0; _____ ;i++)
        if(strcmp(book[i],book[i+1])>0)
        { temp=book[i];
          book[i]=book[i+1];
          book[i+1]=temp;
        }
}
void main()
{
    int i;
    char * book[]={"FORTRAN","PASCAL","BASIC","COBOL","C","JAVA"};
    sort(_____);
    for(i=0;i<6;i++)
        printf("%s\n",book[i]);
}
```

3．编程题

（1）请编写程序求三个数中的最大数和最小数。编程要求：编写一个函数求最大数和最小数，不得使用全局变量；在主函数内输入数据并输出结果。

（2）从键盘输入 N 种商品的价格信息，求这 N 种商品的平均价格及价格最高商品的序号。编程要求：编写一个函数求这 N 种商品的平均价格及价格最高商品的序号，不得使用全局变量；在主函数内输入数据并输出结果。

（3）请编写函数，判断一个字符串是否是回文。若是回文，函数返回值为1，否则返回值为 0。（回文是顺读和倒读都一样的字符串）。

（4）请用字符指针定义函数 strcpy(s,t,m)，将字符串 t 中从第 m 个字符开始的全部字符复制到字符串 s 中。

（5）请用字符指针实现函数 strlen(s)的功能，函数返回值为 s 字符串的长度。

（6）*N* 个销售员销售 *M* 种商品，从键盘输入每个销售员销售每种商品的数量，输出每个销售员的销售总量、单个商品销售数量最高的销售员序号及总销售量最高的销售员序号。编程要求：编写一个函数求每个销售员的销售总量、单个商品销售数量最高的销售员序号及总销售量最高的销售员序号，不得使用全局变量；在主函数内输入数据并输出结果。

（7）*N* 个销售员销售 *M* 种商品，从键盘输入每个销售员销售每种商品的数量，输出总销售量最高的销售员所有商品的销售量。要求用指针型函数来实现。

（8）编写程序，输入 5 个字符串，输出其中最长的字符串。

（9）编写程序，请分别用指针数组和指向指针的指针对 10 个字符串排序，并输出排序结果。

（10）编程序，分别统计从键盘输入的命令行中第二个参数所包含的字母字符、数字字符及其他字符的个数。编程要求：编写一个函数分别统计从键盘输入的命令行中第二个参数所包含的字母字符、数字字符及其他字符的个数，不得使用全局变量；在主函数内输入数据并输出结果。

第 8 章

结构体与共用体

在前面的章节中我们学习了数组,它将同种数据类型的变量组合在一起而方便操作。但在实际问题中,常常会遇到不同类型数据的集合。这时用数组来处理这种集合就无能为力了。例如,在学生登记表中描述每个学生的信息包括:学号、姓名、年龄和成绩,学号为整型或字符型,姓名为字符型,年龄为整型,性别为字符型,成绩可为整型或实型。若把这些数据项分别定义为独立的简单变量,难以反映它们之间的内在联系;由于数据项类型各不相同,不能用数组的方式实现数据的存储。把关系密切的多种不同类型的数据组成一个整体,需要具有复杂结构的数据类型。C 语言为用户提供了这种自定义的数据类型,如结构与共用体,解决不同数据类型变量的组合问题。本章详细介绍结构体数据类型的定义、说明和使用,结构体与数组和指针等基本问题,并介绍共用体的基本概念,以及怎样用 typedef 定义类型。

8.1　结构体类型

C 语言中,结构体是用一个名字引用的多个数据项的集合,它提供了将相关信息组合在一起的手段。组成结构体的各个数据项被称为结构体的成员(或称为字段、域、项等)。在程序中使用结构体时,首先要对结构体的组织形式进行描述,这就是结构体类型的定义。

8.1.1　结构体类型的定义

结构体与数组类似,都是由若干分量组成的。数组是由相同类型的数组元素组成的,但结构体的分量可以是不同类型的,结构体中的分量被称为结构体的成员(或称为字段、域、项等)。访问数组中的分量(元素)是通过数组的下标,而访问结构体中的成员是通过成员的名字。

在程序中使用结构体之前,首先要对结构体的组成进行描述,称为结构体的定义。结构体的定义说明了该结构体的组成成员,对成员的描述包括成员类型和名字。结构体数据类型由 struct 关键字引导,通过大括号将一组数据成员括起来共同表示一种数据类型。其一般形式为:

```
struct 结构体类型名
{
    数据类型　成员名 1;
    …
    数据类型　成员名 n;
};
```

其中，struct 是关键字，表示这是一个结构体类型；"结构体类型名"是所定义结构体的类型标识符，由用户自己定义；{ }中是组成该结构体的成员项，每一个成员的数据类型既可以是基本数据类型，也可以是复杂的数据类型；整个结构体类型定义必须用";"作为结束符。例如，一个学生的数据信息包括有学号、姓名、三门课程的成绩，可将其定义为一个结构体类型：

```
struct stud
{
    int num;
    char name[16];
    float score[3];
};
```

以上定义的结构体类型可以简称为"结构体 stud"。stud 就是结构体名，结构体的成员由三种不同数据类型的成员构成。分别为整型数据类型 num(学号)、字符型数组 name(姓名)和实型数组 score(通过数组的方式来说明这个结构体中需要包含三门课的成绩)。在书写格式上需要注意的是，结构体最后括号后的分号是不可少的。

结构体的定义明确了结构体的组成形式，定义了一种 C 语言中原来没有、而用户实际需要的新的数据类型。

8.1.2　结构体变量的定义

用户自定义的结构体类型，与系统定义的基本类型(int、char、float 等)一样，仅仅是一种数据类型，没有为各个成员分配内存单元，因此，不可能存储数据。只有定义了结构体变量后才会为该变量分配内存单元，并能对结构体变量进行操作。

定义结构体变量的方法可概括为两类三种。

1. 先定义结构体类型再定义变量名

该方法定义的一般形式为：

struct 结构体类型名 结构体变量表；

其中 struct 是关键字，表示这是一个结构体类型；结构体类型名是该结构体的名称。例如上面定义的结构体类型 stud 的结构体变量 student 的方法如下：

```
struct stud student;
```

这里，struct stud 共同构成结构体类型标识符，它与一般变量说明的类型标识符作用相同，说明其后变量的类型为这种结构体类型。student 是 stud 结构体类型的结构体变量。

在定义变量之后，编译系统会适时地为结构体变量分配一组连续的内存空间。对结构体变量进行存储分配时，其成员依它们所在结构体类型定义中出现的次序，相继存储在内存的一片连续的存储区域中，结构体变量所占内存的大小为结构体每个成员所占存储空间的总和。例如，在 TC 中，stud 结构体类型变量 student 的 num 成员为 int 型，应占 2 字节；name 成员为 char 型数组，应占 16 字节；score 成员为 float 型数组，应占 12 字节；结构体变量 student 在内存中共需要 $30 \times (2+16+4 \times 3)$ 字节的存储空间。其内存分配如图 8-1 所示。

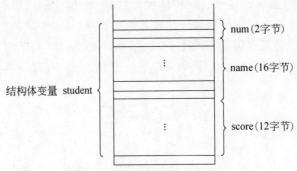

图 8-1　结构体变量的空间分配

2. 在定义结构体类型的同时定义变量

在定义结构体类型的同时定义结构体变量;共有两种具体的使用方式,其定义的一般形式为:

struct 结构体类型名
{
　　数据类型 成员名 1;
　　数据类型 成员名 2;
　　…
}结构体变量表;

例如:

```
struct stud
{
    int num;
    char name[16];
    float score[3];
}student1,student2;
```

在定义结构体类型的同时,定义了结构体类型 stud 的两个变量 student1、student2。即把结构体说明当作类型,后面列出变量标识符就能定义结构体变量。

使用直接定义法定义数据类型还有一种省略的方法,即省略结构体类型名。

例如:

```
struct
{
    int num;
    char name[16];
    float score[3];
    struct date birthday;
}student1,student2;
```

这种定义结构体类型变量的方法中省略了结构体名 stud,同样可以完成对变量

student1、student2 的定义；但如果希望在程序的其他地方再次需要同样结构体类型的变量的时候，就无法使用间接定义的方法再次进行定义新的结构体变量了。例如下面的定义是不合法的：

```
struct student3,student4;
```

在定义一个结构体类型时可以利用已定义了的另一个结构体类型来定义其成员的类型。

例如，在学生信息 stud 结构体中增加出生日期，出生日期包括出生的年、月、日三个数据。结构体类型定义如下：

```
struct date
{
    int year;
    int month;
    int day;
};
struct stud
{
    int num;
    char name[16];
    float score[3];
    struct date birthday;
}student;
```

结构体 stud 包含 4 个成员，而成员 birthday 又是一个已经定义的日期结构体类型 date。struct stud 类型变量 student 的存储结构如图 8-2 所示。

num	name	score	birthday		
			year	month	day

图 8-2 struct stud 类型变量的存储结构

8.1.3 结构体变量的初始化

结构体变量的初始化是指在定义变量时给结构体变量的每个成员赋初值。其一般形式为：

struct 结构体类型名 结构体变量=**{**初值表**}；**

例如：

```
struct stud
{
    int num;
    char name[16];
    float score[3];
    struct date birthday;
}student1={12,"Li Ming",85,90,88,{1970,12,17}};
```

也可以采用如下定义形式:

```
struct stud
{
    int num;
    char name[16];
    float score[3];
    struct date birthday;
};
struct stud student1={12,"Li Ming",85,90,88,{1970,12,17}};
```

注意:

(1) 初值的顺序和数据类型,应与结构体变量中相应成员的顺序和类型所要求的一致。

(2) 如果某成员本身又是结构体类型,则该成员的初值又为一个初值表。

(3) 必须在结构体变量定义时直接初始化。如下先定义后赋初值的形式是错误的:

```
struct stud student;
student={12,"Li Ming",85,90,88,{1970,12,17}};
```

(4) 初始化的过程仅仅在变量定义的时候进行,如果希望在定义结束后再对结构体的成员进行赋值,应对结构体成员进行一一赋值,而不能采用初始化的方式。

8.1.4 结构体类型变量的引用

结构体变量可以单独引用其成员,也可以作为一个整体引用,还可以引用结构体变量或成员的地址。

引用结构体变量成员的一般形式为:

结构体变量名.成员名

其中,"."称为结构体成员运算符,将结构体变量名与成员名连接起来,它具有最高级别的优先级,结合方向是自左至右。

例如,对 8.1.3 节中定义的 struct stud 类型变量 student 成员赋值:

```
student.num=10001
student.score[0]=90
```

如果成员本身又是一个结构体则必须逐级找到最低级的成员才能引用。例如:

```
student.birthday.month=12
```

可以看出:对结构体变量的成员,依据变量类型可以像同类型的普通变量一样进行各种运算。

下面的例子说明了如何使用结构体变量。

【例 8-1】 修改结构体变量的值并输出其值。

```
1 #include <stdio.h>
2 #include <string.h>
3 int main(void)
```

```
4 {
5     /* 自定义一个 stu 的结构体数据类型,并对变量 boy1 进行初始化 */
6     struct stu
7     {
8         int num;
9         char name[16];
10        char sex;
11        float score;
12    }boy1={1,"zsan",'M',89},boy2;
13    printf("Number=%d\nName=%s\n",boy1.num,boy1.name);
14    printf("Sex=%c\nScore=%f\n",boy1.sex,boy1.score);
15    /* 修改 boy1 变量的内容 */
16    boy1.num=2;
17    strncpy(boy1.name,"lisi",4);
18    boy2=boy1;
19    printf("Number=%d\nName=%s\n",boy2.num,boy2.name);
20    printf("Sex=%c\nScore=%f\n",boy2.sex,boy2.score);
21    return 0;
22 }
```

程序运行结果:

```
Number=1
Name=zsan
Sex=M
Score=89.000000
Number=2
Name=lisi
Sex=M
Score=89.000000
```

程序定义了 stu 结构体,同时声明两个变量 boy1 和 boy2,并对 boy1 进行了初始化。在程序中对 boy1 的部分成员的数值进行了修改,接着把 boy1 的值整体赋值给 boy2。最后分别输出 boy2 的成员值。

说明:

(1) 结构体变量不能作为一个整体进行输入输出。例如,对例 8-1 语句:

```
printf("%d\n",boy2);
```

或

```
printf("Number=%d\nName=%s\n Sex=%c\nScore=%f\n",boy2);
```

均是错误的。因为在用 printf 和 scanf 函数时,必须指出输出输入格式,而结构体变量包括若干个不同类型的数据项,"printf("％d\n",boy2);"用一个格式符来输出 boy2 的各个数据项显然是不行的。在用 printf 和 scanf 函数输出输入数据时,一个格式符应对应一个变量,有明确的起止范围,语句"printf("Number＝％d\nName＝％s\n Sex＝％c\nScore＝

%f\n",boy2);"中,哪一个格式符对应哪一个成员往往难以确定其界限。因此,C 语言规定不允许对结构体变量整体输入输出。如果要输入输出结构体变量的值,必须分别输入输出其每个成员的值。如例 8-1。

（2）结构体变量不能作为一个整体进行输入输出,但可以将一个结构体变量作为一个整体赋给另一个具有相同类型的结构体变量。如在例 8-1 中将 boy1 的值整体赋值给 boy2。

（3）引用结构体变量的地址或成员的地址。通过"&"运算符获得结构体变量或成员的地址。例如,在例 8-1 输入 boy1 的成员 num 的值：

```
scanf("%d",&boy1.num);
```

输出结构体变量 boy1 的地址：

```
printf("%x",&boy1);
```

8.1.5　结构数组

一个结构体变量只能存放一个对象(如一个学生、一个职工)的一组数据。如果要存放一个班(譬如 30 人)学生的有关数据就要定义 30 个结构体变量,例如 student1,student2,…,student30,显然很不方便。我们自然会想到数组。C 语言允许使用结构体数组,即数组中每一个元素都是一个结构体变量。

1. 结构体数组的定义

结构体数组的定义方法类似前面学习过的数组的定义方法,只是需要指明数据类型是结构体数据类型。结构体数组的定义也分直接定义和间接定义两种方法。

（1）直接定义,在定义结构体类型的同时定义结构体数组。如：

```
struct stud
{
    int num;
    char name[16];
    char sex;
    int score[3];
}students[5];
```

也可以省略结构体的名字。例如：

```
struct
{
    int num;
    char name[16];
    char sex;
    int score[3];
}students[5];
```

上述方式省略了结构体数据类型的名字,同样完成了结构体数组 students 的定义,但是非省略的定义方法使用更为广泛。

（2）间接定义，先定义结构体类型，再用它定义结构体数组。如：

```
struct stud
{
    int num;
    char name[16];
    char sex;
    int score[3];
};
struct stud students[5];
```

这两种方法都定义了一个结构体数组 students。其中含有 5 个元素，students[0]、…、students[4]。每个数组元素都具有 struct stud 的结构体形式。

2. 结构体数组的初始化

与普通数组一样，结构体数组也可在定义时进行初始化。初始化的一般形式为：

struct 结构体类型名 结构体数组名[n]={初值表 1}, {初值表 2}, …, {初值表 n}};

例如，students 结构体数组在定义时可初始化格式：

```
struct stud
{
    int num;
    char name[16];
    char sex;
    int score[3];
}students[3]={{10,"Zhangsan",'m',78,85,90},
               {11,"Lisi",'f',75,94,88},
               {12,"Wangwu",'m',91,86,95}};
```

也可以是：

```
struct stud
{
    int num;
    char name[16];
    char sex;
    int score[3];
};
struct stud students[3]={{10,"Zhangsan",'m',78,85,90},
                          {11,"Lisi",'f',75,94,88},{12,"Wangwu",'m',91,86,95}};
```

初始化后，这个数组中各元素的值如图 8-3 所示。

上面定义结构体数组 students 的同时提供了三个元素的初值，如果对每个元素都提供了初值表，则方括号中的数组个数 3 可以不写，系统会根据初值的个数来确定具体的数组元

	num	name	sex	score[0]	score[1]	score[2]
students[0]	10	Zhangsan	m	78	75	91
students[1]	11	Lisi	f	85	94	86
students[2]	12	Wangwu	m	90	88	95

图 8-3　结构体数组 students 中元素的值

素个数。

注意：

(1) 结构体数组也一定要在定义时就直接初始化,如下先定义后赋初值的形式是错误的：

```
struct stud students[3];
students[3]={{10,"Zhangsan",'m',78,85,90},
             {11,"Lisi",'f',75,94,88},
             {12,"Wangwu",'m',91,86,95}};
```

(2) 结构体数组同基本数据类型数组一样,第一个元素也是从数组下标 0 开始,因此结构体数组 students[3]包含 3 个元素,分别为 students[0]、students[1]和 students[2]。

3. 结构体数组的引用

结构体数组是多个相同结构体变量的集合,因此引用结构体数组的时候需要遵守数组的引用方法;同时每一个数组元素又是结构体变量,因此在引用中也要遵守结构体数据类型变量的引用方式。结构体数组元素成员的引用形式：

结构体数组名[元素下标].结构体成员名

(1) 结构体数组元素中某一成员的引用

例如：引用 students 数组中第 2 个元素的 num 成员项时则写成 students[1].num,其值为 11。引用该数组第 1 个元素的 name 成员项时写成 students[0].name,其值为"Zhangsan"。

(2) 结构体中数组元素的赋值

可以将一个结构体中数组元素赋给同一结构体中同类型的数组中另一个元素,或者赋给同一类型的变量。例如定义了一个同类型的结构体变量和数组：

```
struct stud stu,st[3];
```

则下面的赋值语句是合法的：

```
stu=st[0];
st[1]=st[2];
```

(3) 结构体中数组元素的输入输出

结构体中数组元素的输入输出只能将单个成员项进行输入输出,而不能把结构体数组元素作为一个整体直接进行输入输出。

4. 结构体数组的应用实例

【例 8-2】　设有 10 个学生，每个学生的数据包括学号、姓名和三门课程的成绩。要求从键盘输入学生数据，输出每个学生的学号、姓名及平均分。

思路分析：每个学生的信息由不同数据类型的数据组成。如果使用数组保存数据，由于数据类型不同，则需要多个数组。而在存取数据的时候，多个数组将会导致操作凌乱。因此考虑使用结构体来存储学生的信息。在本例中总共有 10 个学生，每个学生都包含了学号、姓名等数据内容。因此需要借助结构体数组来保存全部 10 个学生信息。

```
 1 #define N 10
 2 #include <stdio.h>
 3 struct stud                           /*定义学生结构体类型*/
 4 {
 5     int num;
 6     char name[16];
 7     int score[3];
 8     float aver;
 9 };
10 int main(void)
11 {
12     struct stud st[N];                /*定义学生结构体类型的数组*/
13     int i,j; float sum=0;
14     for(i=0;i<N;i++)                  /*输入学生的数据*/
15     {
16         scanf("%d",&st[i].num);
17         gets(st[i].name);
18         for(j=0;j<3;j++)              /*输入每个学生三门课的成绩*/
19             scanf("%d",&st[i].score[j]);
20     }
21     for(i=0;i<N;i++)                  /*求每个学生三门课的平均成绩*/
22     {
23         sum=0;
24         for(j=0;j<3;j++)
25         sum=sum+st[i].score[j];
26         st[i].aver=sum/3;
27     }
28     for(i=0;i<N;i++)                  /*输出学生的学号、姓名、平均成绩*/
29     {
30         printf("\n%d:",st[i].num);
31         puts(st[i].name);
32         printf("%f",st[i].aver);
33     }
34     return 0;
35 }
```

注意：程序第 16 行到第 19 行用来获取从键盘输入的学生信息。数据输入的时候需要遵守一定的输入格式。特别是在输入学号和姓名的时候应当在一行内完成输入,然后再回车换行。例如:12345zhangsan<CR>。如果输入学号后直接回车换行,gets 函数将获取一个空的姓名。

【例 8-3】　设有 3 个候选人,20 份选票;每次输入一个得票的候选人的名字,要求输出各人得票结果。

思路分析:这个例子同样可以使用数组来实现。例如,设置一个候选人名字数组和得票数组,然后利用数组的下标将这两个数组对应起来。使用结构体数据类型程序很简洁。在预先定义候选人结构体中,包括两个成员分量一个是候选人的名字,另外的一个是候选人的得票。这样,从结构体变量中的候选人的姓名,可以找到他的得票数。在本例中由于有 3 个候选人,因此需要设置一个候选人结构体数组,数组中的每一个元素对应一个候选人。

```c
1 #include <stdio.h>
2 int main(void)
3 {
4     struct person
5     {
6         char name[16];
7         int count;
8     }leader[3]={"Li",0,"Zhang",0,"Wang",0};
9     int i,j,k;
10    char name[16];
11    for(i=1;i<=20;i++)
12    {
13        gets(name);
14        for(j=0;j<3;j++)
15        {
16            if(strcmp(name,leader[j].name)==0)
17            leader[j].count++;
18        }
19    }
20    for(k=0;k<3;k++)
21        printf("%s,%d\n",leader[k].name,leader[k].count);
22    return 0;
23 }
```

程序在运行的时候需要手工进行输入,输入的内容是候选人的姓名。每输入一个姓名,程序就在该候选人得票数上增加 1。当全部 20 个人名输入完成以后,程序会输出每一个候选人的姓名和他的得票数。

程序中定义了一个结构体数组 leader,共 3 个元素,并做了初始化赋值。在程序中使用双重 for 循环语句,分别对 20 张投票(使用循环变量 i)和 3 个候选人(使用循环变量 j)进行了统计和比较。最后使用 for 循环(使用循环变量 k)依次将每个候选人的得票输出。

8.2　指向结构体类型的指针

当结构体包含的数据项较多时,结构体变量的整体赋值效率是相当低的。可以用一个指针变量指向结构体变量,通过指向结构体变量的指针变量,间接访问相应的结构体变量,实现在不同程序段对同一结构体变量的成员进行各种操作。

8.2.1　指向结构体变量的指针

一个结构体变量的指针就是该变量所占据的内存段的起始地址。可以设一个指针变量用来指向一个结构体变量,此时该指针变量的值是结构体变量的起始地址。指向结构体类型的指针变量定义的一般形式为:

struct 结构体类型名 * 指针变量名;

例如,定义一个 struct stud 结构体变量和一个结构体指针变量:

```
struct stud student, * p;
```

结构体变量 student 定义后,便为其分配了结构体类型的内存单元。而结构体指针变量 p 定义后,也为 p 变量分配了内存单元,用来存放一个结构体变量存储空间的起始地址。但此时的 p 未指向属于 struct stud 类型的任何变量,当然也不能由 p 指针对结构体变量做任何操作。同使用指针访问基本数据类型类似,用赋值语句可以将指针变量指向一个具体的内存空间:

```
p=&student;
```

则 p 指向结构体变量 student,也就是 student 在内存单元的首地址赋值给了指针变量 p,因此,* p 与 student 是等价的。此时可用结构体指针 p 来间接引用结构体中的成员。其效果等价于直接通过结构体变量的引用。通过结构体指针变量引用它所指的结构体变量的成员有如下两种形式:

(1) (* 结构体指针)·成员名
(2) 结构体指针->成员名

注意:因成员运算符“·”的优先级高于间接访问运算符“ * ”,故方式(1)中的括号不能省。而“->”称为指向结构体成员运算符,其左边只能是指向结构体变量的指针变量,否则出错。例如,通过结构体指针变量 p 访问结构体变量 student 的成员:

(* p).num=1001; 等价于 p->num=1001;

【例 8-4】　结构体指针的应用。

```
1 #include <stdio.h>
2 int main(void)
3 {
```

```
 4    struct stu
 5    {
 6        int num;
 7        char name[16];
 8        char sex;
 9        int age;
10    }st={1001,"wang",'M',19}, * p;
11    p=&st;              /* 将 st 的地址空间赋值给指向结构体的指针 p */
12    printf("%d,%s,%c,%d\n",st.num,st.name,st.sex,st.age);
13    printf("%d,%s,%c,%d\n",p->num,p->name,p->sex,p->age);
14    printf("%d,%s,%c,%d ",( * p).num,( * p).name,( * p).sex,( * p).age);
15    return 0;
16 }
```

程序运行结果：

```
1001,wang,M,19
1001,wang,M,19
1001,wang,M,19
```

说明：在主函数中定义了 struct stu 类型，然后定义一个 struct stu 类型的变量 st，并对它初始化。同时又定义一个指针变量 p，它指向一个 struct stu 类型的数据。在函数的执行部分将结构体变量 st 的起始地址赋给指针变量 p，也就是使 p 指向 st。第一个 printf 函数采用直接访问方式输出 st 的各个成员的值。用 st.num 表示 st 中的成员 num，余下类推；第二个 printf 函数也是用来输出 st 中各成员的值，采用"—>"运算符通过指针变量 p 间接访问结构体变量 st 的成员；第三个 printf 函数采用" * "与"."运算符，通过指针变量 p 间接访问结构体变量 st 的成员。这三种访问结构体成员的形式是完全等效的。

8.2.2　指向结构体数组的指针

当把结构体数组的首地址赋值给同类型的结构体指针变量时，这个指针变量就是指向结构体数组的指针变量。

【例 8-5】　指向结构体数组的指针的应用。

```
 1 #include <stdio.h>
 2 int main(void)
 3 {
 4    struct stu
 5    {
 6        int num;
 7        char name[16];
 8        char sex;
 9        int age;
10    }st[]={{1001,"wang",'M',19},{1002,"zhang",'M',18}};
11    struct stu * p;
```

```
12      for(p=st;p<st+2;p++)
13          printf("%d,%s,%c,%d\n",p->num,p->name,p->sex,p->age);
14      return 0;
15  }
```

程序运行结果：

```
1001,wang,M,19
1002,zhang,M,18
```

说明：p 是指向 struct stu 结构体类型数据的指针变量。在 for 语句中先使 p 的初值为 st，也就是数组 st 的起始地址。如图 8-4 中①p 的指向。在第一次循环中输出 st[0]的各个成员的值。然后执行 p++，使 p 自加 1。p 加 1 意味着 p 所增加的值为结构体数组 st 的一个元素所占的字节数（在本例中为 2+20+1+2=24 字节）。执行 p++后 p 的值等于 st+1，p 指向 st[1]的起始地址，见图 8-4 中②的 p 指向。在第二次循环中输出 st[1]的各成员的值。在执行 p++后，p 的值变为 st+2，已不再小于 st+2 了，不再执行循环。

注意：

（1）如果 p 的初值为 st，即指向第一个元素，则 p 加 1 后 p 就指向下一个数组元素的起始地址。例如：（++p）->num 先使 p 自加 1，然后得到指向的元素中的 num 成员值（即 1002）。（p++）->num 先得到 p->num 的值（即 1001），然后使 p 自加 1，指向 st[1]。请注意以上二者的不同。

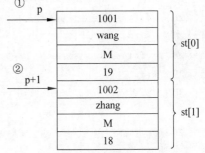

图 8-4　指向结构体数组的指针与数组元素的关系

（2）程序已定义了 p 是一个指向 struct stu 类型数据的指针变量，它用来指向一个 struct stu 型的数据。在例 8-5 中 p 的值是 st 数组的一个元素的起始地址，不应用来指向 st 数组元素中的某个成员。例如，下面的用法是不对的：

```
p=st[0].name;
```

因为地址类型不匹配。

【例 8-6】 用指向结构体数组的指针改写例 8-2。

```
1 #define N 10
2 #include <stdio.h>
3 struct stud                    /*定义学生结构体类型*/
4 {
5     int num;
6     char name[16];
7     int score[3];
8     float aver;
9 };
10 int main(void)
```

```
11 {
12     struct stud st[N], * p;       /* 定义学生结构体类型的数组及指向结构体的指针变量 */
13     int i,j; float sum=0;
14     for(i=0,p=st;i<N;i++,p++)           /* 通过指针变量 p 输入学生的数据 */
15     {
16         scanf("%d",&p->num);
17         gets(p->name);
18         for(j=0;j<3;j++)                 /* 输入每个学生三门课的成绩 */
19         scanf("%d",&p->score[j]);
20     }
21     for(i=0,p=st;i<N;i++,p++)           /* 求每个学生三门课的平均成绩 */
22     {
23         sum=0;
24         for(j=0;j<3;j++)
25             sum=sum+p->score[j];
26         p->aver=sum/3;
27     }
28     for(i=0,p=st;i<N;i++,p++)           /* 输出学生的学号、姓名、平均成绩 */
29     {
30         printf("\n%d:",p->num);
31         puts(p->name);
32         printf("%f",p->aver);
33     }
34     return 0;
35 }
```

在程序输入的时候一定要特别注意,请遵循例 8-2 的说明。

8.3   结构体变量作函数的参数

调用函数时,可以将结构体作为参数进行数据传递。在函数间传递结构体数据的方式有三种:结构体变量的成员作函数参数、结构体变量作函数参数和结构体变量的地址作函数参数。

8.3.1   用结构体变量的成员作为参数

当函数的形参是基本数据类型时,相同类型的结构体变量成员可作为函数调用时的实参。这种情况下,结构体变量的使用就如同基本数据类型一样,既可以传递结构体成员的值,也可以传递结构体成员的地址。

【例 8-7】 定义一个表示时间的结构体 struct NEWTIME,包含三个成员:小时、分钟和秒;需要计算一个 NEWTIME 结构体表示的时间,总共是多少秒。

```
1 #include <stdio.h>
2 int total_second(int hours,int minute,int second);    /* 函数声明 */
```

```
3 int main(void)
4 {
5     int nTotal;
6     struct NEWTIME
7     {
8         int hours;
9         int minute;
10        int second;
11    }my_t={3,25,30};
12    nTotal=total_second(my_t.hours,my_t.minute,my_t.second);
13    printf("\nthe total second is:%d ",nTotal);
14    return 0;
15 }
16 int total_second(int hours,int minute,int second)
17 {
18    return hours * 60 * 60+minute * 60+second;
19 }
```

程序运行结果:

```
the total second is: 12330
```

说明: 例 8-7 中, main 函数中实现函数的调用, 并输出函数计算后的结果; 函数 total_ second 的功能是根据输入的数据计算总共包含多少秒的时间。

由于 total_second 的形参都是整数, 因此可以使用结构体变量中的各个成员作为该函数的参数来进行数值的传递。如果结构体的成员非常多, 这种传递参数的方法在书写上需要列出所有的参数, 显得很凌乱; 特别当结构体成员构成复杂时, 程序并不容易读懂。因此可以使用如下的方法。

8.3.2　用结构体变量作为函数参数

结构体变量作为函数参数, 是将结构体变量作为一个整体传递, 即直接将实参结构体变量各个成员的值逐个传递给形参结构体变量的对应成员。注意: 实参与形参必须是相同结构体类型的变量。

【例 8-8】　将例 8-7 改为用结构体变量作函数参数。

```
1 #include <stdio.h>
2 int total_second(struct NEWTIME newTime)   /* 函数声明 */
3 struct NEWTIME
4 {
5     int hours;
6     int minute;
7     int second;
8 };
9 int main(void)
10 {
```

```
11     int nTotal;
12     struct NEWTIME my_t={3,25,30};
13     nTotal=total_second(my_t);              /*将结构体变量的整体传入函数*/
14     printf("\nthe total second is:%d ",nTotal);
15     return 0;
16 }
17 int total_second(struct NEWTIME newTime)
18 {
19     return newTime.hours * 60 * 60+newTime.minute * 60+newTime.second;
20 }
```

程序运行结果：

```
the total second is: 12330
```

说明：在 total_second 函数中，使用了 struct NEWTIME newTime 作为其形参，而不是使用三个独立的变量。在函数调用的时候，将实参结构体变量 my_t 的成员逐个传递给形参结构体变量 nemTime 的对应成员，完成计算。

8.3.3   用指向结构体变量的指针作为函数参数

虽然在 C 语言中允许用结构体变量作函数参数进行整体传送，但是这要将结构体变量的全部成员逐个传送。当结构体的成员是数组，整个数组的元素都需要被复制一份传递给函数的形参，传送的时间和空间开销很大，严重地降低了程序的效率。因此最好的办法就是使用指针，即用指针变量作函数参数进行传送。这时由实参传向形参的只是地址，从而减少了时间和空间的开销。

【例 8-9】 将例 8-7 改为用结构体变量的指针作函数参数。

```
1 #include <stdio.h>
2 int total_second(struct NEWTIME * newTime)     /*函数声明*/
3 struct NEWTIME
4 {
5     int hours;
6     int minute;
7     int second;
8 };
9 int main(void)
10 {
11     int nTotal;
12     struct NEWTIME my_t={3,25,30};
13     nTotal=total_second(&my_t);              /*将结构体变量的地址传入函数*/
14     printf("\nthe total second is:%d ",nTotal);
15     return 0;
16 }
17 int total_second(struct NEWTIME * newTime)
18 {
```

```
19      return newTime->hours * 60 * 60+newTime->minute * 60+newTime->second;
20 }
```

程序运行结果：

```
the total second is: 12330
```

说明：在这个例子中使用指向结构体变量的指针作为函数的参数,在调用的过程中也仅仅传递了一个结构体变量的地址。同传递整个结构体变量相比,在内存空间上和处理时间上都有较高的效率,特别是在结构体变量中包含数组的时候,这种传递函数参数的方法效果更加明显。

【**例 8-10**】　用结构体指针作函数参数改写例 8-2。

```
 1 #define N 10
 2 #include <stdio.h>
 3 struct stud                    /* 定义学生结构体类型 */
 4 {
 5      int num;
 6      char name[16];
 7      int score[3];
 8      float aver;
 9 };
10 void average(struct stud * ps)      /* 定义函数求每个学生的平均成绩 */
11 {
12      int i,j;
13      float ave,s;
14      for(i=0;i<N;i++,ps++)
15      {
16          s=0;
17          for(j=0;j<3;j++)
18          s+=ps->score[j];
19          ps->aver=s/3;
20      }
21 }
22 int main(void)
23 {
24      struct stud st[N], * p, * ps;   /* 定义学生结构体类型的数组及指针变量 */
25      int i,j;
26      for(i=0,p=st;i<N;i++,p++)       /* 通过指针变量 p 输入学生的数据 */
27      {
28          scanf("%d",&p->num);
29          gets(p->name);
30          for(j=0;j<3;j++)            /* 输入每个学生三门课的成绩 */
31              scanf("%d",&p->score[j]);
32      }
```

```
33        ps=st;
34        average(ps);                    /* 调用函数求每个学生三门课的平均成绩 */
35        for(i=0,p=st;i<N;i++,p++)        /* 输出学生的学号、姓名、平均成绩 */
36        {
37            printf("\n%d:",p->num);
38            puts(p->name);
39            printf("%f",p->aver);
40        }
41        return 0;
42  }
```

说明：程序中定义了函数 average，其形参为结构体指针变量 ps。main 函数定义了指向结构体类型的指针变量 ps，并把数组 st 的首地址赋予 ps，使 ps 指向 st 数组。main 函数调用函数 average 时，将实参 ps 的值传给函数 average 的形参 ps，使得实参 ps 与形参 ps 都指向数组 st 的 0 元素。函数 average 通过形参 ps 间接访问数组 st 的元素。在函数 average 中完成计算平均成绩。

8.4 共用体

在 C 语言中，共用体数据类型与结构体数据类型一样，也是一种构造类型。本节主要介绍共用体的定义及引用方法。

8.4.1 共用体的概念

共用体是一种类似于结构体的构造数据类型，它允许不同类型和不同长度的数据共享同一块存储空间。也就是说，具有共用体类型的变量所占的空间，在程序运行的不同时刻，可能维持不同数据类型和不同长度的数据，在某一时刻，只有一个成员的值有意义。共用体实质上是采用覆盖技术准许不同类型数据互相覆盖。这些不同类型和不同长度的数据都是从该共享空间的起始位置开始占用该空间的。所以，共用体提供了在相同的存储区域中操作不同类型和不同长度数据的方法。在程序设计中采用共用体要比使用结构体节省空间，但访问速度较慢。

1. 共用体类型定义

共用体类型定义的一般形式为：

union 共用体类型名
{
    数据类型 成员名 **1**；
    …
    数据类型 成员名 **n**；
}；

其中，union 为定义共用体类型的关键字，"共用体类型名"为用户命名的类型标识符，它与 union 构成共用体类型的标识符。在"{}"中定义对共用同一存储区域的各成员进行定义。

整个类型定义以";"结束。例如

```
union data
{
    int i;
    char ch;
    long f;
};
```

定义了一种 data 类型的共用体数据结构体,含有三个成员。

2. 定义共用体类型的变量

共用体类型变量与结构体变量的定义相似,也有三种方式。

(1)先定义共用体数据类型,然后再定义变量。例如:

```
union data
{
    int i;
    char ch;
    long f;
};
union data a,b,c;
```

(2)定义类型的同时定义共用体变量。例如:

```
union data
{
    int i;
    char ch;
    long f;
}a,b,c;
```

(3)不定义类型名而直接定义变量。例如:

```
union
{
    int i;
    char ch;
    long f;
}a,b,c;
```

说明:共用体的定义与结构体的定义类似。但具有
不同的含义,主要体现在内存的分配上。共用体变量占
用的内存空间等于所需字节数最多的成员的长度,而不
是各成员长度之和。例如,共用体变量 a,占用的内存空
间为 4 字节(不是 1+2+4=7 字节)。其内存占用情况
如图 8-5 所示(假设 int 型变量占 2 字节内存空间)。

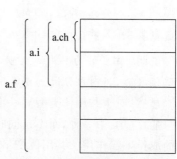

图 8-5　共用体成员内存分配图

8.4.2　共用体变量的引用

共用体变量必须先定义后引用。而且共用体变量的引用与结构体变量一样,也只能逐个引用共用体变量的成员。其引用的一般形式为:

共用体变量名 · 成员名

例如,对于前面定义的共用体变量 a,下面的引用方式是正确的:

```
a.ch      /* 引用共用体变量中的成员 ch,a.ch 就相当于一个字符变量 */
a.i       /* 引用共用体变量中的成员 i,a.i 就相当于一个整型变量 */
a.f       /* 引用共用体变量中的成员 f,a.f 就相当于一个字实型变量 */
```

【例 8-11】 共用体变量的应用。

```c
1 #include <stdio.h>
2 int main(void)
3 {
4     union data
5     {
6         int i;
7         char ch;
8         long f;
9     }a;
10    a.ch='\x61';
11    printf("1: i=%x,ch=%x,f=%x\n",a.i,a.ch,a.f);
12    a.i=0x1234;
13    printf("2: i=%x,ch=%x,f=%x\n",a.i,a.ch,a.f);
14    a.f=0x12345678;
15    printf("3: i=%x,ch=%x,f=%x\n",a.i,a.ch,a.f);
16    return 0;
17 }
```

程序运行结果:

```
1: i=61,ch=61,f=61
2: i=1234,ch=34,f=1234
3: i=5678,ch=78,f=12345678
```

说明:由于 a 为共用体变量,其成员 a.i、a.ch 与 a.f 共用同一存储单元,当分别给三个成员赋值之后,其内存分配如图 8-6 所示(假设 int 型变量占 2 字节内存空间)。

显然,对于共用体类型同一个内存段中可以用来存放几种不同类型的成员,但在每一瞬时只能存放其中一种,而不是同时存放几种。也就是说,每一瞬时只有一个成员起作用,其他的成员不起作用。共用体变量中起作用的成员是最后一次存放的成员,在存入一个新的成员后原有的成员就失去作用了。

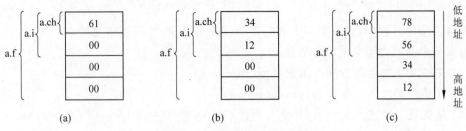

图 8-6　共用体变量内存示意图

8.5　用 typedef 定义数据类型

在程序设计中,除了可以使用 C 语言提供的标准类型名(如 int,char,float,double,long 等),还可根据需要用户自己定义数据类型(数组、结构体、共用体等)。此外,C 语言还允许用 typedef 定义新的类型名来代替已有的类型名,即用户为已有的数据类型取"别名"。

typedef 定义数据类型的一般形式为:

typedef 原类型名 新类型名;

其中,原类型名是指标准类型或用户已定义的类型名,新类型名是新的类型标识符。

例如:

```
typedef int INTEGER;
```

指定 INTEGER 代表 int 类型。这样,以下两行等价:

```
int j,k;
INTEGER j,k;
```

值得注意的是:用 typedef 定义了一个新的类型名,但它并没有创建类型。它只是对已存在的类型创建了一个新的称呼,即新的类型名。创建这个新的类型名可能是为了使类型名的引用更简单、方便(如对结构体、共用体等创建新的类型名),使程序书写简单而且意义更为明确,因而增强了可读性。例如用 typedef 定义结构体类型:

```
typedef struct stu
{
    char name[16];
    int age;
    char sex;
}STUDENT;
```

上述的定义并不是定义了一个 STUDENT 结构体变量;而是首先用 struct 关键字定义了一个名字为 stu 的结构体类型;然后用 typedef 将 stu 结构体数据类型名用 STUDENT 表示。最终 STUDENT 类型与 struct stu 在功能上等价。例如:程序中"STUDENT student;"和"struct stu student;"等价。它们都定义了一个 struct stu 的结构体变量 student。同理如下定义:

```
STUDENT * p;                    /*结构体指针变量 p*/
```

```
STUDENT students[10];              /* 结构体数组 students */
```

定义变量的过程中，书写格式上省略了 struct 关键字，使得程序更简洁。

定义一个新的类型名的基本方法是：

(1) 先按定义变量的方法写出定义体（如 int a;）；

(2) 在最前面加 typedef（如 typedef int a;）；

(3) 将变量名换成新类型名（如将 a 换成 COUNT，即 typedef int COUNT;）；

(4) 然后可以用新类型名进行变量定义。

注意：在程序中，用户可以同时使用原有的类型名和新创建的类型名来定义变量。

8.6   动态数据结构的创建

在程序运行过程中，有时候并不确定程序需要多大的内存空间来保存数据，特别是需要用户从键盘输入，或者从文件中读取数据的时候，事先无法获取准确的内存空间使用量。那么如何动态地开辟和释放存储单元，满足程序要求？C 语言编译系统提供了动态存储分配的库函数，这些库函数的信息包含在 stdlib.h 头文件中。下面介绍处理动态链表所需的函数。

1. 函数 malloc()

函数原型：

void * malloc(unsigned size);

函数功能：

在内存的动态存储区中分配一个长度为 size 的连续空间，此函数的值（即"返回值"）是一个指向分配域起始地址的指针，其类型为 void，表示返回的指针不指向任何具体的类型。如果想将这个指针赋给其他类型的指针变量，必须进行强制类型转换。如果此函数未能成功地执行（例如内存空间不足），则返回空指针（NULL）。

2. 函数 calloc()

函数原型：

void * calloc(unsigned n, unsigned size);

函数功能：

在内存的动态区分配 n 个长度为 size 的连续空间，函数返回一个指向分配域起始地址的指针。如果想将这个指针赋给其他类型的指针变量，必须进行强制类型转换。如果分配不成功，返回 NULL。

3. 函数 free()

函数原型：

void free(void * p);

函数功能：

释放由 p 指向的内存区，即通过函数 free 将已分配的内存区域还给系统，使系统可以重新进行分配。请注意：p 不能是任意的地址，只能是在程序中执行 malloc 或 calloc 函数所返回的地址。free 函数无返回值。

【例 8-12】　动态使用内存空间函数示例。

```
1  # include <stdio.h>
2  # include <string.h>
3  # include <stdlib.h>
4  int main(void)
5  {
6      char * str;
7      if ((str=(char *) malloc(10)) ==NULL)   /* 申请 10 个字节的空间 */
8      {
9          printf("Not enough memory to allocate buffer\n");
10         exit(1);                            /* 直接终止程序的运行 */
11     }
12     strcpy(str, "Hello");
13     printf("String is %s\n", str);
14     free(str);                              /* 释放申请到的内存空间 */
15     return 0;
16 }
```

8.7　链表

到现在为止，当我们要编程处理一组同类型的数据时，首先想到的是数组。例如，学生学籍管理，我们可以定义一个结构体数组存储学生数据。数组这种数据类型的特点是元素在内存中存放在一片地址连续的存储空间中，因此，利用数组元素下标可以计算出数组中每一个元素的地址，从而可以方便地访问每一个元素。但是，这种数据类型存在明显不足：例如，数组的长度必须在定义数组时就确定下来，并且在整个程序中这一长度不可改变。对长度变化较大的处理对象要预先定义最大空间，例如，有的班级学生 30 人，有的班级学生 70 人，定义数组时必须按 70 人指定长度，这样就会浪费存储空间。为解决空间浪费问题，能否找到一种数据存储方法，使得程序根据需要临时分配内存单元以存放数据，当数据不用时又可以随时释放存储单元。此后这些存储单元又可以用来分配给其他数据使用。本节要学习的链表就可以满足这种需要。

8.7.1　链表概述

链表是指若干数据元素（又称为结点）按一定的原则连接起来。这个原则是：前一个结点"指向"下一个结点，只有通过前一个结点才能找到下一个结点。链表是数据结构中的概念，是一种简单、常见的动态数据结构，既可以根据需要添加新的结点，也可以根据需要删除结点。链表分为单链表和双链表，在此我们只介绍单链表。图 8-7 是一个简单的单链表结构体示意图。

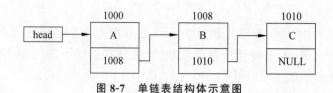

图 8-7   单链表结构体示意图

链表中的数据元素称为结点。这个链表包含三个"结点",每个结点由两部分组成,存放数据信息(可以是一个成员,也可以是多个成员)的称为数据域,另一个存放的是后继结点的首地址(如第二个结点中的 1010 是第三个结点的首地址)称为指针域。前面所谓"前一个结点指向下一个结点"就是通过这个地址来实现的。只要找到前一个结点,就可以从中找到下一个结点的地址,从而找到下一个结点。这里还有两个问题未解决:

(1) 第一个结点怎么找?

(2) 最后一个结点中的指针域应放什么?

为解决第一个问题,可以再设一个指针变量,其中存放第一个结点的地址,它被称为头指针,一般以 head 命名。对于第二个问题,因为最后一个结点不指向任何结点,故赋以值 NULL。NULL 称为空指针,是一个符号常量,系统在 stdio.h 中定义了 NULL 的值为 0。最后一个结点的指针域值为 NULL,表示它不指向内存中的任何单元。

可以看到,链表中各结点在内存中并不是占用连续的一片内存单元。各个结点可以分别存放在内存的不同位置,整个链表的访问,必须从链表的头指针开始,由头指针找到链表的第 1 个结点,通过第 1 个结点的指针域找到第 2 个结点,由第 2 个结点再找到第 3 个结点,……,从而访问链表中所有结点的数据。因此,在使用链表的过程中头指针一定不能丢掉,否则该链表将会丢失。

从上面的介绍可以知道,链表中的每个结点是由两部分组成的:

(1) 用于存放用户要处理的数据,例如图 8-7 中每个结点中存放字符域。

(2) 用来存放下一个结点地址的指针域。这是用来建立结点间联系的,也就是用它来构成"链"。

在 C 语言中包含指针域的结构体变量就是一个结点。对于图 8-7 中的结点,可以用下面定义的数据类型。

```
struct node
{
    char ch;
    struct node * next;
};
```

其中,next 为指针变量,其类型为结构体类型 node,它可以存储一个 node 结构体类型变量的地址,即实现链表中指向下一个结点的指针域。这是一个递归定义,在结构体 node 的定义未完成时又引用它定义其他变量(指针变量)。定义了结点的类型后,就可以定义该结点类型的变量或指针变量。例如:

```
struct node * head;
```

head 可以存放 struct node 型结点的地址。

　　链表结构是动态分配存储的,即在需要时才开辟一个结点的存储单元,当数据不用时又可以随时释放存储单元。

8.7.2　动态链表的建立

　　链表与数组不同,不是程序定义时就可以建立的,而是在程序运行过程中一个结点一个结点地建立起来的,并在结点之间形成链接关系。因此,链表的建立是一个动态地分配内存单元和形成链接关系的过程。动态分配结点内存单元由前面介绍的 malloc()函数完成。将动态创建的结点进行链接的方式有多种,在“数据结构”课程中将会学习,这里仅仅介绍其中的一种,即通过向当前链表的尾部添加新结点的方式来动态构建链表。下面将以建立学生链表为例,讲解单链表的建立过程。

　　(1) 定义学生链表结点的结构体类型。

```
struct stud
{
    int num;
    int score;
    struct stud * next;
};              /*定义结点类型*/
```

　　(2) 说明头指针 head、尾指针 rear 和工作指针 p,并为头、尾指针赋初值。

```
struct stud * head, * p;
rear=head=NULL;
```

　　head 指向链表首结点,rear 指向链表尾结点,p 指向当前建立的结点。

　　(3) 申请第一个结点的存储空间,并输入该结点的数据。

```
p=(struct stud * )malloc(sizeof(struct stud));
scanf("%d%d", &p->num, &p->score);
```

其中,(struct stud *)将申请的内存强制转换为 struct stud 结构体类型的指针,因为 malloc 函数返回的是 void 型指针,如果不进行强制转换,将 void 型指针赋给 struct stud 型指针,编译时会出现错误。sizeof(struct stud)是求括号中类型所占字节数。

　　上述代码,使用 malloc 函数分配了一个结点空间,并通过 scanf 函数动态读入数据。例如:输入 1001、85。p 指针指向的结点示意图如图 8-8 所示。

　　(4) 将第一个结点插入到空链表的表尾中,如图 8-9 所示。

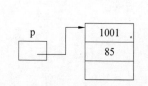

图 8-8　动态分配的第一个结点

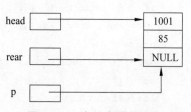

图 8-9　一个结点的单链表

```
head=p;                    /*使头指针 head 指向当前首结点*/
p->next=NULL;              /*p 结点无后继结点,p 的指针域置为 NULL*/
rear=p;                    /*使尾指针 rear 指向当前尾结点*/
```

(5) 申请第二个结点的存储空间,并输入结点的数据 1002、90。

```
p=(struct stud*)malloc(sizeof(struct stud));
scanf("%d%d",&p->num,&p->score);
```

如输入 1002、90,则 p 指针指向的结点示意图如图 8-10 所示。

(6) 将第二个结点插入到链表的表尾中。

```
/*当前结点指针域置原链表中尾结点的指针域值(NULL)*/
p->next=rear->next;
rear->next=p;      /*使当前结点成为链表的尾结点*/
rear=p;            /*尾指针 rear 指向新的尾结点*/
```

建立好的链表如图 8-11 所示。

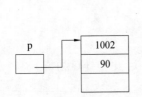

图 8-10　动态分配的第二个结点

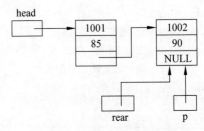

图 8-11　两个结点的单链表

(7) 重复步骤(5)、(6),直到结束。

【例 8-13】　学生信息包括:学号、一门课成绩,请写一函数建立学生链表。

```
1 struct stud * create()
2 {
3     struct stud * head, * rear, * p;
4     rear=head=NULL;
5     int n;
6     while(1)
7     {
8         printf("\nInput num:");
9         scanf("%d",&n);
10        if(n<0) break;                /*如果输入的数据小于 0,退出建立链表的循环*/
11        p=(struct stud *)malloc(sizeof(struct stud));
12        p->num=n;
13        printf("\nInput score:");
14        scanf("%d",&p->score);
15        if(rear==NULL)
16        {
17            head=p;
```

```
18          p->next=NULL;
19          rear=p;
20      }
21      else
22      {
23          p->next=rear->next;
24          rear->next=p;
25          rear=p;
26      }
27   }
28   return head;
29 }
```

8.7.3　链表的遍历

链表的遍历就是对链表中各结点依次访问一遍。链表的遍历常用来输出链表中的内容，或者是查找链表中的数据。其中链表的输出就是遍历的简单例子，即对已创建的链表中的结点依次访问并输出各结点的数据。例如对于学生链表：

访问第一个学生结点的数据：

`head->num; head->score;`

访问第二个学生结点的数据：

`head->next->num;head->next->score;`

在实际的程序设计中，往往通过一个指向结点的指针变量 p 来辅助完成链表的遍历过程。开始时让 p 指向首结点，访问完首结点后，让 p 后移一个结点继续访问，如此重复，直到链表的尾结点，如图 8-12 所示。

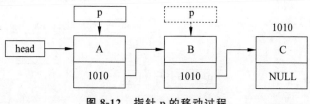

图 8-12　指针 p 的移动过程

其中，p 首先指向链表中的第一个结点，当访问结束后，指针根据第一个结点的 next 域的地址，移动到下一个结点上进行数据的访问，以此类推完成整个链表的遍历过程。下面的示例说明了这个过程：

```
void output (struct stud * head)
{
    struct stud * p;
    p=head;
    while(p!=NULL)
    {
```

```
        printf("\nnum=%d\tscore=%d",p->num,p->score);
        p=p->next;
    }
}
```

函数中的测试条件 p!＝NULL 成立时,单链表结点未输出完,程序继续运行;每一次读取新的结点前都使用 p＝p—＞next 修改当前 p 的值,直到 p 指针访问最后一个链表中的结点为止。

注意：由于各结点在内存中不是连续存放的,不可以用 p＋＋来寻找下一个结点。

8.7.4　链表的插入和删除

以上述学生链表为例来阐述插入新结点和删除结点的过程。

1. 插入新结点

在现有链表中插入新结点的过程包括以下三个步骤。

(1) 创建一个新结点。

动态分配新结点的内存单元,其起始地址赋值给指针变量 pTemp：

```
pTemp=(struct stud * )malloc(sizeof(struct stud));
scanf("%d%d",&pTemp->num,&pTemp->score);
```

如输入：

```
1005 90<CR>
```

则创建的新结点如图 8-13 所示。

(2) 查找插入结点的位置,可以设两个指针,如 p、q。q 指向 p 指结点的前一个结点,将 q、p 顺着链向后找,直到找到要插入的位置。详细过程请看例 8-14。

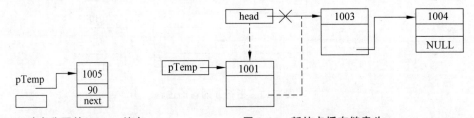

图 8-13　动态分配的 pTemp 结点　　　　图 8-14　新结点插在链表头

(3) 将新结点插入到链表中。新结点的插入要分成三种情况：插入在首结点之前、插在尾结点之后、插在某两个结点之间。下面分情况来讨论插入新结点的过程：

① 插在首结点之前。

如图 8-14 所示,原始的链表包含两个结点,头指针 head 指向第一个结点。新的结点插入的位置是在第一个结点的前面。插入新结点需要执行的语句为：

```
pTemp->next=head;
head=pTemp;
```

② 插在尾结点之后。

如图 8-15 所示,新的结点插入链表尾结点的后面。如果此时有一个指针 pTail 指向尾结点。需要执行的语句为:

```
pTail->next=pTemp;
pTemp->next=NULL;
```

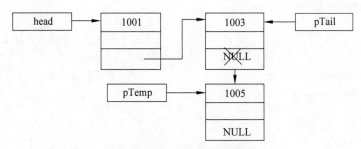

图 8-15　新结点插在链表尾

③ 插在某两个结点之间。

按图 8-16 所示新结点插入在 q、p 之间,需要执行的语句为:

```
pTemp->next=p
q->next=pTemp;
```

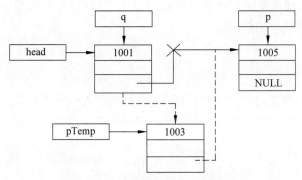

图 8-16　新结点插在两个结点之间

由此可见,在链表中插入结点须先找到插入位置,然后只要修改相应的链域值,不必移动原结点。而且上述(2)、(3)两种情况修改链域的语句可以统一。注意假设链表已经建立。

【例 8-14】　有一按学号升序排列的学生链表,设计一个函数实现向该链表中插入一个新结点。插入新结点后链表中的结点仍保持按学号升序排列。

```
/*形参 head 为链表头指针、pTemp 为一个新学生结点的指针*/
1 struct stud * insert(struct stud * head,struct stud * pTemp)
2 {
3     struct stud * p, * q;
4     q=NULL;p=head;                      /*q、p 赋初值*/
5     while(p!=NULL&&pTemp->num>p->num)   /*找到插入位置*/
6     {
```

```
7          q=p;                              / * q 指向 p 指结点的前一个结点 * /
8          p=p->next;                        / * q、p 向后移位 * /
9        }
10       if(p==head)                         / * 插入在首结点之前 * /
11       {
12         pTemp->next=p;
13         head=pTemp;
14       }
15       else                                / * 插入在两个结点之间或尾结点后 * /
16       {
17         pTemp->next=p;                     / * 若插在表尾时,此时的 p 为 NULL * /
18         q->next=pTemp;
19       }
20       return head;
21 }
```

2．删除结点

从单链表中删除一个结点,首先找到删除结点,撤销结点与链表的连接关系。其次还需释放该结点动态分配的内存空间。删除结点分以下两种情况:

(1) 删除首结点。

如图 8-17 所示,如果删除的结点是链表的第一个结点,需要断开第一个结点在链表中的链接。要删除它需执行的语句为:

```
head=p->next;
free(p);
```

其中 p 是指向第一个结点的一个临时指针,free(p)是释放 p 所指向结点的空间。

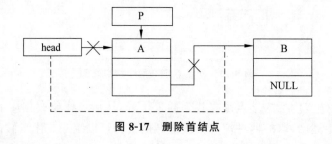

图 8-17　删除首结点

(2) 删除中间结点或尾结点。

如图 8-18 所示,当 p 是中间结点或尾结点时,可以执行以下语句完成删除结点 p:

```
q->next=p->next;
free(p);
```

若 p 指向的是尾结点,p－＞next 值为 NULL,则倒数第二个结点的指针域被赋值NULL,当然就删除了原尾结点。

所以删除结点的过程也只是修改链域,无须移动原来结点的位置。下面的示例说明了

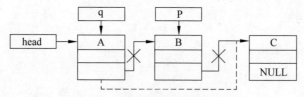

图 8-18　删除中间结点或尾结点

链表删除的过程。注意假设要删除结点的链表已经被创建。

【例 8-15】　有一按学号升序排列的学生链表,设计删除该链表中指定结点的函数。

```
/* 形参 head 为链表头指针、n 为删除结点的学生学号 */
1 struct stud * deleted(struct stud * head,int n)
2 {
3     struct stud * p, * q;
4     q=NULL;p=head;
5     while(n!=p->num&&p->next!=NULL)        /* 找将被删除的结点 */
6     {
7         q=p;
8         p=p->next;
9     }
10    if(n==p->num)                          /* 找到删除结点 p */
11    {
12        if(p==head)                        /* 删除头结点 */
13        {
14            head=p->next;
15            free(p);
16        }
17        else                               /* 删除中间结点或尾结点 */
18        {
19            q->next=p->next;
20            free(p);
21        }
22    }
23    else                                   /* 未找到相同学号的结点 */
24        printf("\nIt's not found");
25    return head;
26 }
```

8.8　枚举类型

如果一个变量只有有限的几种可能的值,例如:一个星期内只有 7 天,一年只有 12 个月等等。除使用整型表示这种类型的数据外,C 语言中还可以定义为枚举类型。顾名思义,枚举即将变量的值一一列举出来,而且变量的值只限于列举出来的值。这种数据类型比整型数据类型更加有效,而且能够准确表示变量的有限取值。

1. 枚举类型的定义

枚举类型定义的一般形式为：

enum 枚举类型名{枚举值表};

其中，enum 是枚举类型定义的关键字，"枚举类型名"是用户定义命名的标识符，它与 enum 构成枚举类型的标识符，"{}"中是所定义枚举类型的全部取值，通常称为"枚举元素"或"枚举常量"。枚举类型中各枚举元素按定义时的先后次序分别编号为 0,1,2,…。各枚举元素可根据其序号进行大小比较和相应运算。例如：

```
enum weekday{sun,mon,tue,wed,thu,fri,sat};
```

定义了一个枚举类型，该枚举类型名为 weekday，枚举值共有 7 个，即一周中的 7 天。则 sun 的序号为 0，sat 的序号为 6。凡被说明为 weekday 类型变量的取值只能是 7 天中的某一天。

2. 枚举类型变量的定义

与结构体变量和共用体变量定义一样，枚举类型变量也有三种定义形式。
(1) 先定义类型，再定义变量。例如：

```
enum weekday{sun,mon,tue,wed,thu,fri,sat};
enum weekday day1;
```

(2) 定义类型的同时，定义变量。

```
enum color {red,blue,green,black}a,b,c;
```

(3) 直接定义变量。

```
enum {male,female}sex1,sex2;
```

3. 枚举类型变量的输入输出

枚举类型变量的值不能直接输入输出。尽管枚举变量在形式上与变量类似，但它既不是字符串，也不是变量名。对于枚举变量只能间接地通过赋值语句实现输入，也只能间接地以字符串常量的形式输出。

例如，要输入性别，程序段如下：

```
int k;
printf("enter male(0),female(1):");
scanf("%d",&k);
switch(k)
{
    case 0:sex1=male;break;
    case 1:sex1=female;break;
};
```

又如，要输出性别，程序段如下：

```
switch(sex1)
{
    case male:printf("male");break;
    case female:printf("female");break;
};
```

说明：

（1）枚举值是常量，不是变量。不能在程序中用赋值语句再对它赋值。不能对枚举 weekday 的元素再作以下赋值。例如：

```
sun=5; mon=2; sun=mon;
```

都是错误的。

（2）枚举元素不是字符常量也不是字符串常量，使用时不要加单、双引号。

（3）枚举值可以用来作判断比较。例如：if(day1==mon)…；枚举值的比较规则是按其枚举元素的常量值进行比较。

（4）枚举类型是一种基本数据类型，而不是一种构造类型，因为它不能再分解为任何基本类型。

（5）不能将一个整型或一个整型表达式直接赋给一个枚举变量，因为它们属于不同的类型，必须通过强制类型转换。例如：

```
enum weekday{son,mon,tue,wed,thu,fri,sat}day1;
day1=(enum weekday)2;
```

该语句与下面语句等价：

```
day1=tue;
```

8.9　综合应用例题

【例 8-16】　某银行有 3 名外汇现汇交易员，现需要对其手中持仓的外汇进行核算。核算方法是将外汇折换成以人民币作为计价单位的金额。请通过程序实现上述功能。

思路分析：每一位交易员持有不止一种外汇（假设每人持有美元、欧元、澳元若干），而且所持有的外汇的数量各不相同，因此比较合适的方式是使用结构体来保存这个数据。此外，在进行人民币计价计算的时候需要知道汇率。

程序如下：

```
1 #include <stdio.h>
2 #include <stdlib.h>
3 //外汇持仓结构体
4 struct fExchange
5 {
6     float USDVolume;
7     float EURvolume;
8     float AUSvolume;
```

```
 9 };
10 //汇率结构体
11 typedef struct
12 {
13     float USDRate;
14     float EURRate;
15     float AUSRate;
16 }fExRate;
17
18 //输出核算值
19 int calFinalValue(struct fExchange * pa,int n,fExRate rate )
20 {
21     int i;
22     double sum=0;
23     for(i=0;i<n;i++)
24     {
25         sum=pa->USDVolume * rate.USDRate +
26         pa->EURvolume * rate.EURRate +
27         pa->AUSvolume * rate.AUSRate;
28         printf("第%d位交易员的核算值为 %lf 人民币\n",i+1);
29         pa++;
30     }
31     return 0;
32 }
33 //主函数开始
34 int main(void)
35 {
36     struct fExchange trader[3];
37     fExRate fErate;
38     //输入交易员持仓
39     int i;
40     for(i=0;i<3;i++)
41     {
42         printf("请输入第%d位交易员的美元,欧元,澳元持仓: \n",i+1);
43         scanf("%f%f%f",&trader[i].USDVolume,
44         &trader[i].EURvolume,&trader[i].AUSvolume);
45     }
46     printf("请输入美元,欧元,澳元的人民币汇率: \n",i);
47     scanf("%f%f%f",&fErate.USDRate,&fErate.EURRate,&fErate.AUSRate);
48     //核算函数
49     calFinalValue(trader,3,fErate);
50     return 0;
51 }
```

程序运行结果：

请输入第 1 位交易员的美元,欧元,澳元持仓:
<u>1000 1000 500<CR></u>
请输入第 2 位交易员的美元,欧元,澳元持仓:
<u>2000 100 300<CR></u>
请输入第 3 位交易员的美元,欧元,澳元持仓:
<u>3000 100 100<CR></u>
请输入美元,欧元,澳元的人民币汇率
<u>6.5 8 5<CR></u>
第 1 位交易员的核算值为 17000.000000 人民币
第 2 位交易员的核算值为 15300.000000 人民币
第 3 位交易员的核算值为 20800.000000 人民币

程序定义了两个简单的结构体类型,并使用了结构体作函数参数,在函数调用过程中使用,第 49 行使用结构体数组名作函数参数,在 calFinalValue 函数中,使用指向结构体的指针作为形式参数;在函数的实现过程中第 25 行使用指针访问结构体成员的方法;第 29 行通过移动指针 pa 的指向值来访问结构体数组的下一个元素。

【例 8-17】　某基金公司由基金经理管理旗下若干投资基金,每位基金经理下面管辖的基金数目不定。在年底的时候需要对这些基金经理的业绩进行评定。最简单的方式就是平均收益率法,即将其管理的所有的基金的收益率进行简单平均。请根据输入的信息,计算出每位基金经理的投资收益的平均值,并根据平均值给出最高收益的基金的经理的姓名及平均收益率。另外还需要输出收益率最高的基金经理的姓名,基金名称及收益率。

思路分析:每一位基金经理的信息包括:基金经理的姓名,管理的投资基金的数量,还有投资基金的收益率等信息,这些数据的数据类型各不相同,使用结构体来保存这些信息更加完整方便,由于每个基金经理管理的基金数量并不确定,在定义基金经理结构体的时候规定每一位基金经理管理的基金数量不超过 3 只。此外,由于涉及对基金经理收益率的排名,需要进行排序的操作。因此整个程序分成几个部分:第一个部分是输入信息,其次是计算每位基金经理的平均收益率,接下去是排名。最后的步骤是输出相关的信息。在信息输入的时候需要注意的是,由于管理基金数目都不相同,因此在输入基金收益率的时候要先输入管理的基金数量。

程序如下:

```
1 #include "stdio.h"
2 #include <stdlib.h>
3 #define SIZE 3
4 /* 基金信息 */
5 struct fund_Info{
6     char name[20];
7     double rate;
8 };
9 /* 基金经理信息 */
10 struct fund_manager{
11     int fund_num;                    /* 管理基金的数量 */
12     char managerName[20];
```

```
13        struct fund_Info fund[3];                  /* 假设最多管理 3 只 */
14        float average;                              /* 平均收益率 */
15   } manager[SIZE];
16   /* 输入基金经理的信息 */
17   void inputProductInfo()
18   {
19        int i,j;
20        double sum=0;
21        for(i=0;i<SIZE;i++)
22        {
23            printf("第%d 个基金经理的基金数量:\n",i+1);
24            scanf("%d",&manager[i].fund_num);
25            printf("第%d 个基金经理的姓名:\n",i+1);
26            scanf("%s",manager[i].managerName);
27            printf("请依次输入产品名称及收益:\n");
28            sum=0;
29            for(j=0;j<manager[i].fund_num;j++)
30            {
31                scanf("%s%lf",manager[i].fund[j].name,&manager[i].fund[j].rate);
32                sum+=manager[i].fund[j].rate;
33            }
34        manager[i].average=sum/manager[i].fund_num;
35        }
36   }
37   /* 输出单只产品最好的基金经理的信息 */
38   void outputBestProduct()
39   {
40        int i,j,bestManID,bestProductID=0;
41        double maxRate=-1.0;
42        for(i=0;i<SIZE;i++)
43        {
44            for(j=0;j<manager[i].fund_num;j++)
45            {
46                //记录单只产品最好的基金经理信息
47                if(manager[i].fund[j].rate>maxRate)
48                {
49                    maxRate=manager[i].fund[j].rate;
50                    bestManID=i;
51                    bestProductID=j;
52                }
53            }
54        }
55        printf("\n 单只产品最好的基金经理信息\n%s 产品名称%s 收益%lf\n",
56        manager[bestManID].managerName,
57        manager[bestManID].fund[bestProductID].name,
```

```
58          manager[bestManID].fund[bestProductID].rate);
59 }
60 /* 排序输出最高分的基金经理信息 */
61 void outputBestManager()
62 {
63      int i,j;
64      struct fund_manager temp;
65      for(i=0;i<SIZE;i++)
66      {
67          for(j=0;j<SIZE-i-1;j++)
68          {
69              if(manager[j].average<manager[j+1].average)
70              {
71                  temp=manager[j];
72                  manager[j]=manager[j+1];
73                  manager[j+1]=temp;
74              }
75          }
76      }
77      printf("\n 业绩最好的基金经理是%s 平均收益%6.2f\n",
78          manager[0].managerName,manager[0].average);
79 }
80
81 /* 主函数开始 */
82 int main(void)
83 {
84      inputProductInfo();
85      outputBestProduct();
86      outputBestManager();
87      return 0;
88 }
```

程序运行结果：

第 1 个基金经理的基金数量：

2<CR>

第 1 个基金经理的姓名：

小明<CR>

请依次输入产品名称及收益：

0001 12.5<CR>

0002 14.3<CR>

第 2 个基金经理的基金数量：

3<CR>

第 2 个基金经理的姓名：

小李<CR>

请依次输入产品名称及收益：

0003 23.1<CR>

0004 5.6<CR>

0005 1.3<CR>

第 3 个基金经理的基金数量:

3<CR>

第 3 个基金经理的姓名:

小张<CR>

请依次输入产品名称及收益:

0006 10.2<CR>

0007 12.1<CR>

0008 13.2<CR>

单只产品最好的基金经理信息

小李 产品名称 0003 收益 23.100000

业绩最好的基金经理是小明 平均收益 13.40

程序的第 3 行 ♯define SIZE 3,实现本例 3 位基金经理的假设。基金经理结构体使用嵌套定义的方式,首先将基金名称和收益率作为基金结构体,然后将该结构体数组作为基金经理结构体的成员(第 5~15 行)。数据输入的时候先输入基金经理管理基金的数量,然后输入基金的名称和收益率。计算业绩时对基金经理平均收益率进行了排序,收益最好的基金经理被排在第一位,对应数组下标为零。

【例 8-18】 学生信息包括:学号、一门课成绩,编程实现学生链表的建立、插入和删除操作。请按以下要求编程:

(1) 设计一个函数按学号升序建立学生链表。

(2) 设计一个函数实现向该链表中插入一个新结点,插入新结点后链表中的结点仍保持按学号升序排列。

(3) 设计函数实现删除该链表中指定的结点。

(4) 主函数调用上述函数实现程序功能。

```
1 #include "stdio.h"
2 struct stud
3 {
4     int num;
5     int score;
6     struct stud * next;
7 };
8 struct stud * create()              /* 按要求建立学生链表 */
9 {
10     int n;
11     struct stud * head, * rear, * p, * q, * t;
12     rear=head=NULL;
13     while(1)
14     {
```

```
15          printf("\nInput num:");
16          scanf("%d",&n);
17          if(n<0) break;
18          p=(struct stud *)malloc(sizeof(struct stud));
19          p->num=n;
20          printf("\nInput score:");
21          scanf("%d",&p->score);
22          if(rear==NULL)
23          {
24              head=p;
25              p->next=NULL;
26              rear=p;
27          }
28          else
29          {
30              t=NULL; q=head;
31              while(q->num<p->num&&q)      /* 查找新结点的插入位置 */
32              { t=q;q=q->next; }
33                  if(q==head)             /* 插在第一个结点前 */
34                  {
35                      p->next=head;
36                      head=p;
37                  }
38              else if(t==rear)            /* 插在链表尾 */
39              {
40                  rear->next=p;
41                  p->next=NULL;
42                  rear=p;
43              }
44              else                        /* 插在链表中间 */
45              {
46                  t->next=p;
47                  p->next=q;
48              }
49          }
50      }
51      return head;
52 }
53 void output (struct stud * head)          /* 输出链表结点数据 */
54 {
55      struct stud * p;
56      p=head;
57      while(p!=NULL)
58      {
59          printf("\nnum=%d\tscore=%d",p->num,p->score);
```

```
60          p=p->next;
61      }
62  }
63  struct stud * insert(struct stud * head,struct stud * pTemp)    /* 插入新结点 */
64  {
65      struct stud * p, * q;
66      q=NULL;p=head;
67      while(p!=NULL&&pTemp->num>p->num)
68      {q=p;p=p->next;}
69      if(p==head)
70      {pTemp->next=p;head=pTemp;}
71      else
72      {pTemp->next=p;q->next=pTemp;}
73      return head;
74  }
75  struct stud * deleted(struct stud * head,int n)                 /* 删除指定结点 */
76  {
77      struct stud * p, * q;
78      q=NULL;p=head;
79      while(n!=p->num&&p->next!=NULL)
80      {q=p;p=p->next;}
81      if(n==p->num)
82      {
83          if(p==head)
84          {head=p->next;free(p);}
85      else
86          {q->next=p->next;free(p);}
87      }
88      else
89      printf("\nIt is not found");
90      return head;
91  }
92  int main(void)
93  {
94      struct stud * head, * p;int n;
95      head=create();                                       /* 建立链表 */
96      output(head);                                        /* 输出链表 */
97      p=(struct stud * )malloc(sizeof(struct stud));       /* 准备新插入结点 */
98      scanf("%d",&p->num);
99      scanf("%d",&p->score);
100     head=insert(head,p);                                 /* 插入结点 */
101     scanf("%d",&n);                                      /* 输入要删除的学生学号 */
102     deleted(head,n);                                     /* 删除指定结点 */
103     output(head);                                        /* 输出插入、删除后的链表 */
104     return 0;
```

```
105 }
```

习题 8

1. 选择题

(1) 已知：

```
struct
{
    int i;
    char c;
    float a;
}test;
```

则 sizeof(test) 的值是(　　)(假设 int 型变量占 2 字节内存空间)。

(A) 4　　　　　　　(B) 5　　　　　　　(C) 6　　　　　　　(D) 7

(2) 根据下面的定义，能打印出字母 M 的语句是(　　)。

```
struct person
{
    char name[9];
    int age;
};
struct person class[10]={"John",17,"Paul",19,"Mary",18,"adam",16};
```

(A) printf("%c\n",class[3].name);

(B) printf("%c\n",class[3].name[1]);

(C) printf("%c\n",class[2].name[1]);

(D) printf("%c\n",class[2].name[0]);

(3) 若有以下定义和语句：

```
struct student
{ int num,age; };
struct student stu[3]={ {1001,20},{1002,19},{1003,21} };
struct student * p=stu;
```

则以下错误的引用是(　　)。

(A) (p++)−>num　　　　　　　　　(B) p++

(C) (* p).num　　　　　　　　　　(D) p=&stu.age

(4) 有以下定义和语句，则以下引用形式非法的是(　　)。

```
struct s
{
    int i1;
    struct s * i2, * i0;
};
```

```
struct s a[3]={2,0,'\0',4,0,0,6,'\0',0},* ptr;
a[0].i2=a+1;
a[1].i2=a+2;
a[1].i0=a;
a[2].i0=a+1;
ptr=a;
```

(A) ptr->i1++   (B) * ptr->i2
(C) (++ptr)->i0   (D) * ptr->i1

(5) 若有以下程序段：

```
struct dent
{ int n;
    int * m;
};
int a=1,b=2,c=3;
struct dent s[3]={{101,0},{102,0},{103,0}};
struct dent * p=s;
s[0].m=&a;
s[1].m=&b;
s[2].m=&c;
```

则以下表达式中值为 2 的是(   )。
(A) (p++)->m   (B) * (p++)->m
(C) (* p).m   (D) * (++p)->m

(6) 已知：

```
union u_type
{
    int i;
    char ch;
} temp;
```

现在执行"temp.i=266"，temp.ch 的值为(   )。
(A) 266   (B) 256   (C) 10   (D) 1

2. 填空题

(1) 程序的运行结果为_____。

```
#include <stdio.h>
struct stu
{ int num;
  char name[10];
  int age;
};
void fun(struct stu * p)
```

```
{ printf("%s\n",(*p).name);
}
int main(void)
{ struct stu students[3]={{9801,"Zhang",20},{9802,"Wang",19},{9803,"Zhao",18}};
    fun(students+2);
    return 0;
}
```

（2）阅读程序，输出结果为_____、_____。

```
struct str1
{ char c[5];
  char *s;
};
int main(void)
{ struct str1 s1[2]={{"ABCD","EFGH"},{"IJK","LMN"}}
  struct str2
  { struct str1 sr;
    int d;
  }s2={"OPQ","RST",32767};
  struct str1 *p[2];
  p[0]=&s1[0]; p[1]=&s1[1];
  printf("%s",++p[1]->s);
  printf("%c",s2.sr.c[2]);
  return 0;
}
```

3．编程题

（1）在某仓库库存商品清单中包含当前的库存商品信息。每个库存商品的信息包括：商品编号，商品名称，商品存量。请编程，完成打印出库存量最小的商品信息。

（2）某保险公司汽车险产品中，共有 10 张汽车保单，每张保单包含了如下的信息：汽车发动机号，汽车品牌，首次投保费用，使用年限等。请编程，完成当前汽车的投保费用的计算。其中：

　　投保费用＝当前汽车价值×5%

　　当前汽车价值＝首次投保费用－首次投保费用×折旧率（10%）×使用年限

　　汽车残值＝2000 人民币（当汽车价值低于残值时，直接按残值算，不进行折旧）

　　说明：汽车信息从键盘输入。

（3）定义一个包含 10 个教师成员的结构体数组，教师信息包括职工号、姓名、性别、教龄、职称和工资。完成工资从大到小的排序：

要求：

• 从键盘输入 10 位教师的信息。

• 设计一个函数 sort，实现结构体数组按教师工资由大到小的排序。

- 设计一个函数 add,对教师进行加工资处理,超过 10 年教龄的教师工资增加 10%,其他人增加 100 元。

(4) 某期货交易员使用某产品的一分钟交易数据做历史数据分析,其判断方法是使用 10 分钟内的平均价格作为交易分析依据。随着信息技术手段的提高该交易员又收集到了 45 秒的交易数据(即每 45 秒一个交易数据)。请编程帮助该交易员完成利用 45 秒数据,对历史数据链表进行更新。交易数据的内容为:产品编号,交易价格,交易时间。

第 9 章

文 件 系 统

到目前为止,前面程序中所涉及的有关数据的输入和输出都是以计算机终端为对象的,即用键盘输入所需要的初始数据,将程序运行的结果输出到显示器或打印机上。程序执行时,程序的原始数据、运行期间产生的中间结果及最终结果都存放在内存储器上。一旦程序执行结束,所有的数据都被清除,用户不能重复利用这些数据。只有将这些数据以文件的形式存储在外存储器中,才可以解决这个问题。本章主要介绍 C 语言中文件的概念、文件的分类及文件操作函数。

9.1 文件概述

本节主要介绍 C 语言中文件的概念及文件的分类。

9.1.1 什么是文件

所谓“文件”一般指保存在外存储器上的一组数据的有序集合。例如程序文件中保存着源程序,表格文件中保存着表格数据,声音文件中保存着声音数据等。在 C 语言中,文件是作为数据组织的一种方式,它与数组、结构体等相似,是 C 语言程序处理的对象。在文件的概念上,C 语言处理的文件与操作系统处理的文件概念相同。文件具有如下的一些特性:

(1) 长期性。文件通常被保存在外存储介质上,如磁盘、光盘等,其特点是所存信息可以长期、多次使用,不会像内存中的数据,因为断电而消失。

(2) 规范性。文件中的数据保存、读取遵守一定的规范。规范保证了文件与文件数据在存取时相互隔离,互不影响。规范同时也指出了文件内部的数据组织方式,保证在单个文件内部不会发生文件数据先后次序错误。

(3) 兼容性。文件可以满足各类数据的存储需求;同时文件也可以与不同的操作系统兼容,并在多个操作系统下完成数据的共享。

(4) 扩充性。文件中容纳的数据数量远远超过内存空间,而且还可以支持扩充功能。当单个介质空间不够时,可以将文件保存在多个不同的介质上。

(5) 灵活性。文件定义时不必像数组规定好大小。根据实际需要随时进行存储。

(6) 独立性。保存在介质上的文件相互独立,而且不依赖创建文件的计算机系统。可以在其他任何一台计算机中打开文件读取信息。

9.1.2 C 文件分类

从不同的角度可对文件作不同的分类,对 C 语言文件可以从以下三个不同的角度进行讨论。

1. 从用户的角度看

从用户的角度看,文件可分为普通文件和设备文件两种。

普通文件是指驻留在磁盘或其他外部介质上的一个有序数据集,可以是源文件、目标文件、可执行程序;也可以是一组待输入处理的原始数据,或者是一组输出的结果。对于源文件、目标文件、可执行程序可以称作程序文件,对输入输出数据可称作数据文件。

设备文件是指与主机相连的各种外部设备,如显示器、打印机、键盘等。在 C 语言中,"文件"的概念具有更广泛的意义,它将与主机相连的所有输入输出设备都看作是"文件"。例如,将键盘看作是输入文件,将显示器和打印机看作是输出文件。以前各章中我们所用到的输入和输出,都是以终端为对象的,即从终端键盘输入数据,运行结果输出到终端上。在操作系统中,把外部设备也看作是一个文件来进行管理,把它们的输入、输出等同于对磁盘文件的读和写。

2. 从文件数据的组织形式看

数据的组织形式是指数据在磁盘上的存储形式。从这个角度看,C 语言文件可分为 ASCII 码文件和二进制码文件两种。

ASCII 文件也称为文本文件,这种文件在磁盘中存放时每个字符对应一个字节,用于存放对应字符的 ASCII 码值。例如,整型数据 5678 按 ASCII 码存放在磁盘上占用 4 个字节,存储形式为:

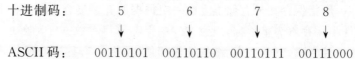

```
十进制码:        5        6        7        8
                ↓        ↓        ↓        ↓
ASCII 码:    00110101  00110110  00110111  00111000
```

ASCII 码文件可在屏幕上按字符显示,通过 Windows 操作系统中附带的记事本程序打开该文件可以很容易地读懂其中的内容,如图 9-1 所示。

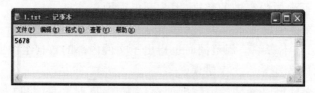

图 9-1　ASCII 码文件内容在记事本中的显示

二进制文件以数据在内存中的存储形式原样输出到磁盘上,例如,整型数据 5678,其二进制的值为 1011000101110,在内存中存放占两个字节,把它写入到二进制文件也是原样的两个字节。这个数据在磁盘上的存储形式为:

```
00010110   00101110
```

在 Windows 操作系统中附带的记事本程序中打开该文件时,二进制文件虽然也可在屏幕上显示,但其内容用户无法读懂,如图 9-2 所示。

C 语言在处理这些文件时,并不区分类型,都看成是字符流,按字节进行处理。输入输出字符流的开始和结束只由程序控制而不受物理符号(如回车符)的控制;因此也把这种文件称作"流式文件"。本章讨论流式文件的打开、关闭、读、写、定位等各种操作。

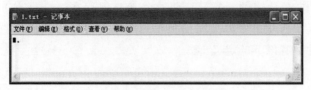

图 9-2 二进制文件内容在记事本中的显示

3. 从 C 语言对文件的处理方法角度看

从 C 语言对文件的处理方法角度看,文件可以分为缓冲文件系统和非缓冲文件系统。

缓冲文件系统的特点是:对程序中的每一个文件都在内存开辟一个"缓冲区"。从磁盘文件输入的数据先送到"输入缓冲区"中,然后再从缓冲区依次将数据送给接收变量,如图 9-3 所示。在向磁盘文件输出数据时,先将程序数据区中的变量或表达式的值送到"输出缓冲区"中,待装满缓冲区后才一起输出给磁盘文件。这样做的目的是减少对磁盘的实际读写次数。用缓冲区可以一次读入一批数据,或输出一批数据,即不是执行一次输入或输出函数就实际访问磁盘一次,而是若干次读写函数语句对应一次实际的磁盘访问。

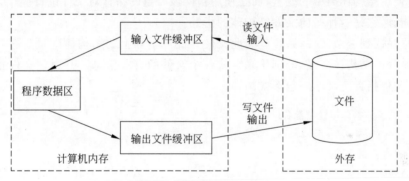

图 9-3 文件的写入与读出

非缓冲文件系统不由系统自动设置缓冲区,而需要编程者在 C 语言程序中用 C 语句完成缓冲区分配。本章主要介绍缓冲文件系统的基本操作。

文件的三种分类方法适用于不同的计算机分析场景,而从文件数据的组织形式对文件分类是 C 语言程序设计中最常用的操作方式。也就是说,在文件保存的过程中考虑最多的是将内存中的数据保存成 ASCII 码文件形式或者是二进制码文件形式。由于文件操作过程比较复杂,涉及了磁盘硬件的操作等诸多计算机内容。为了提高效率,C 语言编译器的发行厂商提供了若干文件读写库函数,并使用文件指针来传递文件操作过程中的控制信息。因此有必要先认识一下什么是文件指针。

9.2 文件指针

操作一个文件需要很多信息。包括打开文件当前的读写位置,与该文件对应的内存缓冲区的地址,缓冲区中未被处理的字符数,文件操作方式等。文件操作过程中(包括文件的打开、关闭、读取、写入、定位、查找等)随时需要使用到这些信息的全部或者是一部分。为了便于对文件进行操作,C语言的开发厂商将这些信息保存在一个具有 FILE 类型的结构体变量中,并且用户在文件从打开到关闭的整个过程中都可以直接使用它。常见的 FILE 结构体在 stdio.h 文件中有以下的定义形式:

```
typedef struct
{
    short      level;              /*缓冲区"满"或"空"的程度*/
    unsigned   flags;              /*文件状态标志*/
    char       fd;                 /*文件描述符*/
    unsigned   char hold;          /*如无缓冲区不读取字符*/
    short      bsize;              /*缓冲区的大小*/
    unsigned   char * buffer;      /*数据缓冲区的位置*/
    unsigned   char * curp;        /*指针,当前的指向*/
    unsigned   temp;               /*临时文件,指示器*/
    short      token;              /*用于有效性检查*/
}FILE;
```

由于结构体的成员数量较多而且具有指针类型的成员,因此在 C 语言的文件访问库函数中,没有使用结构体类型的变量,而是使用指向该变量的指针对文件进行操作。这就是所谓的文件指针,它是一种指向文件结构体的指针。

只要程序用到一个文件,系统就为此文件开辟一个如上的结构体变量。有几个文件就开辟几个这样的结构体变量,分别用来存放各个文件的有关信息。并通过文件指针指向该数据结构,文件指针定义的一般形式为:

FILE * 文件结构体指针变量名;

例如:

FILE * fp;

fp 是一个指向 FILE 类型的指针变量。但此时它还未具体指向哪一个结构体变量。可以将某个文件的结构体变量的起始地址赋给 fp,fp 就指向该 FILE 型结构体变量,可以认为该指针指向该文件。通过 fp 就可以访问相应文件的信息区,从而达到访问该文件的目的。也就是说,通过文件指针变量能够找到与它相关的文件信息。

文件指针是特殊指针,指向文件类型结构体变量。指向关系是通过打开文件建立的,也就是说,该文件的所有信息都是在打开文件的时候创建的。每一个文件都有自己的 FILE 型结构体和文件缓冲区,通过 fp->curp 可以指示文件缓冲区中数据存取的位置。在文件打开的时候,这些信息保存在一个结构体中,而使用指向该结构体的指针来访问这些信息。例如:在随后的 C 语言程序中,如果需要使用该文件,则可以使用文件指针 fp,用 fp 代表文件整体。

9.3 文件的打开与关闭

文件在进行读写操作之前要先打开,使用完毕要关闭。所谓打开文件,实际上是建立文件的各种有关信息,并使文件指针指向该文件,以便进行其他操作。关闭文件则是断开指针与文件之间的联系,也就禁止再对该文件进行操作。

在 C 语言中,文件操作都是通过调用标准库函数来完成的,这些库函数由 C 的编译器提供,用来完成一些通用的工作。

9.3.1　文件的打开函数 fopen

所谓"打开",是在程序和操作系统之间建立起联系,程序把所要操作的文件的一些信息通知给操作系统。这些信息中除包括文件名(即打开哪个文件)外,还要指出操作文件方式(读还是写)。如果是读文件,则需要先确认此文件是否已存在,并将读写当前位置设定于文件开头。如果是写文件,则检查原来是否有同名文件,如有则将该文件删除,然后新建立一个文件,如果原来没有同名文件,就将读写当前位置设定于文件开头,以便从文件开头写入数据。

fopen 函数调用的一般形式为:

FILE * fp;
fp=fopen(文件名,使用文件方式);

fopen 函数的功能:按指定方式打开由文件名指定的文件,返回值为指向 FILE 型结构体类型的指针,也就是被打开文件的信息结构体首地址。如果不能实现打开任务,fopen 函数将带回出错信息,返回 NULL。

执行 fopen 函数,计算机将完成下述步骤的工作:

(1) 在磁盘当前工作文件夹或指定文件夹找到指定文件。

(2) 在内存中分配一个 FILE 类型结构体的单元。

(3) 在内存中分配文件缓冲区单元。

(4) 为 FILE 结构体填入相应信息。

(5) 返回 FILE 结构体地址(回传给 fp)。

文件打开的实质是把磁盘文件与文件缓冲区对应起来,保证后面的文件读写操作只需使用文件指针即可。

注意 fopen 函数的两个参数:文件名和文件使用方式均为字符串数据,可以是字符数组名,也可为串常量。

例如:

```
FILE * fp;
fp=fopen("D:\\abc.txt","r");
```

语句表示以只读方式打开 d 盘根目录下名为 abc.txt 的文件,并使文件指针 fp 指向该文件。注意在字符串中一个斜杠字符必须由转义字符'\\'来表示。字符串"r"指定为"读"而打开一个文本文件。注意,字符串"r"不能写成'r'。

一般为保证文件操作的可靠性,调用 fopen 函数时最好做一个判断,以确保文件正常打开后再进行读写。通常用下面的方法打开一个需要读取的文件:

```
if((fp=fopen("D:\\abc.txt","r"))==NULL)
{
```

```
        printf("cannot open this file\n");
        return -1;
    }
```

使用文件的方式共有 12 种。具体的符号和意义见表 9-1。

表 9-1　文件使用方式

文件使用方式	含　　义	文件使用方式	含　　义
"r"(只读)	为输入打开一个文本文件	"r+"(读写)	为读写打开一个文本文件
"w"(只写)	为输出打开一个文本文件	"w+"(读写)	为读写打开一个文本文件
"a"(追加)	向文本文件尾增加数据	"a+"(读写)	为读写打开一个文本文件
"rb"(只读)	为输入打开一个二进制文件	"rb+"(读写)	为读写打开一个二进制文件
"wb"(只写)	为输出打开一个二进制文件	"wb+"(读写)	为读写打开一个二进制文件
"ab"(追加)	向二进制文件尾增加数据	"ab+"(读写)	为读写打开一个二进制文件

说明:

(1) 用"r"方式打开的文件只能用于向计算机输入,而不能用作向该文件输出数据,而且该文件应该已经存在,不能用"r"方式打开一个并不存在的文件(即输入文件),否则出错。

(2) 用"w"方式打开的文件只能用于向该文件写数据(即输出文件),而不能用作向计算机输入。如果原来不存在该文件,则在打开时新建立一个以指定的名字命名的文件。如果原来已存在一个以该文件命名的文件,则在打开时将该文件删去,然后重新建立一个新文件。

(3) 如果希望在文件末尾添加新的数据(不希望删除原有数据),则应该用"a"方式打开。但此时该文件必须已存在,否则将得到出错信息。打开时位置指针移到文件末尾。

(4) 用"r+"、"w+"、"a+"方式打开的文件既可以用来输入数据,也可以用来输出数据。用"r+"方式时该文件应该已存在,允许在文件末添加数据。用"w+"方式则建立一个新文件,先向此文件写数据,允许对文件从头再读。用"a+"方式打开的文件,原来的文件不被删去,位置指针移到文件末尾添加数据,允许对文件从头读。

C 语言允许同时打开多个文件,不同文件采用不同文件指针指示,但不允许同一个文件在关闭前再次打开。

9.3.2　文件的关闭函数 fclose

当文件操作完成后,应及时关闭文件,以免数据丢失。通过关闭文件,强制把缓冲区中的数据写入磁盘,确保写文件的正常完成。

fclose 函数调用的一般形式为:

fclose(文件指针);

函数功能:

关闭文件指针指向的文件,释放相应的文件信息区(即结构体变量)。正常关闭文件操作时,fclose()返回值 0,否则返回值 EOF。EOF 是在 stdio.h 文件中定义的符号常量,值为 −1。

例如：

```
fclose(fp);
```

其中,fp 是文件指针且已通过 fopen 函数使它与指定文件连接。

文件关闭后,将不能够再使用该文件指针操作这个文件。应该养成在程序终止之前关闭所有文件的习惯,一则确保数据完整写入文件,二则及时释放不用的文件缓冲区。

9.4　文件的读写

读写操作是 C 语言中最重要的文件操作功能。为了灵活便利地读写操作,C 语言以标准库函数的方式,提供了 4 类文件读写方式。它们都在 stdio.h 中说明,因此在程序设计过程中,如果对文件操作需要有相应的文件包含。编写文件操作的程序必须包括以下 4 个步骤:

(1) 定义文件指针;

(2) 打开文件;

(3) 对文件进行读写;

(4) 关闭文件。

本节主要介绍有关文件读写的标准函数。

9.4.1　字符文件的读写

字符文件通常称为文本文件,它存取的数据都是字符。假定文件指针 fp 和字符变量 ch 已定义。

1. 写字符函数 fputc

函数调用的一般形式为:

fputc(ch,fp);

其中,fp 是文件指针变量,文件指针告知 fputc( )应写到哪个磁盘文件中。ch 是要输出的字符,可以是常量,也可以是一个字符变量。

功能: fputc 函数把一个字符写到 fp 所指示的磁盘文件中去,该文件必须是以写、读写或者追加方式打开的。

说明:

(1) 如果 fputc 函数输出成功,它返回所写的字符。如果输出失败,返回 EOF(−1)。

(2) 当文件打开时,每次使用 fputc 函数都会在当前打开文件上写入一个字符,同时,该文件的文件指针将会向后移动一个字节。

(3) 在以写方式或者以读写方式打开文件的同时,原有文件上的内容将会被清除,如果希望保留现有的内容,需要使用追加模式。

【例 9-1】　从键盘输入 10 个字符,写到文件 a.txt 中。

按照文件操作的 4 个步骤写程序: 定义文件指针、打开文件、写字符到文件、关闭文件。写字符到文件的函数 fputc 需要循环调用 10 次。

```
1 #include "stdio.h"
2 int main(void)
3 {
4     int i; char ch;
5     FILE * fp;                          /* 定义文件指针 */
6     fp=fopen("a.txt","w");              /* 以写方式打开文件 */
7     for(i=0;i<10;i++)                   /* 写文件 10 次 */
8     {
9         ch=getchar();
10        fputc(ch,fp);
11    }
12    fclose(fp);
13    return 0;                           /* 关闭文件 */
14 }
```

若输入:

Abcdefghij<CR>

程序运行完后,可在程序所在的文件夹下找到 a.txt 文件,双击它可以在记事本下显示写入的 10 个字符。

2. 读字符函数 fgetc

函数调用的一般形式为:

ch=fgetc(fp);

其中,fp 为文件指针变量。

功能:fgetc 函数从 fp 指定的磁盘文件读入一个字符,返回值为读入的字符。

说明:

(1) 文件必须是以读或读写方式打开。

(2) 当文件打开时,每次使用 fgetc 函数都会从当前位置读入一个字符,然后文件指针自动后移一字节,指向文件中的下一字符。

【例 9-2】 将例 9-1 建立的文件 a.txt 内容读出,并在屏幕上显示出来。

```
1 #include "stdio.h"
2 int main(void)
3 {
4     int i;
5     char ch;
6     FILE * fp;                          /* 定义文件指针 */
7     fp=fopen("a.txt","r");              /* 以读方式打开文件 */
8     for(i=0;i<10;i++)                   /* 读文件 10 次 */
9     {
10        ch=fgetc(fp);
11        putchar(ch);
```

```
12      }
13      fclose(fp);                          /*关闭文件*/
14      return 0;
15 }
```

程序运行结果：

```
Abcdefghij
```

　　上述例子通过 fgetc 函数把文件中的字符依次读出，并通过 putchar 函数显示在屏幕上。然而上面两个例子非常简单，正常使用的文件，文件数据长度并不确定可以不定，只要外存空间足够，数据就可以不受限制地写入文件中。但读一个文件全部数据时，如何确定文件的数据量，从而决定读的循环次数呢？

　　与字符串处理方式相似，文件中设置了文件结束符 EOF(End Of File)，它对应的数值是 -1。-1 不是正常的 ASCII 码，以区别文件中的字符内容。仿照字符串处理程序，通过判断从文件中读入的字符是否为 EOF 来决定循环是否继续。

　　【例 9-3】　用文件结束符判断文件是否读结束改写例 9-2。

```
1 #include "stdio.h"
2 int main(void)
3 {
4      char ch;
5      FILE * fp;                            /*定义文件指针*/
6      fp=fopen("a.txt","r");               /*以读方式打开文件*/
7      ch=fgetc(fp);
8      while(ch!=EOF)                        /*读到的不是 EOF 的话,继续读文件*/
9      {
10         putchar(ch);
11         ch=fgetc(fp);
12     }
13     fclose(fp);                          /*关闭文件*/
14     return 0;
15 }
```

程序运行结果：

```
Abcdefghij
```

　　说明：只有读文件时才需要判断文件是否结束(EOF)，而写文件时无须判断文件是否结束(EOF)。EOF 无法从键盘输入，在关闭文件时系统自动产生。在读文本文件遇到结束符，返回 EOF 时认为文件结束。由于字符的 ASCII 码不可能出现 -1，因此当读入的字符值等于 -1(即 EOF)时，表示读入的已不是正常字符而是文件结束符。当一个文件为二进制输入打开时，如遇到一个等于 -1 的整数值，则可能被当成 EOF 读入，导致上面程序得到一个文件结束条件，而实际上此时并没有到达文件末尾。为解决这一问题，可用 feof 函数来判断文件是否真的结束。

3. 函数 feof

函数调用的一般形式为：

```
feof(fp)
```

其中,fp 为文件型指针变量。

功能：判断文件是否被读到了结束位置。若读到文件结束符 feof 函数返回 1,否则返回 0。feof 函数也可用于判断 ASCII 码文件是否结束。

注意：feof 函数在 TC3 的环境中是以宏的形式定义的,或者说 feof 函数在 TC3 中实际是一个宏定义。但在具体使用的时候可以不用考虑这些因素,仅仅将其当作一个函数使用即可。使用 feof 函数的请参考下面的例子。

【例 9-4】 将一个磁盘文件中的信息复制到另一个磁盘文件。

```
1  #include <stdio.h>
2  int main(void)
3  {
4      FILE * in, * out;
5      char ch;
6      if((in=fopen("c:\\a.txt","r"))==NULL)
7      {
8          printf("can not open in file\n");
9          return -1;
10     }
11     if((out=fopen("c:\\b.txt","w"))==NULL)
12     {
13         printf("can not open out file\n");
14         return -1;
15     }
16     ch=fgetc(in);
17     while(!feof(in))
18     {
19         fputc(ch,out);
20         ch=fgetc(in);
21     }
22     fclose(in);
23     fclose(out);
24     return 0;
25 }
```

说明：该程序通过文件指针 in 以读方式打开 C 盘上的 a.txt 文件,因此在 C 盘的根目录下一定要存在这个文件,否则将会产生错误提示信息。通过文件指针 out 以写方式打开 C 盘上的 b.txt 文件。程序用 fgetc 从 a.txt 中读取一个字符,用 fputc 函数将 fgetc 函数返回的字符输出到 b.txt 中,一直到文件 a.txt 结束,从而实现文件复制。

9.4.2 字符串读写函数

1. 字符串读入函数 fgets

函数调用的一般形式为：

```
fgets(str,n,fp);
```

其中，str 是一个字符数组或指向字符串的指针，n 是要读写的字节数，fp 是文件指针。

功能：从 fp 指定的文件中读入 n−1 个字符，放到数组或指针 str 所指示的内存单元中。如果在读入 n−1 个字符之前遇到换行符或文件结束符，读入即结束。字符串读入后在最后加上字符串结束标志'\0'。该函数如果执行成功，返回 str 的首地址；否则，返回空指针。

2. 字符串输出函数 fputs

函数调用的一般形式为：

```
fputs(str,fp);
```

其中，str 可以是字符数组名或字符指针，也可以是字符串常量，fp 是文件指针。

功能：将 str 指向的字符串输出到 fp 所指定的文件中，字符串最后的'\0'不输出。该函数如果输出成功，返回所写的最后一个字符；否则，返回 EOF。

【例 9-5】 打开一个文件 b.txt，从中读取一行数据显示在屏幕上，并将当前的日期添加到文件末尾。

```
1 #include <stdio.h>
2 #include <time.h>
3 int main(void)
4 {
5     FILE * stream;
6     char msg[30];
7     time_t timep;                       /* 时间相关的结构体 */
8     stream=fopen("b.txt","a+");         /* 以读、追加的方式打开文件 */
9     fgets(msg,30,stream);               /* 从文件中读出 */
10    printf("%s\n",msg);                 /* 显示这个字符串 */
11    time(&timep);                       /* 获取当前的时间并放到结构体里 */
12    fputs(ctime(&timep),stream);        /* 将时间保存到文件 */
13    fclose(stream);
14    return 0;
15 }
```

说明：该程序以读、追加方式打开 b.txt 文件。程序第 9 行将文件中的第一行数据读出并显示。然后第 11 行获取当前的系统时间，在第 12 行写到该文件中。程序中使用了 time 函数和 ctime 函数，它们的作用分别是获取当前的系统时间和将时间日期以字符串格式表示。在使用的时候需要包含 time.h。此外在程序运行目录下一定要有 b.txt 文件。

9.4.3　数据块读写函数 fread 和 fwrite

　　C 语言还提供了用于整块数据的读写函数。可用来读写一组数据,如一个数组元素,一个结构体变量的值等。这两个函数用来读写一个数据块,通常用于二进制文件的输入输出。

1. 文件数据块读函数 fread

　　函数调用的一般形式为:

fread(buffer,size,count,fp);

其中,buffer 是一个指针,它是读入数据的存储区的起始地址;size 是要读入的字节数;count 是要读入大小为 size 个字节的数据块的个数;fp 是文件型指针变量。

　　功能:从 fp 指示的文件中读入 count 个大小为 size 个字节的数据,读入的数据存放到指针 buffer 所指示的内存空间中。函数的返回值是实际读取的数据块的个数,即 count 的值。

2. 文件数据块写函数 fwrite

　　函数调用的一般形式为:

fwrite(buffer,size,count,fp);

其中,buffer 是将要输出到文件中的数据在内存中存放的首地址;size 是要写的字节数;count 是要写大小为 size 个字节的数据块的个数;fp 是文件型指针变量。

　　功能:将以 buffer 为首地址的内存空间中 count 个大小为 size 的数据块写入到文件指针 fp 指示的文件中。函数返回值为实际写入的数据块的个数,除发生错误外,返回值应与 count 相等。

　　例如:

```
FILE * fp;
float fa[5];
fp=fopen("data.dat","rb");
fread(fa,4,5,fp);
```

其含义是从 fp 所指的文件中,每次读 4 个字节(一个实数)送入实数组 fa 中,连续读 5 次,即读 5 个实数到 fa 中。

9.4.4　格式化读写函数 fscanf 和 fprintf

　　前面的章节中介绍了 sacnf 函数和 printf 函数两个格式化输入输出函数,它们适用于标准设备文件。C 标准函数库还提供了 fprintf 函数和 fscanf 函数格式化读写函数,以满足对磁盘文件的格式化输入输出需要。

1. 格式化输入函数 fsacnf

函数调用的一般形式为：

fscanf(文件指针,格式字符串,输入表列);

其中,格式字符串和输入表列的内容、含义及对应关系与前面章节中介绍的 scanf 函数相同。

功能：从文件指针指向的文件中,按格式控制符读取相应数据赋给输入表列中的对应变量地址中。

2. 格式化输出函数 fprintf

函数调用的一般形式为：

fprintf(文件指针,格式字符串,输出表列);

其中,格式字符串和输出表列的内容、含义及对应关系与前面章节中介绍的 printf 函数相同。

功能：将输出表列中的各个变量或常量的值,依次按格式控制符说明的格式写入文件指针指向的文件。

例如：如有 int a,b;则以下语句

```
scanf("%d%d",&a,&b);
```

等价于：

```
fscanf(stdin,"%d%d",&a,&b);
```

语句

```
printf("%d%d",a,b);
```

等价于：

```
fprintf(stout,"%d%d",a,b);
```

注意：C 语言中标准设备文件是由系统控制的,它们由系统自动打开和关闭,标准设备文件的文件结构体的指针由系统命名,用户在程序中可以直接使用,无须再进行说明。C 语言中提供了三个标准设备文件的指针变量,它们是：

（1）stdin：标准输入文件,对应输入设备,如键盘。

（2）stdout：标准输出文件,对应输出设备,如显示器。

（3）stderr：标准错误输出文件对应输出设备,如显示器。

9.5　文件的定位

前面介绍的文件读写操作中,都是顺序读写。写文件时,不管是"w"还是"a"方式,一定写在文件的尾部。读文件时则必须顺序地从头读到尾。文件读写的位置由文件指针规定

（文件指针指向的结构体变量,其成员 curp 指示缓冲区读写位置）。每调用一次文件读写操作,文件读写位置指针自动改变。在实际问题中常要求只读写文件中某一指定的部分。为了解决这个问题可移动文件内部的位置指针到需要读写的位置,再进行读写,这种读写称为随机读写。

实现随机读写的关键是要按要求移动位置指针,称为文件的定位。移动文件内部位置指针的函数主要有两个,即 rewind 函数和 fseek 函数。

9.5.1　重新返回函数 rewind

函数调用的一般形式为:

```
rewind(fp);
```

其中,fp 是当前要操作的文件指针。

功能:将文件位置指针重新返回文件的开头。

【例 9-6】　有一个磁盘文件,第一次将它的内容显示在屏幕上,第二次把它复制到另一文件中。

```
1 #include <stdio.h>
2 int main(void)
3 {
4     char ch;
5     FILE * fp1, * fp2;
6     fp1=fopen("a.txt","r");
7     fp2=fopen("b.txt","w");
8     ch=fgetc(fp1);
9     while(!feof(fp1))
10    {
11        putchar(ch);               /* 将文件中的内容显示到屏幕上 */
12        ch=fgetc(fp1);
13    }
14    rewind(fp1);                   /* 将文件指针重新返回文件的开头 */
15    ch=fgetc(fp1);
16    while(!feof(fp1))
17    {
18        fputc(ch,fp2);             /* 将文件中的内容保存到文件中 */
19        ch=fgetc(fp1);
20    }
21    fclose(fp1);
22    fclose(fp2);
23    return 0;
24 }
```

说明:在将文件的内容显示在屏幕上以后,文件 a.txt 的位置指针已指到文件末尾,feof

的值为非零（真）。执行 rewind 函数，使文件的位置指针重新定位于文件开头，并使 feof 函数的值恢复为 0（假）。如果不使用 rewind 函数，文件指针指向文件的结尾，无法继续读取文件中的数据，导致最终无法在新的文件 b.txt 中写入数据。

9.5.2　文件定位函数 fseek

函数调用的一般形式为：

fseek(fp,位移量,起始点);

其中，fp 为当前要操作的文件指针；位移量是指以起始点为基点，向前移动（指由文件头往文件尾方向）为正值，向后移动为负值，是长整型数据（表示移动的字节数）；起始点是文件定位的起始点，用 0 或 SEEK_SET 代表文件开始位置，1 或 SEEK_CUR 代表当前位置，2 或 SEEK_END 代表文件末尾位置。

功能：根据所设定的当前位置，改变文件的位置指针。fseek 函数一般用于二进制文件。

例：

```
fseek(fp,100L,0);          /* 将文件指针移到离文件头 100 字节处 */
fseek(fp,50L,1);           /* 将文件指针移到离当前位置 50 字节处 */
fseek(fp,-10L,2);          /* 将文件指针从文件末尾向后退 10 字节 */
```

【例 9-7】　在磁盘文件上存有 10 家上市公司的资产负债率数据，要求将第 4 家公司的数据显示出来。

```
 1 #include <stdio.h>
 2 struct company
 3 {
 4     char name[20];
 5     float debt_ratio;
 6 };
 7 int main(void)
 8 {
 9     struct company st;
10     FILE * fp;
11     if((fp=fopen("company.dat","rb"))==NULL)
12     {
13         printf("cannot read file\n");
14         return -1;
15     }
16     fseek(fp,3* sizeof(struct company),0);       /* 文件位置指针移至相应位置 */
17     fread(&st,sizeof(struct company),1,fp);      /* 读取相应信息 */
18     printf("%s\t%.2f\n",st.name,st.debt_ratio);  /* 输出信息 */
19     fclose(fp);
20     return 0;
21 }
```

说明：程序第 16 行使用 fseek 函数移动文件指针，移动的字节为 3 ＊ sizeof（struct company）。

9.6 检测文件状态函数

C 语言中常用的文件检测函数如下。

1. 读写文件出错检测函数 ferror

函数调用的一般形式为：

ferror(文件指针);

功能：检查文件在用各种输入输出函数进行读写时是否出错。如 ferror 返回值为 0 表示未出错，否则表示有错。

2. 文件出错标志和文件结束标志函数 clearerr

函数调用的一般形式为：

clearerr(文件指针);

功能：本函数用于清除出错标志和文件结束标志，使它们为 0 值。

【例 9-8】 文件状态函数示例。

```
 1 #include <stdio.h>
 2 int main(void)
 3 {
 4     FILE * stream;
 5     stream=fopen("company.dat","w");     /* 以写方式打开一个文件 */
 6     fgetc(stream);                       /* 读入一个字符,错误地使用文件 */
 7     if(ferror(stream))                   /* 错误测试 */
 8     {
 9         printf("读 company.dat 文件发生错误\n");     /* 显示一个错误消息 */
10         clearerr(stream);                /* 清除出错标志和文件结束标志 */
11     }
12     fclose(stream);
13     return 0;
14 }
```

说明：程序第 5 行以写方式打开文件，但是在第 6 行中使用了读取语句。使用 ferror 函数会得到一个非 0 的返回值。在第 9 行中将错误提示显示在屏幕上。第 10 行 clearerr 函数清除掉当前在读文件时发生的错误，以避免错误对后续错误的确定。

9.7 综合应用例题

【例 9-9】 地区税务局个人纳税汇总报表中的数据来源于两个文件，一个文件是纳税人的基本信息，另一个文件保存了纳税人每年的交税记录信息。在年底生成汇报报表的时候通常要把这两部分信息汇总到一起。现在假设纳税人的基本信息文件为 addr.txt。该文件上面记录了纳税人的姓名、地址、电话号码信息。而另外一个 tax.txt 文件记录了纳税人的姓名、纳税数额信息。合并数据的任务就是,希望通过对比两个文件,以姓名(假设本地区没有相同姓名的纳税人)为依据把姓名、地址、电话号码和纳税数额信息合并生成第三个文件 addrtax.dat。为了便于在合并的文件之上进行一定的统计分析操作,需将第三个文件保存成二进制的文件类型。前两个文件的内容如下:

文件 addr.txt:

```
Zhang San
Renmin Road No1
12345678
Li Si
Renmin Road No2
12345677
Wang Wu
Renmin Road No3
12345676
```

文件 tax.txt:

```
Zhang San
1244.5
Li Si
8764.3
Wang Wu
341.3
```

思路分析:纳税人的基本信息文件格式基本一致,姓名、家庭住址、电话号码等各占一行,并以回车结束。在两个文件中,由于存放的是同一批人的资料,则文件的记录数是相等的,但存放顺序不一定相同,而且没有排序。因此可以任一文件记录为基准,在另一文件中顺序查找相同姓名的记录,若找到,则合并记录存入第三个文件,将查找文件的指针移到文件头,以备下一次顺序查找。

程序代码如下:

```
1 #include<stdio.h>
2 #include<stdlib.h>
3 #include<string.h>
4 typedef struct
5 {
6     char name[32];
7     char addr[32];
8     char tel[8];
9     double tax;
10 }addrtax;                        /*定义一个纳税人信息结构体*/
```

```
11 int main(void)
12 {
13     addrtax person;                          /*定义纳税人变量*/
14     FILE * fptr1, * fptr2, * fptr3;          /*定义3个文件指针*/
15     char temp1[40],temp2[40];
16     if((fptr1=fopen("addr.txt","r"))==NULL) /*打开文件*/
17     {
18         printf("can not open file");
19         return 0;
20     }
21     if((fptr2=fopen("tax.txt","r"))==NULL)
22     {
23         printf("can not open file");
24         return 0;
25     }
26     if((fptr3=fopen("addrtax.dat","wb"))==NULL)
27     {
28         printf("can not open file");
29         return 0;
30     }
31     while(feof(fptr1)==0)                     /*文件是否读取完毕*/
32     {
33         memset(&person,0,sizeof(addrtax));   /*初始化结构体变量*/
34         fgets(person.name,40,fptr1);
35         fgets(person.addr,40,fptr1);
36         fgets(person.tel,40,fptr1);
37         do                                   /*查找姓名相同的记录*/
38         {
39             clearerr(fptr2);
40             fgets(temp1,40,fptr2);
41             fgets(temp2,40,fptr2);
42         }while(strcmp(person.name,temp1)!=0&&!ferror(fptr2));
43         if(strcmp(person.name,temp1)==0)
44         {
45             person.tax=atof(temp2);          /*将字符串形式的内容转成实数*/
46             fwrite(&person,sizeof(addrtax),1,fptr3);
47         }
48         rewind(fptr2);                        /*将文件指针移到文件头,以备下次查找*/
49     }
50     fclose(fptr1);                            /*关闭文件*/
51     fclose(fptr2);
52     fclose(fptr3);
53     return 0;
54 }
```

为了保证程序运行,在执行程序目录下必须包括 addr.txt 和 tax.txt 文件。程序运行完成后,输出一个合并后的文件 addrtax.dat。该文件无法直接通过记事本打开,但是通过一些编辑软件可以看到其中的数据内容如图 9-4 所示。

```
          0 1 2 3 4 5 6 7 8 9 a b c d e f
00000000h: 5A 68 61 6E 67 20 53 61 6E 0A 00 00 00 00 00 00 ; Zhang San.......
00000010h: 00 00 00 00 00 00 00 00 00 00 00 00 00 00 00 00 ;
00000020h: 52 65 6E 6D 69 6E 20 52 6F 61 64 20 4E 6F 31 0A ; Renmin Road No1.
00000030h: 00 00 00 00 00 00 00 00 00 00 00 00 00 00 00 00 ;
00000040h: 31 32 33 34 35 36 37 38 00 00 00 00 72 93 40 ; 12345678.....r填
00000050h: 4C 69 20 53 69 0A 00 00 00 00 00 00 00 00 00 00 ; Li Si..........
00000060h: 00 00 00 00 00 00 00 00 00 00 00 00 00 00 00 00 ;
00000070h: 52 65 6E 6D 69 6E 20 52 6F 61 64 20 4E 6F 32 0A ; Renmin Road No2.
00000080h: 00 00 00 00 00 00 00 00 00 00 00 00 00 00 00 00 ;
00000090h: 31 32 33 34 35 36 37 37 66 66 66 66 26 1E C1 40 ; 12345677ffff&.罪
000000a0h: 57 61 6E 67 20 57 75 0A 00 00 00 00 00 00 00 00 ; Wang Wu.........
000000b0h: 00 00 00 00 00 00 00 00 00 00 00 00 00 00 00 00 ;
000000c0h: 52 65 6E 6D 69 6E 20 52 6F 61 64 20 4E 6F 33 0A ; Renmin Road No3.
000000d0h: 00 00 00 00 00 00 00 00 00 00 00 00 00 00 00 00 ;
000000e0h: 31 32 33 34 35 36 37 36 CD CC CC CC CC 54 75 40 ; 12345676吞烫烫Tu@
```

图 9-4　addrtax.dat 文件中的数据内容

图 9-4 以十六进制的方式展示了数据文件中的内容。数据包含 3 组纳税人的信息,根据设定的结构体每一个纳税人的信息总共占 80 字节的单元空间,3 组纳税人的信息共占用 240 字节的空间,因此可以看到整个数据文件占用 240 字节。程序中使用了 memset 函数,该函数的作用是将指定位置的内存空间设置成为指定的数据。本例中第 33 行语句的作用是把 person 变量初始化,其中的全部内容填写为 0。

【例 9-10】　公司财务每月制作公司当月工资表文件。其中职工的工资信息含有:职工号、职工姓名、基本工资、奖金、收入总计。现要提供如下功能:职工输入自己的职工号,公司财务显示其信息,并将工资总额 1% 作为税款,重新计算工资收入总计,最后提供该职工的工资信息文件。如果没有给职工号,显示员工不存在的提示信息。说明如下:

现有工资表文件的内容样式如下:

职工号	职工姓名	基本工资	奖金	收入总计
00001	张三	1000	2000	3000
00002	李四	1100	2200	3300
…				
00009	王五	900	1200	2100

程序运行的时候,输入 00002。程序首先在屏幕上显示:

00002　李四　1100　2200　3300

并将该信息以文件形式保存。样式如下:

职工号	职工姓名	基本工资	奖金	税款
00002	李四	1100	2200	33

思路分析:这个问题的关键在于新生成的文件,该文件除了提供该职工的工资信息以外,还有提供工资表头信息。因此在新创建文件的时候要把这两部分内容都添加进去。此外生成新文件的时机也很关键,如果输入的职工号不存在,则不需要创建文件。

程序代码如下:

```
1 #include <stdio.h>
2 #include <stdlib.h>
```

```
 3 //职工工资信息：职工号 职工姓名 基本工资 奖金 收入总计
 4 struct emploee
 5 {
 6     long eID;
 7     char name[10];
 8     float base;
 9     float bonus;
10     float total;
11 }tempEmploee;
12 int main(void)
13 {
14     FILE * fp1;
15     long tempID;
16     char cTable[80]={0};
17     int saveSalaryInfo();
18     //首先输入职工号
19     printf("输入职工号:\n");
20     scanf("%ld",&tempID);
21     //打开 salarylist 文件
22     if((fp1=fopen("salarylist.txt","r"))==NULL)
23     {
24         printf("can not open the salarylist file.");
25         exit(0);
26     }
27     //根据职工号依次查询文件
28     fgets(cTable,80,fp1);                    //工资信息表表头
29     while(!feof(fp1))
30     {
31         fscanf(fp1,"%d%s%f%f%f",&tempEmploee.eID,tempEmploee.name,
32         &tempEmploee.base,&tempEmploee.bonus,&tempEmploee.total) ;
33         if(tempEmploee.eID ==tempID )
34         {
35             printf("%05d\t%s\t%f\t%f\t%f\t%f\n",tempEmploee.eID,
36             tempEmploee.name,tempEmploee.base,tempEmploee.bonus,
37             tempEmploee.total * 0.01,tempEmploee.total * 0.99);
38             saveSalaryInfo();
39             break;
40         }
41     }
42     if(feof(fp1))
43     printf("Can not find the No.%05d \n",tempID);
44     fclose(fp1);
45     return 0;
46 }
47 //输出工资单
```

```
48 int saveSalaryInfo()
49 {
50    FILE * fpOut;
51    if((fpOut=fopen("emp_salary.txt","w"))==NULL)
52    {
53        printf("can not create the emp_salary file.");
54        exit(0);
55    }
56    fputs("职工号\t 职工姓名\t 基本工资\t 奖金\t 税款\t 收入总计\n",fpOut);
57    fprintf(fpOut,"%05d\t%s\t%.1f\t%.1f\t%.1f\t%.1f\n",
              tempEmploee.eID, tempEmploee.name,
              tempEmploee.base,tempEmploee.bonus,
              tempEmploee.total * 0.01,tempEmploee.total * 0.99);
58    fclose(fpOut);
59    return 0;
60 }
```

程序运行结果：

输入职工号：

00005<CR>

00005　　刘三　　1200.000000　　2200.000000　　34.000000　　3366.000000

另外生成 emp_salary.txt 文件。

使用记事本打开该文件显示如图 9-5 所示的内容。

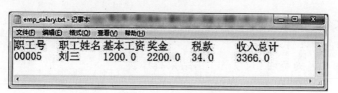

图 9-5　emp_salary.txt 文件的内容

说明：对文本文件的操作，经常使用字符串读写函数以及格式化的读写函数。本例第 31 行使用 fscanf 函数从文件中读入数据，第 57 行用 fprintf 函数向文本文件中书写数据。

习题 9

1. 选择题

(1) 在高级语言中对文件操作的一般步骤是(　　)。

   (A) 打开文件—操作文件—关闭文件

   (B) 操作文件—修改文件—关闭文件

   (C) 读写文件—打开文件—关闭文件

   (D) 读文件—写文件—关闭文件

(2) 以下可作为函数 fopen 中第一个参数的正确格式是(　　)。

    (A) c:user\text.txt   (B) c:\user\text.txt

    (C) "c:\user\text.txt"   (D) "c:\\user\\text.txt"

(3) 若执行 fopen 函数时发生错误,则函数的返回值是(   )。

    (A) 地址值   (B) 0   (C) 1   (D) EOF

(4) 为了显示一个文本文件的内容,在打开文件时,文件的打开方式应当为(   )。

    (A) "r+"   (B) "w+"   (C) "wb+"   (D) "ab+"

(5) 若要用 fopen 函数打开一个新的二进制文件,该文件要既能读也能写,则文件方式字符串应该是(   )。

    (A) "ab+"   (B) "wb+"   (C) "rb+"   (D) "ab"

(6) 在 C 语言中,从计算机内存中将数据写入文件中,称为(   )。

    (A) 输入   (B) 输出   (C) 修改   (D) 删除

(7) C 语言可以处理的文件类型是(   )。

    (A) 文本文件和数据文件

    (B) 文本文件和二进制文件

    (C) 数据文件和二进制文件

    (D) 以上答案都不完全

2. 填空题

(1) 从键盘接收姓名(例如:输入"ZHANG SAN"),在文件 try.dat 中查找,若文件中已经存入了刚输入的姓名,则显示提示信息;若文件中没有刚输入的姓名,则将该姓名存入文件。要求:

① 若磁盘文件 try.dat 已存在,则要保留文件中原来的信息;若文件 try.dat 不存在,则在磁盘上建立一个新文件。

② 当输入的姓名为空时(长度为 0),结束程序。

```c
#include <stdio.h>
int main(void)
{
    FILE * fp;
    int flag;
    char name[30],data[30];
    if((fp=fopen("try.dat", _____))==NULL)
    {
        printf ("Open file error\n");
        return 0;
    }
    do
    {
        printf ("Enter name:");
        gets(name);
        if(strlen(name)==0)
            break;
```

```
        strcat(name,"\n");
        _____;
        flag=1;
        while(flag&&(fgets(data,30,fp)_____))
            if(strcmp(data,name)==0)
            _____;
        if(flag)
            fputs(name,fp);
        else
            printf ("\tData enter error !\n");
    }while(_____);
    fclose(fp);
    return 0;
}
```

（2）下面函数将 3 个学生的数据存入名为 student.dat 的文件。

```
#include <stdio.h>
#define SIZE 3
struct student
{
    long num;
    char name[10];
    int age;
} stu[SIZE];
int main(void)
{
    FILE * fp;
    int i;
    if((fp=fopen("student.dat",_____))==NULL )
    {
        printf("Cannot open file!\n");
        exit(1);
    }
    for(i=0;i<SIZE;i++)
    {
        if(fwrite(&stu[i],_____,1,fp)!=1)
        printf("File write error!\n");
    }
    fclose(fp);
    return 0;
}
```

3. 编程题

（1）从键盘上输入一串大小写字母混合的字符串,将其中的所有小型字母转换成为大写字母,并将小写字母和大写字母分别存入不同的文件中。

（2）编写程序统计一个文本文件的行数。

（3）某财务文件(文本文件)在制作的时候由于疏忽,把所有金额的单位错误地写成了美元。请通过程序完成以下功能:将该文件中所有单位为美元的地方转换为人民币。

（4）销售部门每个月底都会把销售员当月销售信息发送给销售员本人来确认本月销售情况。销售信息包括:销售员编号、产品编号、产品名称、销售数量、销售单价、销售总额。销售部门拥有当月所有销售员的销售信息。需要完成的事情是:将销售部门根据销售总表中关于某个特定销售员的信息编制成专属文件发给销售员本人。请编写程序完成这项工作。

附录 A

常用ASCII码对照表

常用 ASCII 码对照表如附表 A-1 所示。

附表 A-1　常用 ASCII 码对照表

ASCII 值	字符	控制字符	ASCII 值	字符	ASCII 值	字符	ASCII 值	字符
000	(null)	NUL	032	(space)	064	@	096	、
001	○	SOH	033	!	065	A	097	a
002	●	STX	034	"	066	B	098	b
003		ETX	035	#	067	C	099	c
004		EOT	036	$	068	D	100	d
005		END	037	%	069	E	101	e
006		ACK	038	&	070	F	102	f
007	(beep)	BEL	039	'	071	G	103	g
008		BS	040	(	072	H	104	h
009	(tab)	HT	041	)	073	I	105	i
010	(line feed)	LF	042	*	074	J	106	j
011	(home)	VT	043	+	075	K	107	k
012	(form feed)	FF	044	,	076	L	108	l
013	(carriage return)	CR	045	—	077	M	109	m
014		SO	046	。	078	N	110	n
015		SI	047	/	079	O	111	o
016	?	DIE	048	0	080	P	112	p
017	?	DC1	049	1	081	Q	113	q
018		DC2	050	2	082	R	114	r
019	!!	DC3	051	3	083	S	115	s
020		DC4	052	4	084	T	116	t
021		NAK	053	5	085	U	117	u
022		SYN	054	6	086	V	118	v
023		ETB	055	7	087	W	119	w
024	↑	CAN	056	8	088	X	120	x
025	↓	EM	057	9	089	Y	121	y
026	→	SUB	058	:	090	Z	122	z
027	←	ESC	059	;	091	[	123	{
028		FS	060	<	092	\	124	|
029		GS	061	=	093	]	125	}
030	▲	RS	062	>	094	∧	126	~
031	▼	US	063	?	095	▬	127	▬

ASCII 码表中前 32 个编码表示的字符是计算机使用的控制字符,不能在屏幕/打印机上直接显示/打印输出。

C语言中的关键字

auto	break	case	char	const
continue	default	do	double	else
enum	extern	float	for	goto
if	int	long	register	return
short	signed	sizeof	static	struct
switch	typedef	union	unsigned	void
volatile	while			

附录 C

C语言运算符的优先级与结合性

C语言运算符的优先级与结合性如附表 C-1 所示。

附表 C-1 C语言运算符的优先级与结合性

优先级	运 算 符	含 义	要求运算对象的个数	结合方向
1	() [] -> ·	圆括号 下标运算符 指向结构体成员运算符 结构体成员运算符		自左至右
2	! ~ ++ -- (类型) * & sizeof	逻辑非运算符 按位取反运算符 自加运算符 自减运算符 类型转换运算符 指针运算符 取地址运算符 长度运算符	1 (一目运算符)	自右至左
3	* / %	乘法运算符 除法运算符 求余运算符	2 (二目运算符)	自左至右
4	+ -	加法运算符 减法运算符	2 (二目运算符)	自左至右
5	<< >>	左移运算符 右移运算符	2 (二目运算符)	自左至右
6	< <= > >=	关系运算符	2 (二目运算符)	自左至右
7	== !=	等于运算符 不等于运算符	2 (二目运算符)	自左至右
8	&	按位与运算符	2 (二目运算符)	自左至右
9	∧	按位异或运算符	2 (二目运算符)	自左至右
10	|	按位或运算符	2 (二目运算符)	自左至右
11	&&	逻辑与运算符	2 (二目运算符)	自左至右

续表

优先级	运 算 符	含 义	要求运算对象的个数	结合方向
12	‖	逻辑或运算符	2 （二目运算符）	自左至右
13	? :	条件运算符	3 （三目运算符）	自右至左
14	= += -= *= /= %= >>= <<= &= ∧= |=	赋值运算符	2	自右至左
15	,	逗号运算符 （顺序求值运算符）		自左至右

说明：

(1) 表中运算符优先级的序号越小,表示优先级别越高。

(2) 结合性表示相同优先级的运算符在运算过程中应当遵循的次序关系。

附录 D
常用库函数

　　库函数并不是 C 语言的一部分,它是由编译程序根据一般用户的需要编制并提供用户使用的一组程序。每一种 C 编译系统都提供了一批库函数,不同的编译系统所提供的库函数的数目和函数名以及函数功能是不完全相同的。ANSI C 标准提出了一批建议提供的标准库函数。它包括了目前多数 C 编译系统所提供的库函数,但也有一些是某些 C 编译系统未曾实现的。考虑到通用性,本书列出 Turbo C 2.0 版提供的部分常用库函数。

　　由于 Turbo C 库函数的种类和数目很多(例如,还有屏幕和图形函数、时间日期函数、与本系统有关的函数等,每一类函数又包括各种功能的函数),限于篇幅,本附录不能全部介绍,只从教学需要的角度列出最基本的。读者在编制 C 程序时可能要用到更多的函数,请查阅有关的 Turbo C 库函数手册。

1. 数学函数

数学函数(附表 D-1)的原型在 math.h 中。

附表 D-1　数学函数

函数名称	函数与形参类型	函数功能	返 回 值
abs acos	int abs(int x) double acos(x) 　　double x;	求整数 x 的绝对值 计算 $\cos^{-1}(x)$ 的值 $-1 \leqslant x \leqslant 1$	计算结果 计算结果
asin	double asin(x) 　　double x;	计算 $\sin^{-1}(x)$ 的值 $1 \leqslant x \leqslant 1$	计算结果
atan	double atan(x) 　　double x;	计算 $\tan^{-1}(x)$ 的值	计算结果
atan2	double atan2(x, y) 　　double x,y;	计算 $\tan^{-1}(x/y)$ 的值	计算结果
cos	double cos(x) 　　double x;	计算 $\cos(x)$ 的值 x 的单位为弧度	计算结果
cosh	double cosh(x) 　　double x;	计算 x 的双曲余弦 $\cosh(x)$ 的值	计算结果
exp	double exp(x) 　　double x;	求 e^x 的值	计算结果
fabs	double fabs(x) 　　double x;	求 x 的绝对值	计算结果

续表

函数名称	函数与形参类型	函 数 功 能	返 回 值
floor	double floor(x) double x;	求不大于 x 的最大整数	该整数的双精度实数
fmod	double fmod(x,y) double x,y;	求整除 x/y 的余数	返回余数的双精度实数
frexp	double frexp(val,eptr) double val; int * eptr;	把双精度数 val 分解为数字部分(尾数)和以 2 为底的指数 n,即 val＝x * 2^n,n 存放在 eptr 指向的变量中	数字部分 x, 0.5≤x<1
log	double log(x) double x;	求 $\log_e x$,即 lnx	计算结果
log10	double log10(x) double x;	求 $\log_{10} x$,即 lgx	计算结果
modf	double modf(val,iptr) double val; double * iptr;	把双精度数 val 分解为整数部分和小数部分,把整数部分存到 iptr 指向的单元	val 的小数部分
pow	double pow(x,y) double x,y;	计算 x^y 的值	计算结果
rand	int rand(void)	产生 0 至 32 767 间的随机整数	随机数
sin	double sin(x) double x;	计算 sin(x)的值,x 的单位为弧度	计算结果
sinh	double sinh(x) double x;	计算 x 的双曲正弦函数 sinh(x)的值	计算结果
sqrt	double sqrt(x) double x;	计算 $\sqrt{x}$(x≥0)	计算结果
tan	double tan(x) double x;	计算 tan(x)的值,x 单位为弧度	计算结果
tanh	double tanh(x) double x	计算 x 的双曲正切函数 tanh(x)的值	计算结果

2. 字符函数

字符函数(附表 D-2)的原型在 ctype.h 中。

附表 D-2   字符函数

函数名称	函数与形参类型	函 数 功 能	返 回 值
isalnum	int isalnum(ch) int ch;	检查 ch 是否为字母或数字	是字母或数字返回 1; 否则返回 0
isalpha	int isalpha(ch) int ch;	检查 ch 是否为字母	是字母,返回 1;否则, 返回 0

函数名称	函数与形参类型	函数功能	返 回 值
iscntrl	int iscntrl(ch) int ch;	检查 ch 是否为控制字符(其 ASCII 码在 0 和 0x1F 之间)	是控制字符,返回 1; 否则返回 0
isdigit	int isdigit(ch) int ch;	检查 ch 是否为数字(0~9)	是数字返回 1;否则, 返回 0
isgraph	int isgrsph(ch) int ch;	检查 ch 是否是可打印字符(其 ASCII 码在 0x21 到 0x7e 之间),不包括空格	是可打印字符,返回 1;否则,返回 0
islower	int islower(ch) int ch;	检查 ch 是否是小写字母(a~z)	是小写字母,返回 1; 否则返回 0
isprint	int isprint(ch) int ch;	检查 ch 是否是可打印字符(不包括空格),其 ASCII 码值在 0x21 到 0x7e 之间	是可打印字符,返回 1;否则,返回 0
ispunct	int ispunct(ch) int ch;	检查 ch 是否是标点字符(不包括空格),即除字母、数字和空格以外的所有可打印字符	是标点,返回 1;否则, 返回 0
isspace	int isspace(ch) int ch;	检查 ch 是否为空格、跳格符(制表符)或换行符	是,返回 1;否则,返回 0
isupper	int isupper(ch) int ch;	检查 ch 是否是大写字母(A~Z)	是大写字母,返回 1; 否则返回 0
isxdigit	int isxdigit(ch) int ch;	检查 ch 是否是一个十六进制数字(即 0~9, 或 A~F,a~f)	是,返回 1;否则,返回 0
tolower	int tolower(ch) int ch;	将 ch 字符转换为小写字母	返回 ch 对应的小写字母
toupper	int toupper(ch) int ch;	将 ch 字符转换为大写字母	返回 ch 对应的大写字母

3. 字符串函数

字符串函数(附表 D-3)的原型在 string.h 中。

附表 D-3　字符串函数

函数名称	函数与形参类型	函数功能	返 回 值
memchr	void memchr(buf, ch, count) void * buf; char ch; unsigned int count;	在 buf 的前 count 个字符里搜索字符 ch 首次出现的位置	返回指向 buf 中 ch 第一次出现的位置指针;若没有找到 ch,返回 NULL
memcmp	int memcmp(buf1, buf2, count) void * buf1, * buf2; unsigned int count;	按字典顺序比较由 buf1 和 buf2 指向的数组的前 count 个字符	buf1<buf2,为负数; buf1=buf2,返回 0; buf1>buf2,为正数
memcpy	void * memcpy(to, from, count) void * to, * from; unsigned int count;	将 from 指向的数组中的前 count 个字符复制到 to 指向的数组中。from 和 to 指向的数组不允许重叠	返回指向 to 的指针

函数名称	函数与形参类型	函数功能	返回值
memmove	void * memmove(to, from,count) void * to, * from; unsigned int count;	将 from 指向的数组中的前 count 个字符复制到 to 指向的数组中。from 和 to 指向的数组可以允许重叠	返回指向 to 的指针
memset	void * memset (buf, ch, count) void * buf; char ch; unsigned int count;	将字符 ch 复制到 buf 所指向的数组的前 count 个字符中	返回 buf
strcat	char * strcat(str1, str2) char * str1, * str2;	把字符串 str2 接到 str1 后面,取消原来 str1 最后面的串结束符'\0'	返回 str1
strchr	char * strchr(str,ch) char * str; int ch;	找出 str 指向的字符串中第一次出现字符 ch 的位置	返回指向该位置的指针,如找不到,则应返回 NULL
strcmp	int strcmp(str1,str2) char * str1, * str2;	比较字符串 str1 和 str2	str1<str2,为负数; str1=str2,返回 0; str1>str2,为正数
strcpy	char * strcpy(str1,str2) char * str1, * str2;	把 str2 指向的字符串复制到 str1 中去	返回 str1
strlen	unsigned int strlen(str) char * str;	统计字符串 str 中字符的个数(不包括终止符'\0')	返回字符个数
strncat	char * strncat (str1, str2,count) char * str1, * str2; unsigned int count;	把字符串 str2 指向的字符串中最多 count 个字符连到串 str1 后面,并以 NULL 结尾	返回 str1
strncmp	int strncmp(str1,str2, count) char * str1, * str2; unsigned int count;	比较字符串 str1 和 str2 中至多的前 count 个字符	str1<str2,为负数; str1=str2,返回 0; str1>str2,为正数
strncpy	char * strncpy(str1, str2,count) char * str1, * str2; unsigned int count;	把 str2 指向的字符串中最多前 count 个字符复制到串 str1 中去	返回 str1
strnset	char * setnset(buf, ch, count) char * buf; char ch; unsigned int count;	将字符 ch 复制到 buf 所指向的数组的前 count 个字符中	返回 buf
strset	char * setset(buf, ch) char * buf; char ch;	将 buf 所指向字符串中的全部字符都变为字符 ch	返回 buf
strstr	char * strstr(str1, str2) char * str1, * str2;	寻找 str2 指向的字符串在 str1 指向的字符串中首次出现的位置	返回 str2 指向的子串首次出现的地址。否则返回 NULL

4. 输入输出函数

输入输出函数(附表 D-4)的原型在 stdio.h 中。

附表 D-4　输入输出函数

函数名称	函数与形参类型	函数功能	返回值
clearerr	void clearerr(fp) FILE * fp;	清除文件指针错误	无
close	int close(fp) int fp;	关闭文件(非 ANSI 标准)	关闭成功返回 0,不成功,返回−1
creat	int creat(filename,mode) char * filename; int mode;	以 mode 所指定的方式建立文件(非 ANSI 标准)	成功则返回正数,否则返回−1
eof	int eof(fd) int fd;	判断文件(非 ANSI 标准)是否结束	遇文件结束,返回 1;否则返回 0
fclose	int fclose(fp) FILE * fp;	关闭 fp 所指的文件,释放文件缓冲区	关闭成功返回 0;否则返回非 0
feof	int feof(fp) FILE * fp;	检查文件是否结束	遇文件结束符返回非 0,否则返回 0
ferror	int ferror(fp) FILE * fp;	测试 fp 所指的文件是否有错误	无错返回 0;否则返回非 0
fflush	int fflush(fp) FILE * fp;	将 fp 所指的文件的全部控制信息和数据存盘	存盘正确返回 0;否则返回非 0
fgetc	int fgetc(fp) FILE * fp;	从 fp 指向的文件中取得下一个字符	返回得到的字符。若出错返回 EOF
fgets	char * fgets(buf,n,fp) char * buf; int n; FILE * fp;	从 fp 指向的文件读取一个长度为(n−1)的字符串,存入起始地址为 buf 的空间	返回地址 buf,若遇文件结束或出错,则返回 EOF
fopen	FILE * fopen(filename,mode) char * filename, * mode;	以 mode 指定的方式打开名为 filename 的文件	成功,返回一个文件指针;否则返回 0
fprintf	int fprintf(fp, format,args,…) FILE * fp; char * format;	把 args 的值以 format 指定的格式输出到 fp 所指定的文件中	实际输出的字符数
fputc	int fputc(ch,fp) char ch; FILE * fp;	将字符 ch 输出到 fp 指向的文件中	成功,则返回该字符,否则返回 EOF
fputs	int fputs(str,fp) char str; FILE * fp;	将 str 指向的字符串输出到 fp 所指定的文件	成功返回 0,若出错返回 EOF
fread	int fread(pt,size,n,fp) char * pt; unsigned size; unsigned n; FILE * fp;	从 fp 所指定文件中读取长度为 size 的 n 个数据项,存到 pt 所指向的内存区	返回所读的数据项个数,如遇文件结束或出错,返回 0
fscanf	int fscanf(fp, format,args,…) FILE * fp; char format;	从 fp 指定的文件中按给定的 format 格式将读入的数据送到 args 所指向的内存变量中(args 是指针)	已输入的数据个数

函数名称	函数与形参类型	函 数 功 能	返 回 值
fseek	int fseek(fp, offset, base) 　FILE * fp; 　long offset; 　int base;	将 fp 所指向的文件的位置指针移到 base 所指出的位置为基准、以 offset 为位移量的位置	返回当前位置,否则,返回－1
ftell	long ftell(fp) 　FILE * fp;	返回 fp 所指向的文件中的读写位置	返回文件中的读写位置,否则返回 0
fwrite	int fwrite(ptr, size, n, fp) 　char * ptr; 　FILE * fp; 　unsigned size, n;	把 ptr 所指向的 n * size 个字节输出到 fp 所指向的文件中	写到 fp 文件中的数据项的个数
getc	int getc(fp) 　FILE * fp	从 fp 指向的文件中读入下一个字符	返回读入的字符;若文件结束或出错返回 EOF
getchar	int getchar( )	从标准输入设备读取下一个字符	返回字符。若文件结束或出错返回－1
gets	char * gets(str) 　char * str;	从标准输入设备读取字符串存入 str 指向的数组	成功返回指针 str,否则返回 NULL
open	int open(filename, mode) 　char * filename; 　int mode;	以 mode 指定的方式打开已存在的名为 filename 的文件(非 ANSI 标准)	返回文件号(正数);如文件打开失败,返回－1
printf	int printf(format, args, …) 　char * format;	在 format 指定的字符串的控制下,将输出列表 args 的值输出到标准输出设备	输出字符的个数。若出错,则返回负数
putc	int putc(ch, fp) 　int ch; 　FILE * fp;	把一个字符 ch 输出到 fp 所指的文件中	输出的字符 ch。若出错,返回 EOF
putchar	int putchar(ch) 　char ch;	把字符 ch 输出到标准输出设备	输出字符 ch,若出错,则返回 EOF
puts	int puts(str) 　char * str;	把 str 指向的字符串输出到标准输出设备,将'\0'转换为回车换行	返回换行符,若失败,返回 EOF
putw	int putw(w, fp) 　int i; 　FILE * fp;	将一个整数 i(即一个字)写到 fp 所指的文件(非 ANSI 标准)中	返回输出的整数;若出错,返回 EOF
read	int read(fd, buf, count) 　int fd; 　char * buf; 　unsigned int count;	从文件号 fd 所指示的文件(非 ANSI 标准)中读 count 个字节到由 buf 指示的缓冲区中	返回真正读入的字节个数,如遇文件结束返回 0,出错返回－1
remove	int remove(fname) 　char * fname;	删除以 fname 为文件名的文件	成功返回 0;出错返回－1
rename	int rename(oname, nname) 　char * oname, * nname;	把 oname 所指的文件名改为由 nname 所指的文件名	成功返回 0;出错返回－1

续表

函数名称	函数与形参类型	函 数 功 能	返 回 值
rewind	void rewind(fp) 　　FILE * fp;	将 fp 指定的文件指针置于文件头,并清除文件结束标志和错误标志	无
scanf	int scanf(format, args,…) 　　char * format;	从标准输入设备按 format 指示的格式字符串规定的格式,输入数据给 args 所指示的单元。args 为指针	读入并赋给 args 数据个数。遇文件结束返回EOF;若出错返回 0
write	inr write(fd,buf,count) 　　int fd; 　　char * buf; 　　unsigned count;	从 buf 指示的缓冲区输出count 个字符到 fd 所指的文件(非 ANSI 标准)中	返回实际输出的字节数,如出错返回-1

5. 动态存储分配函数

动态存储分配函数(附表 D-5)的原型在 stdlib.h 中。

附表 D-5　动态存储分配函数

函数名称	函数与形参类型	函 数 功 能	返 回 值
calloc	void * calloc(n,size) 　　unsigned n; 　　unsigned size;	分配 n 个数据项的内存连续空间,每个数据项的大小为 size	分配内存单元的起始地址。如不成功,返回 0
free	void free(p) 　　void * p;	释放 p 所指的内存区	无
malloc	void * malloc(size) 　　unsigned size;	分配 size 字节的内存区	所分配的内存区地址,如内存不够,返回 0
realloc	void * realloc(p,size) 　　void * p; 　　unsigned size;	将 p 所指的已分配的内存区的大小改为 size,size 可以比原来分配的空间大或小	返回指向该内存区的指针。若重新分配失败,返回 NULL

参 考 文 献

[1] 张长海,赵大鹏,陈娟. 大学计算机程序设计基础(C 语言)[M]. 北京：清华大学出版社,2010.

[2] Balagurusamy E. C 语言程序设计[M]. 5 版. 金名,等译. 北京：清华大学出版社,2011.

[3] 朱承学. C 语言程序设计[M]. 北京：中国水利水电出版社,2004.

[4] 何钦铭. C 语言程序设计[M]. 北京：人民邮电出版社,2003.

[5] 李凤霞. C 语言程序设计教程[M]. 北京：北京理工大学出版社,2001.

[6] 苏小红,王宇颖,孙志刚. C 语言程序设计[M]. 北京：高等教育出版社,2011.

[7] 黄维通,马力妮. C 语言程序设计[M]. 北京：清华大学出版社,2003.

[8] 谭浩强. C 程序设计[M]. 3 版. 北京：清华大学出版社,2005.

[9] 朱鸣华,刘旭麟,杨微. C 语言程序设计教程[M]. 北京：机械工业出版社,2007.